高等职业教育"十四五"规划教材

高等职业教育产教融合新形态教材

宠物外科与产科技术

郑庆礼　胡美华　主编

中国农业大学出版社
·北京·

内容简介

本教材内容以临床常用知识和基础外科技能为主线，不追求大而全、面面俱到，旨在提供临床一线常用的操作方法。采用工作手册式、流程操作式编排形式，语言简洁明了，是临床实际操作的工具书。本书精选了大量的实操图片，同时融入操作示范视频，简单易学，通俗易懂。每个任务在开始前均明确提出了学习的三维目标，结束后设有学习效果评价栏目，旨在考核学习成效。

本教材既可作为高等职业院校宠物医疗技术、动物医学等相关专业的学生教材，又可作为宠物医院助理医师及初级宠物医师学习参考用书，致力于成为在校生走向临床的中转站、社会学员新技术学习的充电站。

图书在版编目(CIP)数据

宠物外科与产科技术 / 郑庆礼，胡美华主编. -- 北京：中国农业大学出版社，2024.3
ISBN 978-7-5655-3178-1

Ⅰ.①宠…　Ⅱ.①郑…②胡…　Ⅲ.①宠物-外科学-高等职业教育-教材②宠物-产科学-高等职业教育-教材　Ⅳ.①S857

中国国家版本馆 CIP 数据核字(2024)第 020216 号

书　名　宠物外科与产科技术
作　者　郑庆礼　胡美华　主编

策划编辑　康昊婷　　**责任编辑**　康昊婷
封面设计　李尘工作室
出版发行　中国农业大学出版社
社　址　北京市海淀区圆明园西路 2 号　　**邮政编码**　100193
电　话　发行部 010-62733489，1190　　编辑部 010-62732617，2618
出版部 010-62733440　　读者服务部 010-62732336
网　址　http://www.caupress.cn　　**E-mail**　cbsszs@cau.edu.cn
经　销　新华书店
印　刷　涿州市星河印刷有限公司
版　次　2024 年 3 月第 1 版　2024 年 3 月第 1 次印刷
规　格　185 mm×260 mm　16 开本　16.5 印张　420 千字
定　价　59.00 元

编写人员

主　编　郑庆礼（福建农业职业技术学院）

胡美华（福建农业职业技术学院）

副主编　李淑萍（福建农林大学金山学院）

潘书磊（福建农业职业技术学院）

赖宝色（福建农业职业技术学院）

参　编　郭远斌（福州北极动物医院）

陈庆峰（新瑞鹏集团）

邹　俊（广东科贸职业学院）

林祚贵（福建农业职业技术学院）

鲁　莹（烟台市农业综合执法支队）

张凯照（福建农林大学）

主　审　王全溪（福建农林大学）

前　言

宠物外科与产科技术是高等职业院校宠物医疗技术专业必修的专业核心课。

本教材的编写以岗位能力为导向，力求内容简洁明了，通俗易懂，保证教材能够即学即用，成为随身携带可查可看的工具书。党的二十大报告提出，办好人民满意的教育。教育是国之大计、党之大计。本教材紧紧围绕“培养什么人、怎样培养人、为谁培养人”的教育根本问题，落实立德树人根本任务，精心筛选思政元素，适时融入教材内容，培养不仅有高超技术，还具备过硬的政治素养的小动物外产科人才。本教材包括外科基本操作技术、常见软组织外科及骨外科手术技术、常见外科疾病诊治技术、常见产科疾病诊治及手术技术和行业新技术等五个模块，具有如下鲜明特点：

第一，以外科从业人员所需的知识技能为主线，步步深入，逐层提高。

第二，全书采用流程操作式编排形式，配套优质的数字化资源辅助教学，内容简洁明了，通俗易懂，即学即用。

第三，每个学习任务均设置明确的三维目标，并设置学习效果评价栏目。

第四，融入新技术，教学内容紧跟行业前沿，内容新颖。

本教材由10位高校教师及企事业技术骨干共同合作编写，高校教师均长期在教学一线工作，具有丰富的教学和实践经验；企事业技术骨干均长期在临床一线实践，具有深厚的技术积累。以上两类编写人员的结合使得教材内容更具针对性与实用性。

由于编者水平所限，时间仓促，书中难免有疏漏和不妥之处，敬请广大师生批评指正。

编　者

2023年10月

目 录

模块一 外科基本操作技术

模块二 常见软组织外科及骨外科手术技术

模块三　常见外科疾病诊治技术

模块四　常见产科疾病诊治及手术技术

模块五　行业新技术

教学视频索引

模块一

外科基本操作技术

项目一　手术前准备工作

任务一　术者准备

一、学习目标

知识目标

- 能完整阐述术者准备包含的内容。
- 能完整阐述术者准备各项工作的操作流程。

能力目标

- 能完整列出术者准备的物品清单并准备妥当。
- 能按正确步骤完成术前手部清洁和消毒。
- 能正确穿戴手术隔离衣和手套。

育人目标

- 培养细致严谨的工作态度。
- 形成无菌外科的观念。

二、物品准备

口罩，帽子，刷手服，手术服，手套，刷子，抗微生物肥皂。（图 1-1）

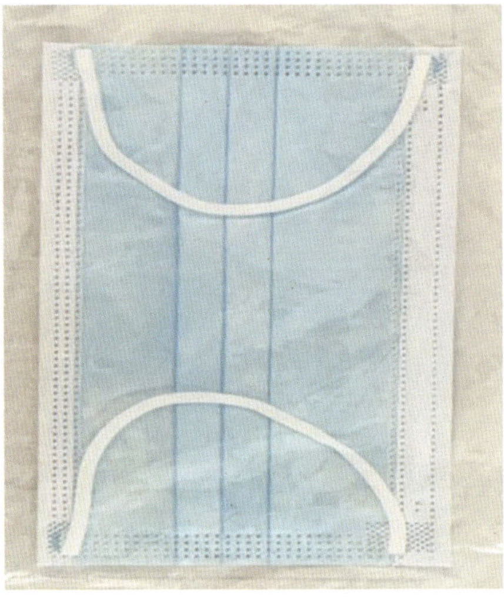

口罩

帽子

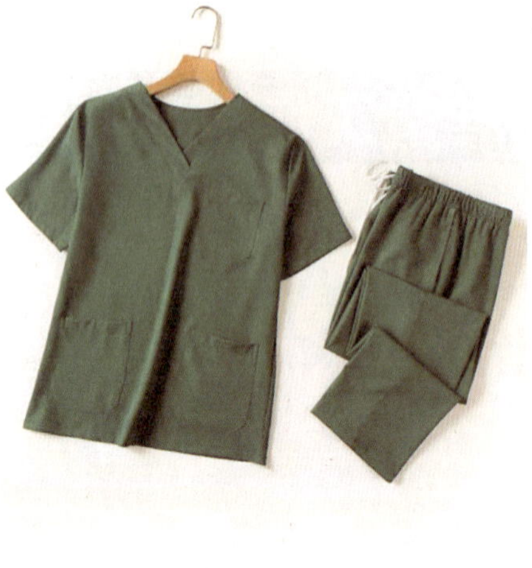

刷手服

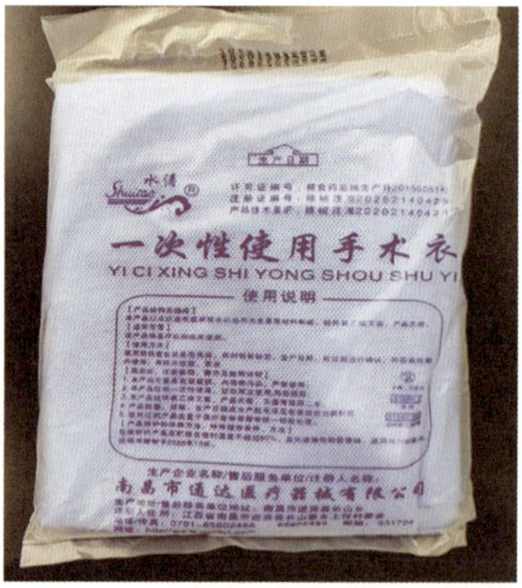

手术服

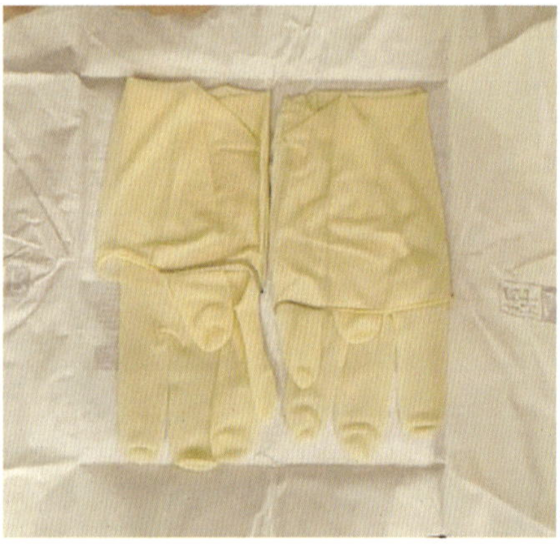

手套

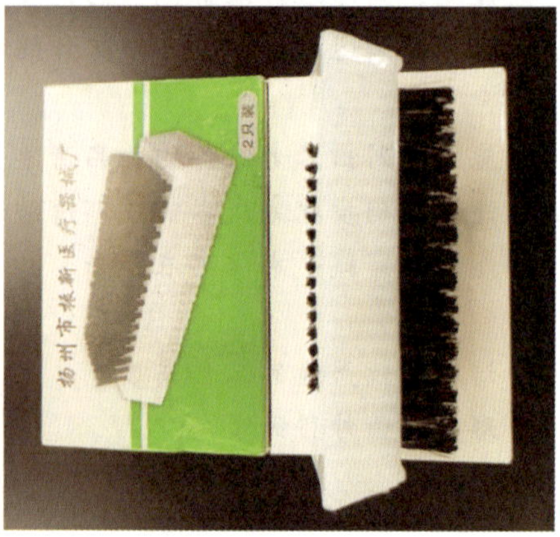

刷子

抗微生物肥皂

图 1-1　术者物品准备

三、术者准备过程

1. 更换衣物

(1)更换刷手服。手术人员进入手术室之前穿上刷手服(图 1-2)。把上衣宽松的部分扎进裤腰里，上衣的袖子不能长于前臂。刷手服如有可见污渍或被打湿，应更换服装并洗涤，防止微生物进入手术环境中。

（2）戴上帽子、口罩。帽子要完全盖住所有头发，如面部有络腮胡和胡须等，应用面罩完全遮盖，口罩要能完全遮住口鼻（图 1-3）。在没有进行手术时，也应该在手术室戴上帽子和口罩。

（3）更换拖鞋，穿上鞋套。更换手术室专用拖鞋，在首次进入手术室范围时须穿上鞋套，并且离开时也应穿着以保持鞋的洁净。鞋套通常应能防水防湿，可重复使用的或一次性的均可。

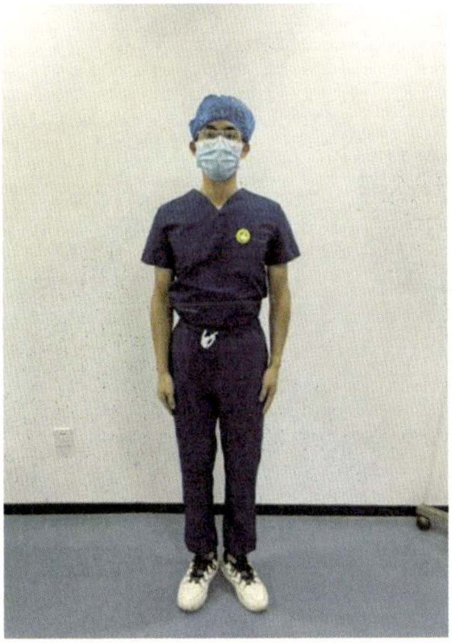

图 1-2　更换刷手服

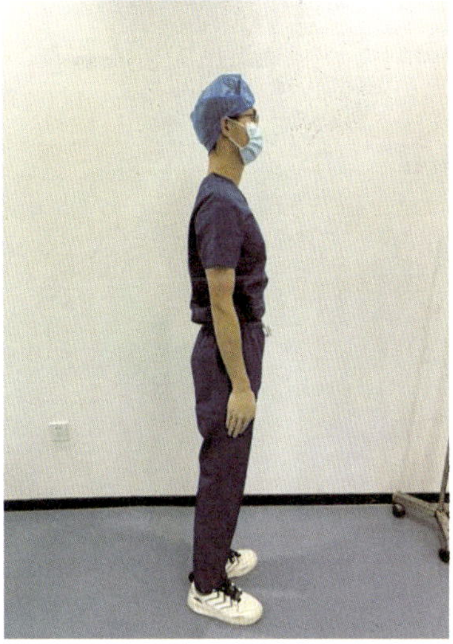

图 1-3　戴帽子、口罩

2. 手部清洁消毒

二维码 1-1　手部清洁消毒

（1）准备。在手部清洁消毒前，取下手表、戒指等首饰，必须将指甲剪短，不能涂指甲油（图 1-4）。

（2）刷洗。在刷洗前，先用抗微生物肥皂洗净双手和手臂，然后用消毒毛刷蘸取抗菌肥皂液进行刷洗（图 1-5）。刷洗的顺序为手指、手肘、肘部以上手臂。第一段：指尖—手指的掌侧、背侧—指间—手掌—手背—腕部的掌面、背面、尺侧、桡侧，刷洗的时间为 2 min；第二段：前肘的掌面、背面、尺侧、背侧这段刷洗的时间为 30 s；第三段：肘部以上的 1/3，这段刷洗的时间为 30 s。刷洗过程应注意仔细洗刷指甲缝、指间等处。要在流水下充分冲洗刷子，同时将刷子传递给已冲洗过的手，在另一只手和手臂上按顺序刷洗。当两只手都刷洗完毕后，将清洗刷子放入水槽。

（3）冲洗。冲洗要从指尖开始，通过移动指尖出入水流来达到冲洗目的（图 1-6）。水只能从指尖流向肘部。冲洗结束后，手保持竖直，并放于胸前，进入穿手术服和戴手套的区域。

（4）擦手。手和手臂用无菌毛巾擦干（图 1-7）。从台面拿起毛巾后，面向无菌台后退一步，纵向拿着毛巾，从手指向手肘方向依次吸干一只手和手臂上的水，擦完一只手和手臂后再换另外一只。整个擦干过程不要让手低于腕平面，从台面上拿起无菌毛巾时不要让水滴在毛巾下的手术服上。

注意：刷洗手在每天第 1 个手术准备时清洗 5～7 min，后面手术清洗 2～3 min 即可。

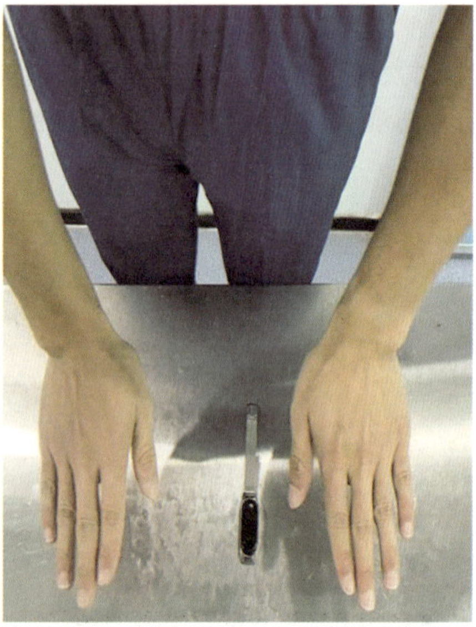

图 1-4　准备

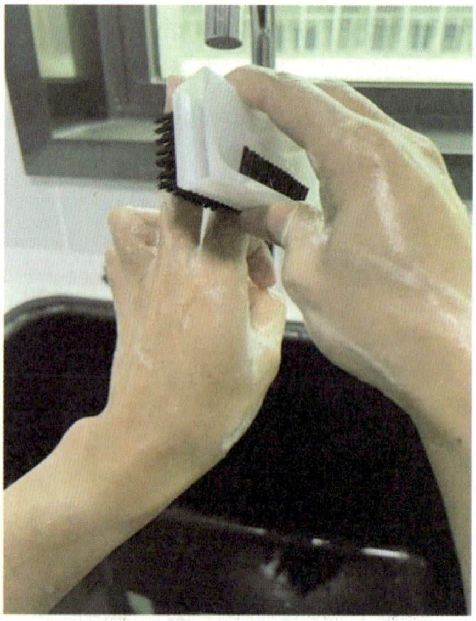

图 1-5　刷洗

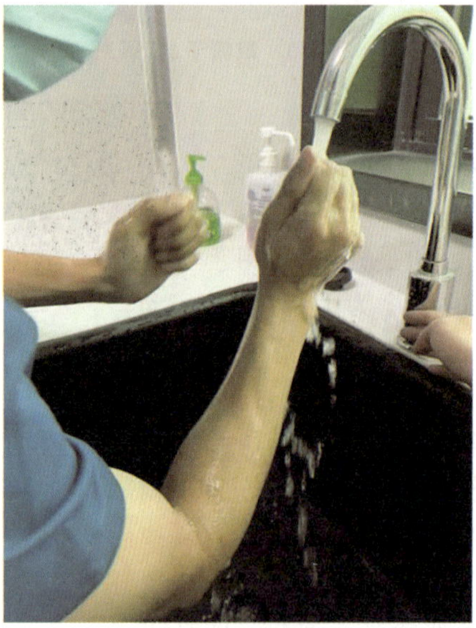

图 1-6　冲洗

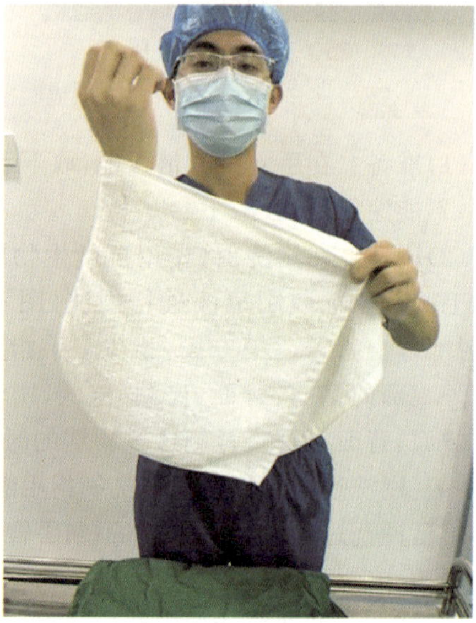

图 1-7　擦手

3. 打开灭菌包裹

(1)小灭菌包打开。

巡回助手用一只手正确地打开包裹并把它递交给消毒人员，以便去除外包装而不导致消毒人员的污染。

①用一只手(A 手)拿着包裹，将拇指插到包扎层的下面。

②用另一只手(B 手)去除粘贴胶带。

③用 B 手捏起上面的折叠层，然后经由包裹的下面交给 A 手捏住。

④用 B 手打开两边的折叠，并且把它们经过包裹的下面交到 A 手中。

⑤用 B 手抓住最后的边角，用 A 手把物品推出，然后由消毒人员小心地把它从包裹中移出。

(2)大灭菌包打开。

①在清洁平整的台面上打开较大的灭菌包，站在要打开灭菌包的台面后面。

②将灭菌包放在台面上，使捆扎的边缘朝上。

③确保无菌的检查步骤后，去除灭菌指示条。

④打开最远的折角，不要碰到灭菌包内灭菌的物品。

⑤小心打开两边的折角，只能碰到暴露的折角，不能碰到灭菌包的其他部分。

⑥打开最近的折角。对于特别大的灭菌包，巡回助手可以沿着桌子走动，以免接触。

4. 穿手术服

(1)空间准备。在一个与别的无菌器械及患病动物隔开的区域进行手术服穿戴。

二维码 1-2　手术服穿戴实操

(2)打开手术服。手术服的内面是折向外的，用手小心从台面上抓起手术服(图 1-8A)，面向无菌台后退一步。

(3)手伸进手术服。抓住手术服的肩部小心地将它抖开，确认袖洞位置，将手术服向上轻抛，顺势将两手臂迅速伸进衣袖中(图 1-8B)，并且手不能穿出袖口。

(4)系紧手术服。助手在肩部把手术服拉起，并把颈部系带系紧；术者将腰部系带向后侧递给助手，助手把腰部系带系紧(图 1-8C)。

注意：一旦穿上手术服，手术人员要一直面向无菌区域，且不能触碰或依靠未灭菌的区域。手臂和手要保持在高于腰平面并低于肩平面的位置上，手臂在身体前方腰部以上的位置交叉互握。

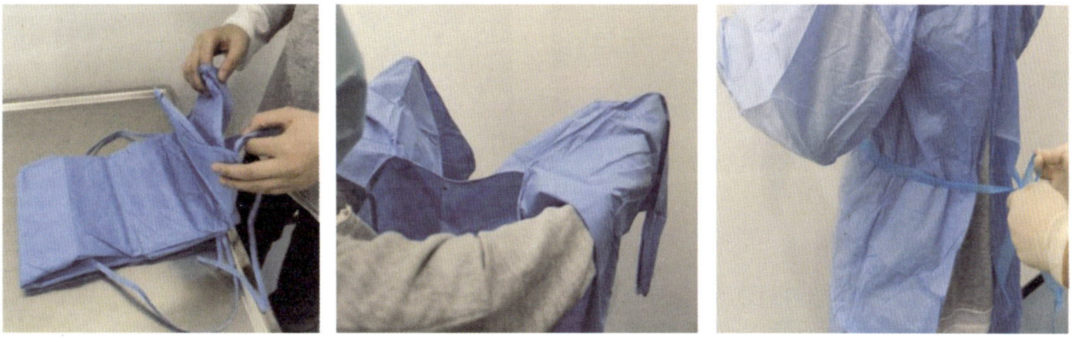

(A)　　(B)　　(C)

图 1-8　穿手术服

5. 戴手套(密闭式)

(1)保持手一直在手术服的袖口中，在袖口中用左手拿起右手手套。

(2)伸展右手(仍处于袖口中)，注意保持掌心朝上。把右手手套放置在右手手心，将手套

二维码 1-3　手套穿戴实操

的手指指向身体，手套的拇指应和右手拇指处在同侧。在操作时记住“掌对掌，拇指对拇指，指头对着肘的方向”(图 1-9A)。

(3)手术服袖口中用右手抓住手套的后部。左手协助使手套的折叠部套在右手及右手袖口上，手仍处于袖口中(图 1-9B)。

(4)左手抓住右手套套囊及手术服袖口，握住手术服和手套的掌侧面，将它们向上拉，直到手通过袖口进入手套中，然后放松。保持手套的套囊包裹手术服的袖口(图 1-9C)。

(5)使用同样的方法戴上另一只手的手套(图 1-9D)。

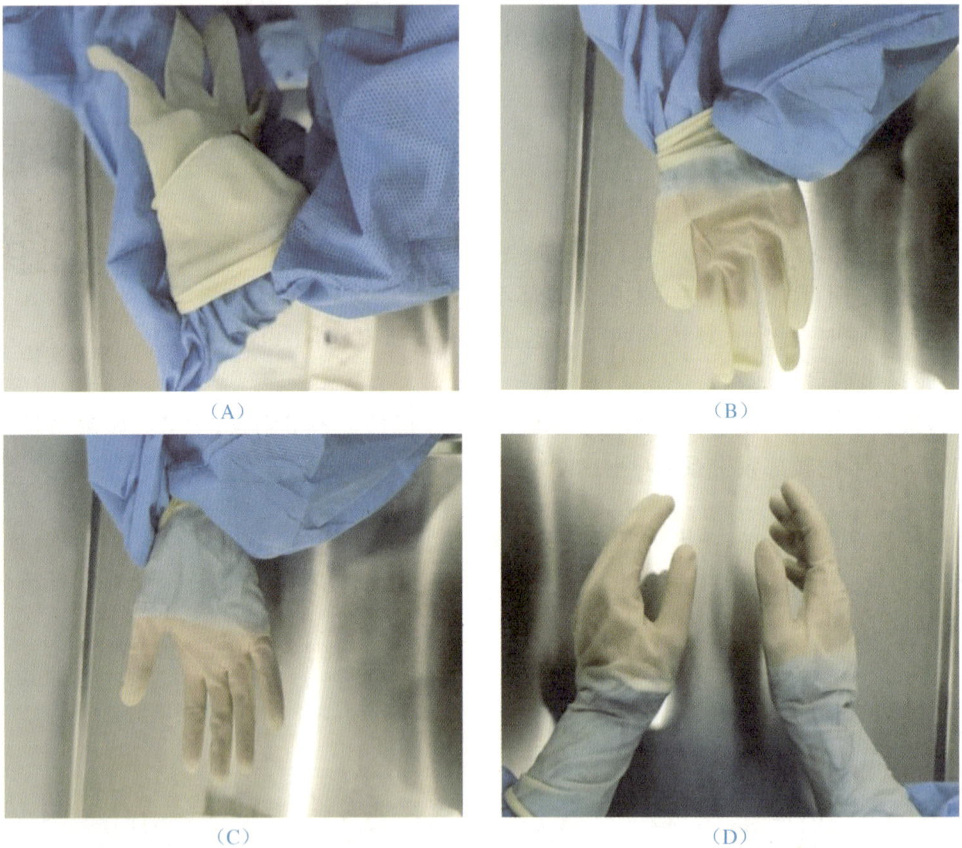

图 1-9　戴手套(密闭式)

6. 无菌环境活动

(1)尽量减小活动的幅度，移动可以导致空气流动从而造成污染。

(2)消毒人员不应离开无菌区，避免在手术室内外走动。

(3)当消毒人员在无菌区周围更换位置时，需保持安全的距离以防止相互接触。当他们通过别人身边时，应该相互面对面地通过(无菌区对无菌区)或者背对背地通过(污染区对污染区)。

(4)已消毒的人员需要保持面对手术区。

(5)未消毒的人员不在无菌区之间走动。

(6)外科手术团队在手术过程中不能改变水平位置。水平位置的范围是从坐姿到站姿，或

者相反。手术服较低的部分认为是污染的，当手术人员坐着时，这部分手术服和手、胳膊以及无菌区靠得很近，因此有可能导致污染。

(7)在消毒和无菌术的任何失误都应该进行报告。

(8)在手术室内要尽可能少讲话。

(9)手术室的门尽可能保持关闭状态。

(10)所有未消毒人员应离灭菌区有足够远的距离。

(11)手术室在同一时间内只允许一定数量的未消毒人员进入观察。

四、学习效果评价

序号	评价内容	评价标准	评价结果（是/否）
1	更换衣物	更换衣物顺序是否正确	
2		更换衣物后毛发或内部衣物是否完全被遮蔽	
3	手部清洁消毒	是否将首饰摘除干净，指甲剪短	
4		手部清洗消毒顺序是否正确	
5		手部清洗时间是否足够	
6	打开灭菌包裹	针对不同大小包裹是否采取不同打开方式	
7		包裹打开顺序是否正确	
8		包裹打开过程中是否出现污染	
9	穿手术服	手术服打开方式是否正确	
10		助手在系手术服时动作是否落实无菌观念	
11		术者穿完手术服后是否保持双手处于胸前位置	
12	戴手套（密闭式）	戴手套的过程手是否暴露出来	
13		戴手套的顺序是否正确	
14		手套是否能戴上	
15	无菌环境活动	是否遵循无菌环境规则	
16	职业素养	术者是否细致、认真对待无菌准备工作	
17		是否秉持科学严谨态度落实无菌术	

任务二　常用手术器械准备

一、学习目标

知识目标

- 能说出常用手术器械清洁的流程。
- 能阐述手术包和防护服包裹的流程。
- 能说出蒸汽灭菌的参数。

技能目标

- 能按流程将手术器械清洗干净。
- 能正确包裹手术包和防护服。
- 能正确设置高压蒸汽灭菌锅灭菌参数。

育人目标

- 培养踏实肯干态度。
- 培养安全使用高压灭菌锅意识。
- 形成无菌的外科观念。

二维码 1-4　手术器械清洁及包裹

二、常用手术器械准备

(一)手术器械清洁

1.器械的预浸泡

将器械浸泡在蒸馏水中(图 1-10),对于手术器械应该特别安排浸泡于有洗涤剂溶液的水中 30 min,无须机械搅动。

操作说明:预浸泡的目的是防止血液和其他手术过程中产生的碎片干燥在器械上,或者使干燥在器械上的血液和碎片软化。

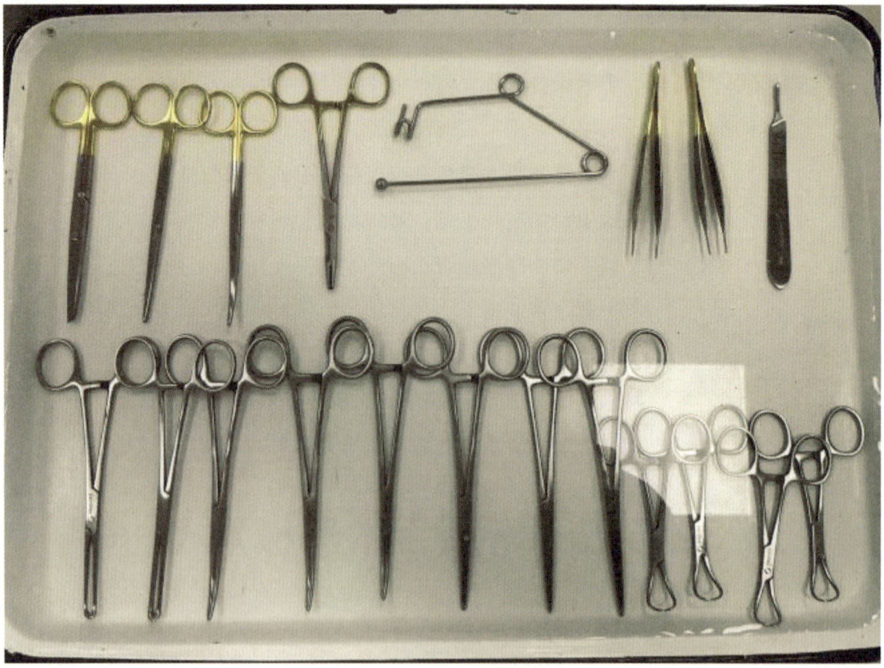

图 1-10　器械的预浸泡

2.器械去污

(1)准备一个装有热水的盆,里面放入洗涤剂,用于手术器械的清洗。

(2)打开所有的匣式簧板,并打开所有器械上的棘齿,将它们轻放在盆内。

(3)使用软毛刷清洗每一件器械的所有表面。使用刷的动作,以从靠近自己的近端刷向远端的方向刷洗器械。

(4)使用蒸馏水彻底漂洗每一件器械,这将会防止器械上“水垢”的堆积。

(5)在将锁止扣打开之后,将器械平放在吸水物质表面将其吸水并最终干燥。

(6)使用无绒毛的另外一层吸水物质覆盖在正在干燥的器械表面。

(7)当器械干净并干燥时,要检查每一件的情况,并检查其功能是否正常。匣式簧板应该能够顺利开关;棘齿应该能够容易地结合和松开;剪子应该剪切得很容易和顺利;检查棘齿完整性可通过测试棘齿开闭情况,将器械末端包裹起来然后敲击坚硬、光滑的表面。如果在测试中棘齿开了,那么在手术中夹持目的组织的能力就存在松开风险。

(8)有损坏或丢失部分、故障部分、故障或脱色部分或者表面生锈的器械,都应修理或更换。

操作说明:这是手工清洁以协助分解生物碎片的过程,注意不要破坏易碎的物品,对清洁有匣式簧板或接头的部位更要加以特殊的注意。

3. 器械的超声波清洗

(1)使用蒸馏水和含有表面活性剂(酶)的溶液进行超声波清洗(图 1-11)。

(2)器械在超声波清洗器内常规清洗时间是 3~6 min,溶液的温度应该维持在 41.5~51.5 ℃。

(3)在超声波清洗完成之后,使用蒸馏水漂洗器械以去除余下的无机物沉淀。

(4)器械涂上润滑油,以防止其生锈和腐蚀。

操作说明:超声波能产生微小气泡,这些气泡在每秒钟之内形成和破裂上千次,器械上活跃的粒子在溶液中悬浮并受到负压和抽吸的作用,结果使蛋白质凝固,细胞壁被破坏,微生物死亡。

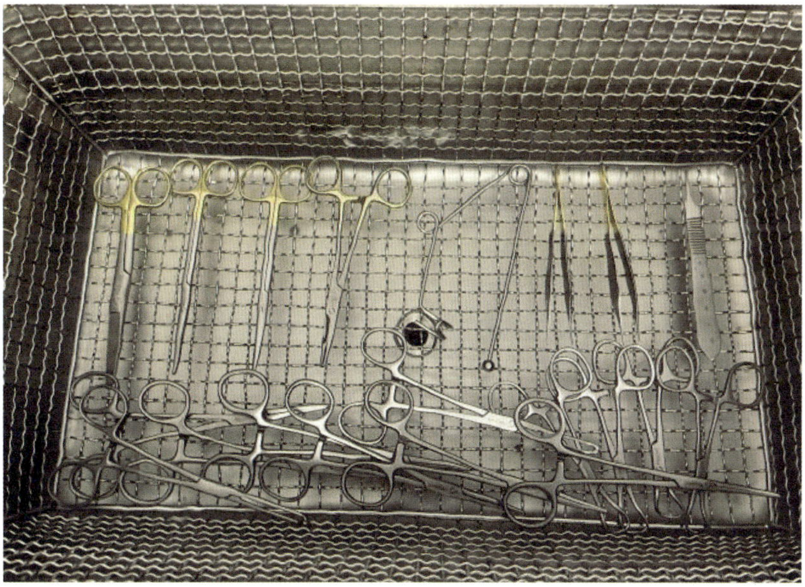

图 1-11 器械的超声波清洗

(二)手术包包裹

1.选择包裹材料

(1)选择由棉或亚麻织物和纸制成的包装材料。

(2)使用之前对织物包裹物洗熨、干燥并检查是否有损坏,对于已经撕裂或有破损的织物包裹材料及时更换。

(3)选择皱纹纸质包裹材料纸,但不应该被重复使用,连续的高压蒸汽灭菌会破坏纸纤维的完整性。

理想的包裹材料应具备的特点:

(1)通透性。蒸汽灭菌时蒸汽或气体必须要能够穿透包裹,微生物和灰尘颗粒不能从包裹的外表面穿透而进入其内表面。

(2)抵抗力。在处理时,该材料必须要有耐损坏能力,划破、刺穿或磨损的区域容易看见。

(3)柔韧性、记忆性。材料应该能够具备一定的柔韧性,从而符合包裹的外形。在包裹被打开后,包裹材料应该能够回归其原来的平坦状态。

2.包裹器械(直角包装)

(1)经常使用的包裹内物品应该标准化,以便于相同的包裹在不同的时期内能够用于相同的手术程序。

(2)包裹的尺寸必须要与高压蒸汽灭菌器的尺寸相符合。

(3)毛巾和方巾等柔软的物品使用手风琴褶式技术进行折叠,展开时能够减少潜在的空气流动带来的微生物污染。

(4)用一层包裹材料(单层包裹)或者使用两层包裹材料(双层包裹)。

(5)在干净的桌子上展开包裹布,将托盘放在包裹布中央(图 1-12A)。

(6)将底下的一角覆盖在托盘上方,并且将布的一角折回来形成一个拉手(图 1-12B)。

(7)将第一面折至中间,将布的一角折回形成另一个拉手(图 1-12C)。

(8)将第二面折至中间,将布的一角折回形成另一个拉手(图 1-12D)。

(9)进行包裹布的最后一次折叠,并将其塞进其他布内,在外面留一个小角,便于解包(图 1-12E)。

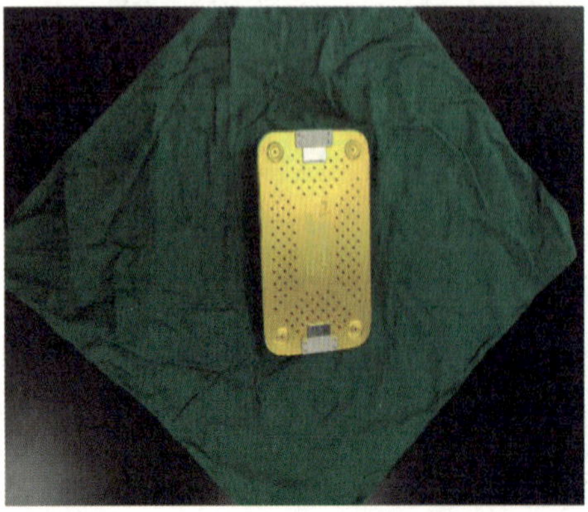

(A)

(B)

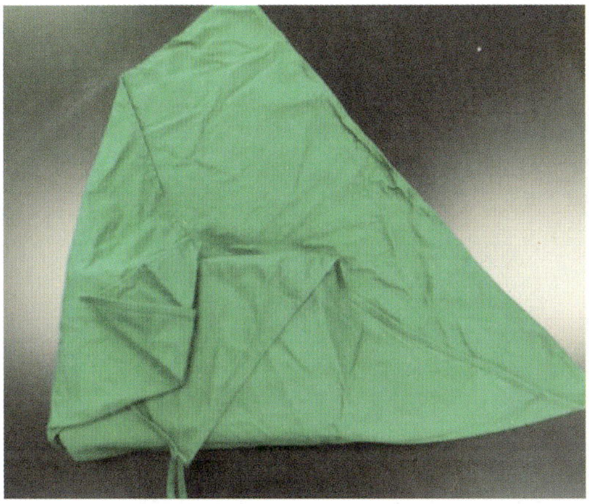

(C)

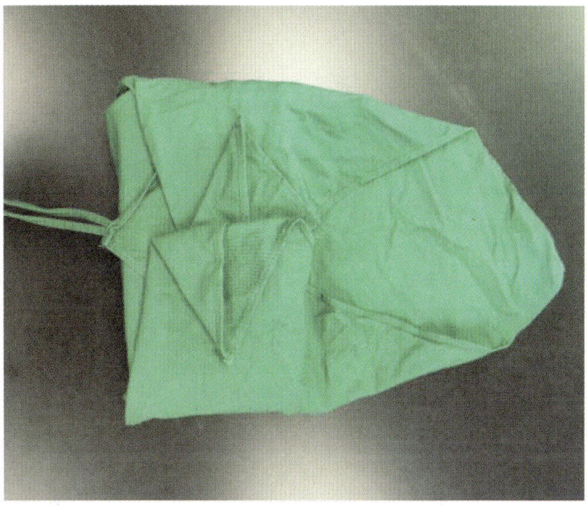

(D)

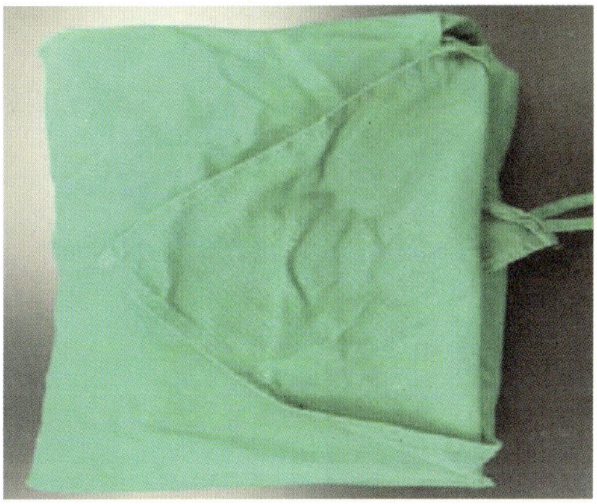

(E)

图 1-12　包裹器械(直角包装)

3.手术服折叠

(1)将干净的手术服外面朝上平整地放在包裹表面(图 1-13A)。

(2)将衣袖和袖口展直。

(3)将手术服较近的一边向中心折叠(图 1-13B)。

(4)将手术服较远的一边向中心折叠,与较近的一边交汇(图 1-13C)。

(5)将手术服从中间折叠(图 1-13D)。

(6)以手风琴褶式将手术服折成三折(图 1-13E)。

(7)要确保颈带被放在手术服的最上面,并且很容易被拿到。

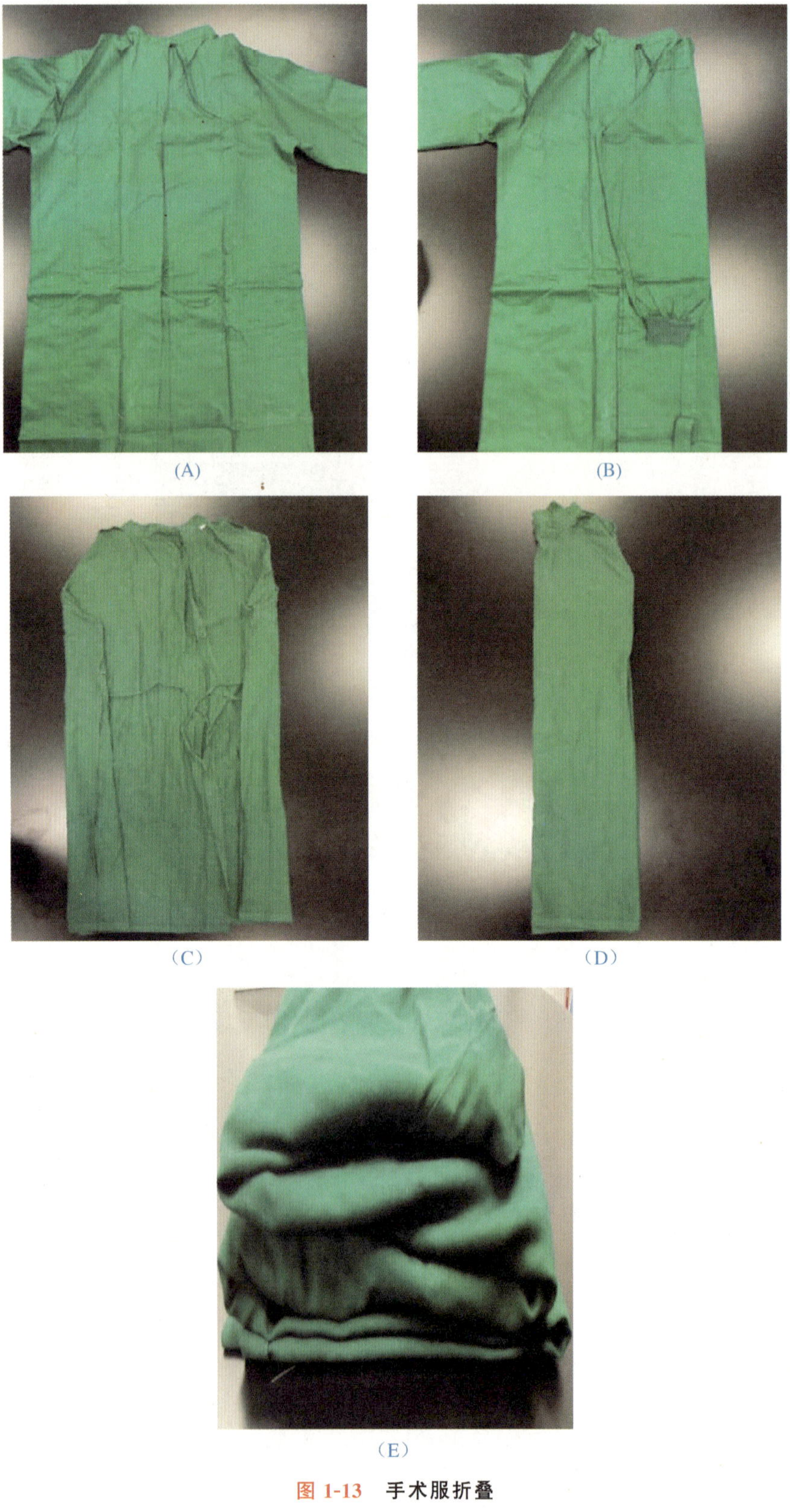

图 1-13　手术服折叠

4. 手巾折叠

(1)将干净的手巾平放在干净的台面(图 1-14A)。

(2)使用手风琴褶式折叠方法从长轴来折叠手巾(图 1-14B)。

(3)以手风琴褶式折叠手巾至三或四折(图 1-14C)。

(4)将手巾的角折回来。

(A)　(B)　(C)

图 1-14　手巾折叠

5. 手术服和手巾共同包裹

(1)将一件干净的外部包裹布在一个干净的表面展平(单层包裹)。

(2)将折叠好的手术服放在中间。

(3)将折叠好的手巾放在手术服上面。

(4)在手巾内部放一条指示条。

(5)使用与器械包裹相同的方式来进行包裹。大多数器械包都使用两层包裹(双层包裹)。手术服包一般只包裹一层(单层包裹)。

(6)使用指示带封口上标记有"手术服包",并记录防护服的尺寸和日期以及包装人员的防护服包。

(三)灭菌(高压蒸汽)

1. 灭菌物品摆放

(1)灭菌器的内胆一定不能装得过多。手术包的包裹外表层不应该与灭菌器腔体的内表面接触。如果腔体内塞得过满或过紧,那么蒸汽就不能有效穿透手术包(图 1-15)。

(2)如果使用带锁的盒子装器械,高压灭菌时应将盒子打开,方便蒸汽或气体流通,器械间应有 3～5 mm 的空隙。

(3)多个容器之间应用毛巾隔开。每个包裹中都应该有足够的手术纱布。

二维码 1-5　高压灭菌实操

2. 设置灭菌程序

(1)检查灭菌锅是否有足够的蒸馏水,若不足应及时补充。

(2)盖上灭菌锅盖子并旋紧。

(3)设置灭菌时间 30 min,灭菌温度 121 ℃(图 1-16)。

图 1-15　灭菌物品摆放

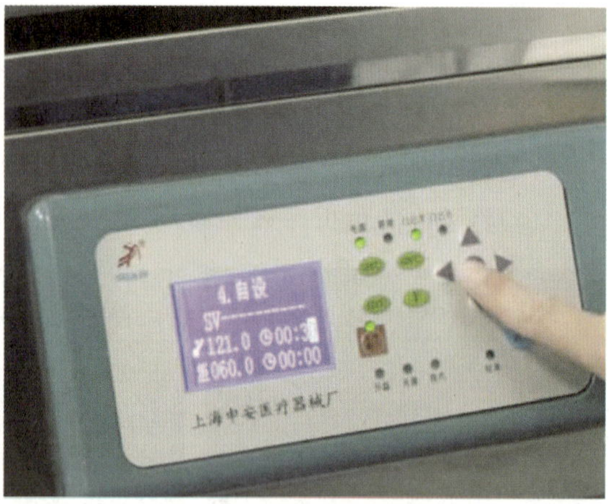

图 1-16　设置灭菌程序

3. 灭菌物品保存

(1)从高压灭菌锅中取出后,可将包裹分别放于物品架上进行冷却和干燥,防止发生穿透性污染(图 1-17)。不能将包裹重叠或堆放,会促进水分浓集。

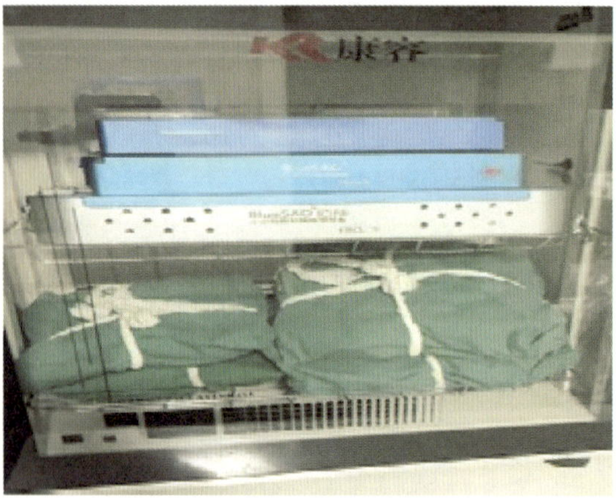

图 1-17　灭菌物品保存

(2)避免对灭菌材料进行多次拿放,尤其是当物品有突出或锐利的边缘时更应注意,操作时应谨慎,防止弯曲、挤压、破坏其密封性或刺穿包裹等情况的出现。

(3)灭菌好的包裹置于远离通风管和光的地方进行储存。理想的储存环境为湿度低、空气流动少、室温变化小、方便使用的地方。

(4)密封性未被破坏或未经其他途径损坏,则它们能保持无菌状态。灭菌物品的存放时间:双层棉布包裹保存 1 个月,双层纸包裹 6 个月。

三、学习效果评价

序号	评价内容	评价标准	评价结果 (是/否)
1	手术器械清洁	器械浸泡时间是否足够	
2		是否将手术器械污渍去除干净	
3		有故障或者生锈的手术器械是否更换	
4	手术包包裹	选择包裹材料是否正确	
5		包裹方式手法是否正确	
6		包裹封口位置及标记是否正确	

续表

序号	评价内容	评价标准	评价结果（是/否）
7		手术服折叠方式是否正确	
8		手巾折叠方式是否正确	
9	灭菌（高压蒸汽）	器械摆放是否有保留空隙	
10		灭菌时长和温度设置是否正确	
11		灭菌前是否有检查灭菌锅水位	
12		灭菌后储存空间是否合理	
13	职业素养	是否认真严格落实器械清洗流程	
14		是否树立安全使用高压灭菌锅意识	

任务三　手术环境准备

一、学习目标

知识目标

- 能阐述手术室及相关环境每天消毒的流程。
- 能描述手术室及相关环境每周及每月消毒的方法。

技能目标

- 能按流程对手术室及相关环境进行常规消毒。

育人目标

- 养成诚信意识，严格保证消毒时长。
- 形成无菌的外科观念。

二、基础知识

手术室是一个需要进行严格消毒的区域，为了尽可能地减少手术环境中游离的微生物的生长，需要经常进行清洁和消毒。定期消毒的范畴包括整个手术室表面、材料以及器械，从而降低感染的概率。

三、手术环境准备

1. 手术室每天清洁及消毒

（1）上班后，使用蘸有 0.1%新洁尔灭的绒布对所有器械及手术灯的表面进行清洁。

（2）每进行完一个手术后，把手术中使用过的器械放在加有去污剂或酶的冷水溶液浸泡 30 min。

（3）收集所有一次性材料以及手术垃圾并分类放置于恰当的垃圾桶中。

(4)分别用抹布擦洗仪器及手术台、站板、垃圾桶等，并以煮沸的方式消毒抹布。

(5)有体液流到手术台下时，移动手术台后对手术室的地板进行清洁消毒(0.1%新洁尔灭或0.1%氯己定)。

2.每天手术结束后消毒

(1)清洁并消毒(0.1%新洁尔灭)脚踏的活塞垃圾桶。

(2)检查天花板、墙壁、柜门、器械台表面以及所有器械的表面，并及时进行清洁消毒。

(3)对当天手术过程中使用的麻醉监控装置、手术灯等设备进行检查维护。

(4)检查手术室常用的物品、缝合材料、纱布、缝合针以及注射器，并及时补充。

(5)使用真空吸尘器(湿抹布需用清洁剂和抗微生物肥皂清洗)清洁地板。

(6)打开紫外灯照射手术室1 h。

3.冲洗间每天清洁及消毒

(1)清理掉垃圾并用消毒药水对垃圾桶进行消毒，在垃圾桶内放新的塑料垃圾袋。

(2)对洗手液的罐子进行消毒并再次充满洗手液。

(3)对柜台的表面、柜门、墙壁和地漏的相连部位及电源接线板进行消毒。

(4)对洗池进行清洁，并用消毒水顺着水流的方向冲下去的方式进行消毒。

(5)使用真空吸尘器清洁地板(湿抹布需用清洁剂和抗微生物肥皂清洗)。

(6)打开紫外灯照射冲洗间1 h。

4.动物准备室清洁及消毒

(1)清除粪便、毛发和尿液等废物并清洁。

(2)去除剃刀上的毛发并对其进行擦拭涂油保养。

(3)检查墙壁、柜台、柜子门，并在需要时用消毒水进行清洁。

(4)用吸尘器清理地板上毛发并消毒。

(5)用吸尘器清理地板后及时更换吸尘器内袋，用消毒水清洁吸尘器的外部、胶皮管以及喷嘴等位置。

(6)将垃圾清理掉并对垃圾桶进行消毒，然后在垃圾桶内换一个新的塑料垃圾袋。

(7)打开紫外灯照射动物准备室1 h。

5.每周和每月的消毒

(1)常用物品的储存柜、墙壁、窗户、天花板、灯具的固定装置、手术台以及手推车(拉车)、储物间和使用频率不高的设备也需要进行清洁和消毒。

(2)每周至少对手术室的地板用湿的吸尘器和干烤型真空器清洁一次。

(3)每月对墙壁、地板和天花板用抹布进行清洁和消毒，所有轮子、可移动的设备也需要每月进行保养。

四、学习效果评价

序号	评价内容	评价标准	评价结果（是/否）
1	手术室及相关环境消毒	是否按时对手术室及相关环境进行消毒	
2		消毒剂浓度配比是否正确	
3		是否对消毒机器和环境全覆盖消毒	
4		紫外灯照射时长是否正确	
5		是否将手术室及相关环境消毒制度上墙	
6	职业素养	是否认真严格落实手术室及相关环境消毒流程	
7		是否树立无菌意识	

任务四　患病宠物手术准备

一、学习目标

知识目标

- 能说出患病宠物禁食禁水时间。
- 能准备好留置针放置所需的物品。
- 能阐述头静脉留置针放置流程。
- 能阐述术部三种消毒模式的方法。

技能目标

- 能根据宠物实际情况控制禁食禁水时间。
- 能正确给犬放置留置针。
- 能把术部毛发剃干净并清理消毒。
- 能用创巾把术部隔离并固定好。

育人目标

- 关爱患病宠物，重视动物福利。

二、耗材准备

剃刀，吸尘器，碘伏、酒精棉球，留置针器械套装（图 1-18）。

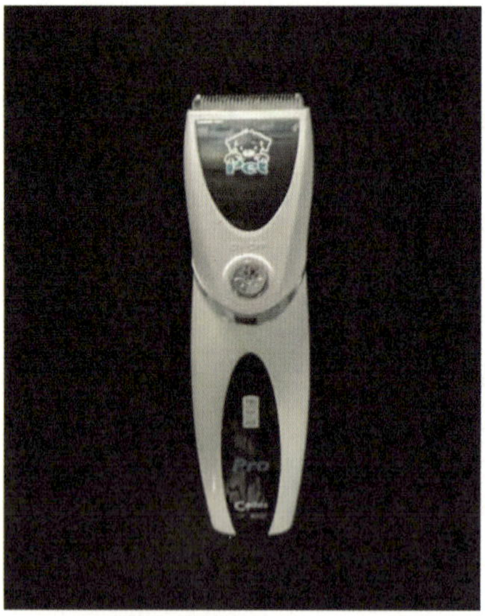

剃刀

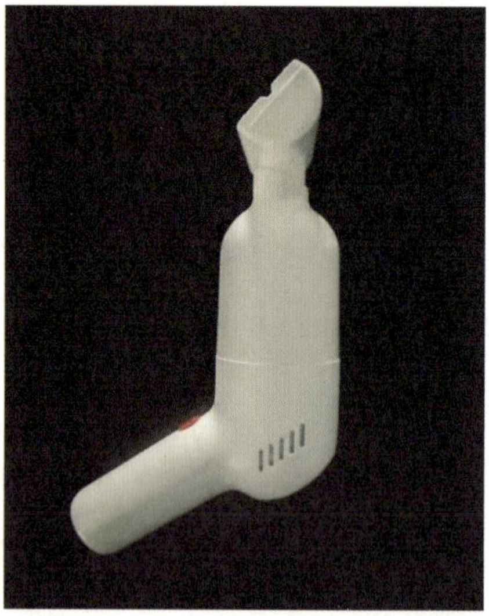

吸尘器

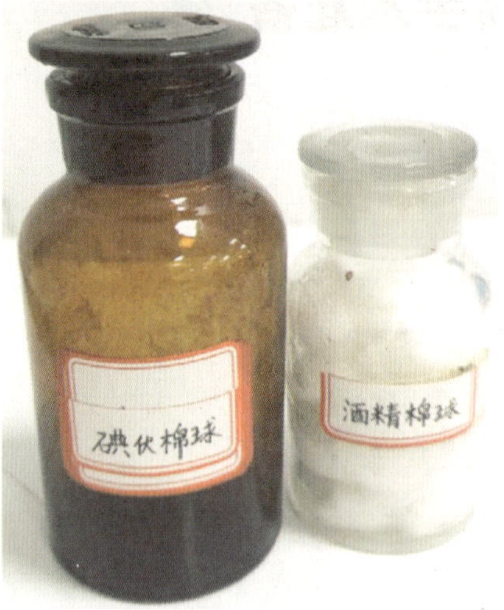

碘伏、酒精棉球

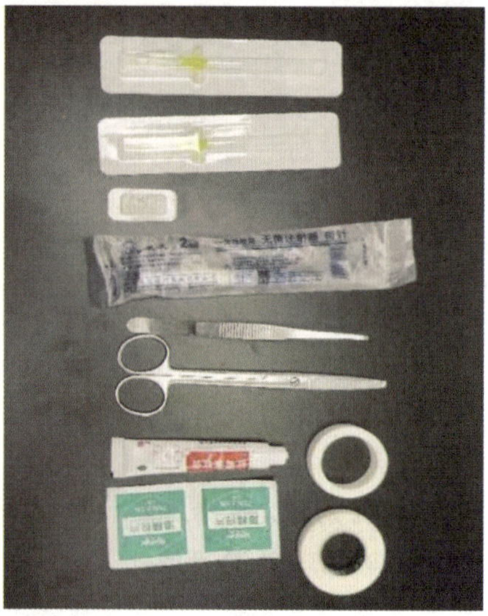

留置针器械套装

图 1-18　手术准备耗材

三、患病宠物准备步骤

1. 对患病宠物术前评估检查

详见模块一项目一任务五术前检查评估。

2. 禁食与排泄

成年动物在诱导麻醉前通常禁食 6～12 h，但一般不禁水。幼龄动物不能进行长时间禁食，容易发生低血糖症的危险。在进行大肠手术前要禁食 48 h 并口服抗生素。患病宠物在诱导麻醉前的一小段时间排便和排尿。如果尿液没有自然排出，在患病宠物处于全身麻醉状态时对膀胱进行人工施压排尿或者插入无菌导尿管进行导尿。

3.放置静脉留置针(前肢头静脉)

二维码 1-6　犬前肢模型静脉通道建立实操

(1)前期准备。打开纸胶布和绷带;打开肝素帽和留置针(检查留置针是否平整光滑,是否堵塞);撕开无菌棉布或打开软膏。

(2)剃毛。对将放置留置针的部位用电剪剃毛。

(3)无菌消毒皮肤。75%酒精棉球消毒 2 次(图 1-19A)。

(4)绷皮。在血管近心端绷紧皮肤,在消毒范围内 1/2～1/3 处进行穿刺。

(5)穿刺。留置针穿刺角度 10°～15°斜面向上,进针速度要慢,从导管内见回血后降低到 5°～10°再进针 2 mm,将针芯后撤 2～3 mm(图 1-19B)。

(6)送套管。持导管座及针翼,将导管全部送入血管(图 1-19C)。

(7)撤出针芯锁上肝素帽。左手固定导管座,右手持针翼座末端撤出针芯,直至针尖保护装置自动启动并脱离导管座(完全撤出针芯后可让助手按压留置针软管防止血液流出)。将带保护装置的针芯丢弃在锐利物收集盒中,将已充满含肝素生理盐水的注射帽(已备妥)锁上留置针(图 1-19D)。

(8)留置针固定。以穿刺点为中心用纸胶带适当张力固定(需在胶带最后时折角以便拆卸);用抗生素软膏涂在套管与皮肤的接触点,并敷上无菌棉。继续用纸胶带缠绕固定,自粘绷带捆绑留置针,胶带要将注射帽覆盖,辅助固定注射帽。自粘绷带沿顺时针、逆时针、顺时针进行三次缠绕(需在胶带最后时折角以便拆卸)(图 1-19E)。

(9)回抽血液验堵。用装有生理盐水一次性针筒回抽看留置针是否堵住(图 1-19F)。

(10)做标记并收拾台面。在绷带上标注穿刺日期和操作者的姓名,最后收拾台面保持整洁(图 1-19G)。

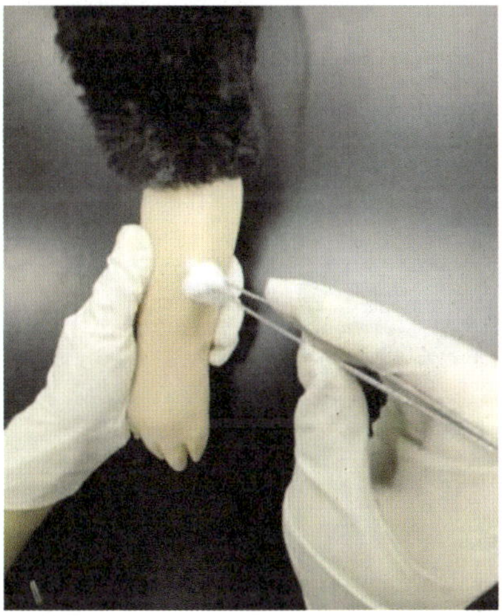

(A)

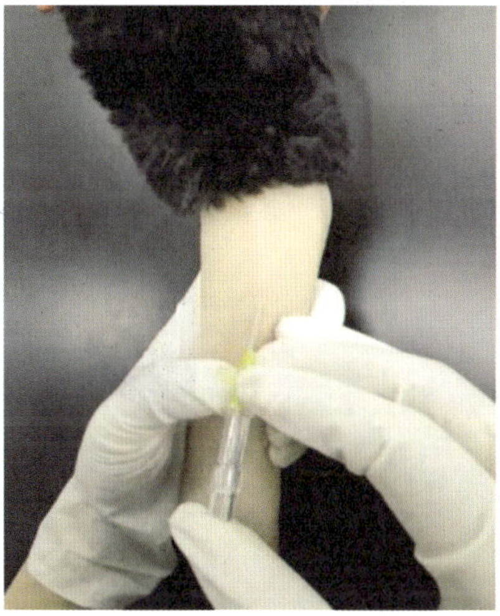

(B)

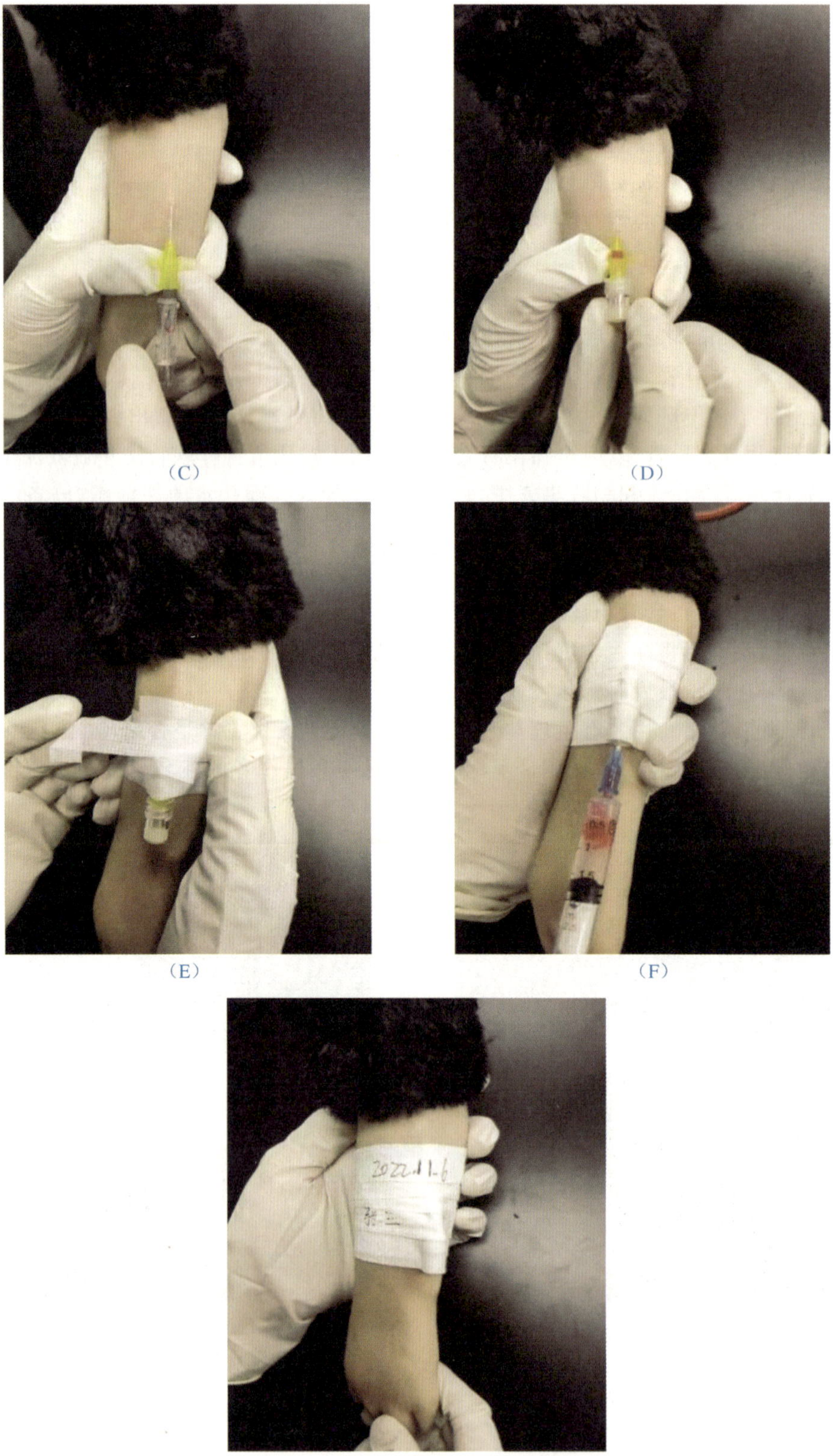

(C) (D) (E) (F) (G)

图 1-19　前肢头静脉放置留置针

4. 剃毛

(1)以执笔姿势抓持剃毛器，将预定切口部位附近的被毛剃光。

(2)先顺着被毛生长方向进行第一次剃毛，然后逆着被毛生长方向紧贴皮肤进行第二次剃毛，剪毛准备区域在预定切口周围 5 cm 范围。

(3)剃毛结束后，用吸尘器把剃落的被毛吸走。

5. 保定

根据手术需要用绳子、沙包、沟槽或者能够活动的真空定位设备把患病宠物固定在适当的位置。保定姿势不能干扰宠物的呼吸、外周循环和肌肉等功能。对有保温需求的患病宠物应把患病宠物放在水循环加热的水垫或毛毯、电热毯上。如果手术过程中有用到高频电刀，要把底板放在患病宠物身下。

6. 术部消毒

二维码 1-7　术部消毒

消毒擦洗模式根据手术部位来确定，一般包括三种模式：目标模式、骨科手术模式和会阴手术模式。

(1)目标模式消毒。用于腹部、胸部和神经系统的手术准备。

①拿一块蘸有清洗剂的海绵绕着剃毛区周边涂擦，使周边毛发湿润而平坦，从而不会飘到剃毛区内。

②拿一块擦洗海绵，从计划的切口处用海绵来回涂擦约 15 s，力度要适当。

③擦完切口处后，将海绵由里向外螺旋涂擦，一直擦到接触毛发。如果海绵与毛发、脏物或其他污染物接触，就不能再用于手术切口处了。

④用碘伏涂擦 3 次术部，擦洗剂与皮肤的接触时间为 5 min 效果最佳。碘伏擦 3 次以后，手术部位才可用 75%的酒精来清洗。当创口为污染创时，涂擦方向由外向内“回”字形；当创口为无菌创时，涂擦方向由内向外“回”字形。

(2)骨科手术模式消毒。用于骨科手术消毒。

①将手术部位毛发去除，并将脚上的毛发包裹起来，用一个翻转的实验手套套上，用胶带固定封闭，防止其掉落，胶带或手套需紧度适中，以免阻碍血液流通。

②做一个马镫形悬吊胶带，将其末端放在戴手套的腿内、外侧或前、后侧，并用胶带将其固定在腿上。该肢应悬吊起来，以便能对本肢的各个面进行操作。骨折时，拉伸四肢实际上能减轻肌肉疲劳，有利于减轻骨折的痛苦。悬吊四肢，剃毛完成后开始擦洗工作。

③手拿擦洗海绵从悬吊肢体的胶带边缘开始消毒。擦洗四肢应从远端向近端以圆周运动方式进行。清洗完后，要将腿放在干净的毛巾上，其可提供放置腿的清洁平面。托住断裂的骨头，小心地将肢体放在毛巾上。患病宠物便可移入手术室。

④按目标模式用碘伏、酒精 3 次消毒术部。

(3)会阴手术模式消毒。

①在手术前将肛门处进行荷包缝合，以防止手术过程中排泄物污染。进行荷包缝合时应注意不要刺破肛门腺。

②会阴部剃毛消毒，从肛门右侧剃毛区、肛门左侧剃毛区和肛门区分别进行。

③按目标模式用碘伏、酒精 3 次消毒术部。

④手术完成后手术人员或医助应负责拆除缝合线，在麻醉监测表上的备忘录做好记录，将

提醒手术人员或医助进行该项任务。

7. 术部隔离

（1）穿好手术服并戴上手套的手术人员在预定切口处周边铺设 4 块基层创巾，把已消毒与未消毒区域隔离开来，创巾铺好后就不能再向创口内进行调整。

（2）创巾的连接角处用巾钳固定。

（3）基层创巾保护好手术区域后铺设手术创巾，创巾可以覆盖住整个动物和手术台，创巾铺设处有一个大小和位置适当的开口，铺上创巾后暴露切口部位。

（4）无菌创巾覆盖患病宠物和周围的未消毒区域后，放上器械盘，开始手术。

四、学习效果评价

序号	评价内容	评价标准	评价结果（是/否）
1	禁食与排泄	禁食禁水时间是否恰当	
2		麻醉前是否诱导患病宠物进行排尿	
4	放置静脉留置针（前肢头静脉）	是否能将放置静脉留置针所需的材料准备齐全	
5		是否对皮肤消毒 3 次	
6		留置针是否准确穿进血管	
7		胶带是否将留置针固定紧实	
8		是否用注射器回抽检验留置针堵塞	
9		是否在胶带上标注相关信息	
10	剃毛及保定	剃毛范围是否符合手术要求	
11		是否根据手术需要采用合适的保定技术将患病宠物固定于手术台	
12	术部消毒	术部是否清洗干净	
13		消毒时间是否够 5 min	
14		污染和非污染术部消毒手法是否正确	
15	职业素养	在对患病宠物操作时是否有足够耐心与仁爱之心	

任务五　术前检查评估

一、学习目标

知识目标

- 能说出术前检查评估需要用到的仪器及操作方法。
- 能阐述一般患病宠物术前评估的流程和操作要点。

能力目标

- 能正确对患病宠物进行术前检查评估。
- 能采取正确措施纠正患病宠物术前检查异常情况。

育人目标

- 在给患病宠物实施检查过程中能秉持科学严谨职业素养。
- 坚持负责、耐心的工作态度。

二、基础知识

术前对患病宠物的检查至关重要，充分的检查能极大地降低手术失败概率。术者应向宠物主人调查患病宠物病史并进行全身体格检查，并根据情况进行适当的实验室检查。最终确定患病宠物状态是否适合进行手术，对潜在风险采取预防措施。

二维码 1-8　术前检查评估

三、检查器械准备

体温计、听诊器，血常规检测仪，B 超仪，DR 设备。（图 1-20）

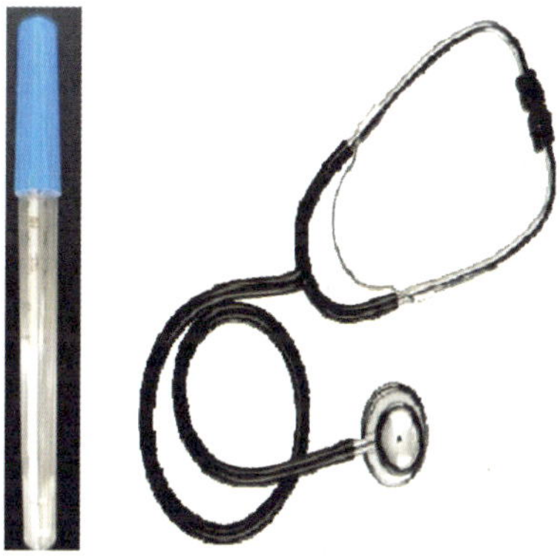

体温计、听诊器

血常规检测仪

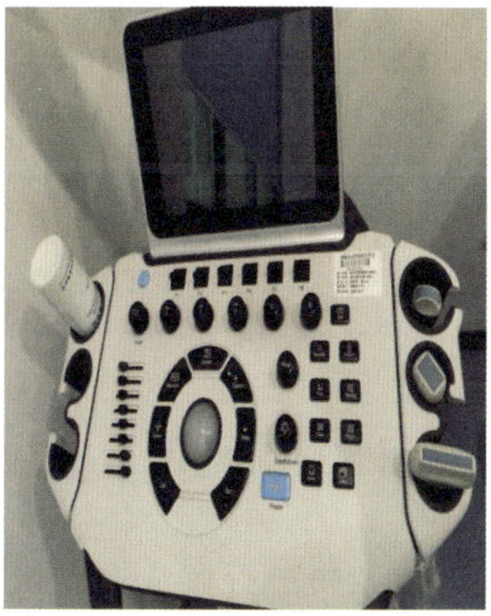

B 超仪

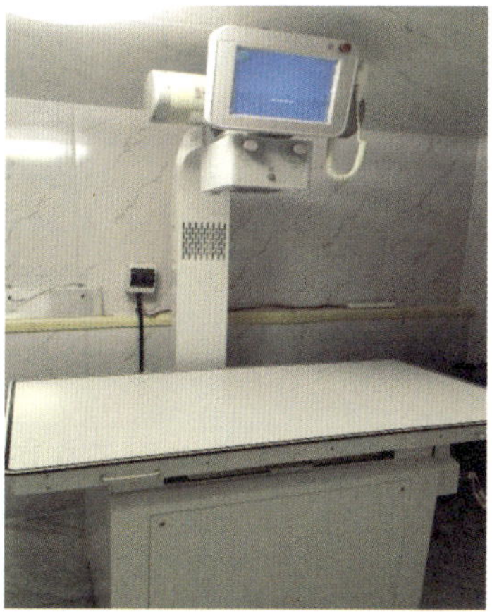

DR 设备

图 1-20　检查器械准备

四、术前检查步骤

1. 病史调查

(1)询问主人患病宠物发病症状、近期采食变化情况。

(2)患病宠物既往病史及治疗情况跟发病的关联性。

(3)最后一次疫苗接种及驱虫时间。

(4)是否接触有毒物质、异物等情况。

检查说明: 确定患病宠物所患疾病的严重程度、持续时间和发展趋势。

2. 体格检查

(1)检查宠物整体状态、身体胖瘦、毛发状态及精神状态。

(2)观察黏膜颜色和毛细血管再充盈时间。

(3)听诊心音性质和频率,注意心脏有无杂音或心律失常,肺有无捻发音或喘鸣音。心或肺音节律的减少表明可能有胸腔积液、积气或膈疝的发生。

(4)检查呼吸频率和力度。出现呼吸窘迫的宠物通过氧气面罩、氧气帐或氧气流给予输氧。

(5)对膀胱进行触诊,检查膀胱破裂和宠物排尿能力。

(6)在检查期间,注意宠物的意识和行走能力。

(7)根据患病宠物体格状态进行等级评定,具体评定方式见表 1-1。

表 1-1　宠物体格状态分级表

体格状态	宠物的状态	实例
Ⅰ	健康,没有疾病	患病宠物可实施手术(如卵巢子宫切除术、去爪、去势)
Ⅱ	基本健康,局部疾病或轻微的全身性疾病	膝脱臼、皮肤肿瘤、未伴发炎症的吸入性肺炎、腭裂等疾病
Ⅲ	严重的全身性疾病	肺炎、发热、脱水、心杂音、贫血等疾病
Ⅳ	严重的、威胁生命的全身性疾病	心力衰竭、肾衰竭、肝衰竭、严重血容量不足、严重出血等疾病
Ⅴ	濒死的、预期存活不超过 24 h 的患病宠物(手术过或未手术过)	内毒素性休克、多器官衰竭、严重创伤等疾病

检查说明: 防止患病宠物在手术期间或术后出现心肺意外的有效方法之一。患病宠物的体格状态越差,出现麻醉和手术并发症的风险就越大。

3. 实验室检查

(1)健康宠物(如进行卵巢子宫切除术、去爪术)和发生局部疾病的健康宠物进行血细胞比容(HCT)、总蛋白(TP)、血液尿素氮(BUN)和尿比重的测定。

(2)年龄超过 5～7 岁,体格评定等级为Ⅰ、Ⅱ级的健康宠物进行血常规检查、总蛋白(TP)、血液尿素氮(BUN)和尿比重的测定,检测相关指标及意义见表 1-2。

(3)发生肿瘤的宠物通过胸部 X 线检查或淋巴结穿刺判断肿瘤是否转移。

(4)患有心脏疾病的患病宠物应进行心脏超声扫描。

(5)外伤的宠物需做胸部的放射线检查,评估有无出现肺挫伤、气胸或膈疝等状况。

检查说明: 通过实验室检查,更好地对术后可能出现的并发症进行预防。

表 1-2　各项血液生化指标意义

异常指标	说明	需要进行鉴别诊断的疾病过程
高血液尿素氮(BUN)	在输液前收集尿液检查尿比重	肾前性氮血症、主要肾脏疾病、肾后性氮血症
低 BUN		肝功能障碍(如门体分流、肝硬化)、严重多尿或多饮、低蛋白饮食
高丙氨酸氨基转移酶(ALT)	一些严重肝病的宠物 ALT 可能正常	肝脏疾病,严重肌肉疾病也会引起 ALT 升高
白蛋白	各实验室检查结果可能不一致	肝脏疾病、尿和胃肠道体液流失、严重的渗出性表皮损伤(如烧伤)
高血清碱性磷酸酶	用同工酶分析的方法可以测定引起本项指标升高的病源所在(如肝脏、骨骼);通常青年期宠物本项升高是由使用类固醇或抗惊厥药引起;严重的脂血症或严重的胆红素血症(8 g/dL)也可引起非正常升高	肝病、类固醇治疗、肝外胆管梗阻、一些肿瘤疾病
高胆红素	患病宠物暴露于荧光灯会降解胆红素	肝细胞疾病、肝外胆道阻塞、肝内胆汁淤积、溶血性贫血
高钙	检测游离钙	瘤外综合征(淋巴肉瘤、肛门腺癌)、原发性甲状旁腺功能亢进症、使用含有钙化固酶的杀虫剂、维生素 D 过多症、肾上腺皮质机能减退、肉芽肿、肾脏疾病
低钙	低白蛋白宠物可出假性低钙	肾脏疾病(尤其是急性)、妊娠(惊厥)、维生素 D 缺乏症、甲状旁腺功能减退症
高肌酸酐	消瘦的宠物血清肌酸酐可出现假性降低	肾脏疾病、尿腹、肌肉损伤(小范围的)
高葡萄糖	应激可使猫的葡萄糖减少为 200～400 mg/dL	糖尿病
低葡萄糖	红细胞分离速度变慢(RBCs)可以使葡萄糖含量假性降低	肝病、胰岛素瘤、肾上腺皮质机能减退、肝外肿瘤、败血症或毒血症、幼畜饥饿
高钠	游离水的流失	呕吐、腹泻、肾衰竭、尿崩症、不恰当的输液疗法
低钠	游离水分泌不畅是低钠的原发性原因,偶尔由于钠流失引起	呕吐、腹泻、肾上腺皮质机能减退、利尿治疗、不合适的输液疗法
高钾	血小板增多可假性提高钾的浓度,某些品种犬溶血可使钾浓度升高	肾上腺皮质机能减退、肾衰竭、尿腹、药物治疗

续表 1-2

异常指标	说明	需要进行鉴别诊断的疾病过程
低钾		呕吐、腹泻、利尿治疗、慢性肾衰竭（尤其是猫）、不恰当的输液疗法
嗜酸性粒细胞数增多		寄生虫病（心丝虫、胃肠寄生虫）、嗜酸性粒细胞病、肥大细胞瘤、过敏性疾病
嗜碱性粒细胞数增多		寄生虫病（大心丝虫）、肥大细胞瘤
淋巴细胞增多		淋巴肉瘤、猫病毒性白细胞增多
淋巴细胞减少		严重应激、乳糜胸、急性病毒病
高红细胞（RBCs）		脱水、红细胞增多症、缺氧（右到左分流）

4. 手术风险评估

宠物健康状态	预后情况
患病宠物没有严重的潜在疾病	预后极好
患病宠物没有严重的潜在疾病，但可能出现并发症	预后良好
患病宠物可能发生严重并发症，机体恢复手术前功能时间延长甚至不能恢复	预后一般
患病宠物存在潜在疾病或手术操作会造成严重的并发症，最终发生死亡的可能性很高，机体不能恢复到手术前的功能	预后不良

5. 术者与患病宠物主人沟通并签订协议

（1）告知主人患病宠物的病情及诊断结果，是否需要进行手术。

（2）对于需要手术的患病宠物，向宠物主人介绍手术方案，术后可能出现的并发症、术后护理和相关费用。

（3）及时与主人沟通患病宠物出现并发症时状态和需采取的治疗措施。如果患病宠物存在遗传性疾病，向宠物主人推荐对患病宠物同时进行绝育手术。

（4）与患病宠物主人签署手术同意书，并收录在病历档案中。

6. 稳定患病宠物病情

（1）麻醉诱导前，通常需要补充液体和纠正酸碱和电解质异常。手术前，尽可能稳定患病宠物病情。

（2）在手术前对存在潜在感染风险或已经存在感染体温升高的患病宠物使用抗生素进行预防或治疗。宠物体温恢复正常后方可进行手术。

（3）对出现明显酸中毒（pH 低于 7.2）的患病宠物用碳酸氢钠进行治疗。综合患病宠物的病史、临床症状、体格检查和二氧化碳总量情况来判定是否出现明显的酸碱失衡。

（4）对营养不良的患病宠物可在手术前给予肠道营养物。患有慢性疾病宠物的营养状况决定是否能够实施手术。

（5）补充组织需要的循环血容量。犬的正常血容量大概是 90 mL/kg，猫是 70 mL/kg。

（6）低蛋白血症的宠物（总固体少于 4.5 g/dL）也应该考虑使用胶体溶液进行治疗。

（7）怀疑患有胸腔疾病（气胸或胸腔积液）并出现严重呼吸困难的宠物，实施胸腔穿刺术。

通过氧气笼、鼻吹入法或氧气面罩、放置胸导管对患病宠物进行输氧。

(8)腹腔漏尿(即腹部疼痛、腹膜腔积液或肾后性氮血症或三者同时出现)进行正确的鉴别诊断和治疗。

(9)对患有疑似腹膜炎的宠物,采用腹腔灌洗的方法进行诊断性治疗。

(10)患病宠物发生出血或休克时立即输液,输入液体的类型及给药方法见表 1-3。

检查说明: 患有肺、心血管或肾部疾病的宠物不能通过输液的方式快速给药。如果血液稀释不受影响,可给予乳酸林格氏液。给予高渗盐溶液有益于减少机体总液体的需求量,防止出现水肿和增加心输出量。出现贫血(即全血或红细胞比容降低)的患病宠物必须输血,手术前红细胞压积(PCV)少于或等于 20% 时输血对患病宠物有较大益处。

表 1-3　常见输入液体的类型及给药方法[a]

输入液体的类型	给药方法
等渗的溶液	犬:最高 90 mL/kg;猫:最高 60 mL/kg
羟乙基淀粉	5～10 mL/kg(可重复)或恒速输液[1～2 mL/(kg·h)],最高可至 20 mL/(kg·d)
7%高渗生理盐水[b]	4～5 mL/kg,5 min 后给予等渗晶体[10～20 mL/(kg·h)]直至有效
冷鲜血浆	10～20 mL/kg
25%人血白蛋白	2～4 mL/kg (单次快注或慢推),5～23 mL/kg(休克)

注:a. 检测 CVP (中心静脉压)避免过度补液;b. 如果要延长高渗生理盐水的作用,可给予羟乙基淀粉或其他胶体,但任何液体都不要超过最大流量。

五、学习效果评价

序号	评价内容	评价标准	评价结果(是/否)
1	器械准备	是否能将术前评估所需仪器设备准备齐全	
2	操作步骤	病史调查是否完整	
3		体格检查是否完整、是否正确掌握宠物体格状态分级标准	
4		是否能根据宠物实际情况选择合适的实验室检查手段,并正确操作和解读检查结果	
5		是否能对患病宠物手术风险进行正确评估,判断预后情况	
6		是否能模拟与宠物主人进行准确沟通,获得信任,并签署手术同意书	
7		是否能在术前选择合适的方案稳定患病宠物病情	
8	职业素养	在术前评估过程中是否对宠物动作轻柔	
9		在与客户沟通时态度是否足够亲和与耐心	
10		术前检查是否科学严谨,按一定逻辑顺序进行且没有出现漏检	

项目二　手术基本操作技术

任务一　器械的认识与使用技术

一、学习目标

知识目标

- 能准确辨认并说出常用外科器械名称。
- 能说出常用器械适用的场景。

能力目标

- 能正确持握常见手术器械。
- 能根据手术需求选择合适的手术器械。

育人目标

- 培养手术器械使用过程中的安全意识。
- 培养爱护器械的职业素养。

二维码 1-9　器械的认识与使用技术(上)

二维码 1-10　器械的认识与使用技术(下)

二、学习内容

1. 手术刀

手术刀是切开组织的最基本切割器械。最常用的手术刀柄的型号是 3 号和 4 号，刀片可以拆下，根据手术目的使用不同型号和样式的刀片(图 1-21)。10 号刀片最常用于小宠物外科手术。

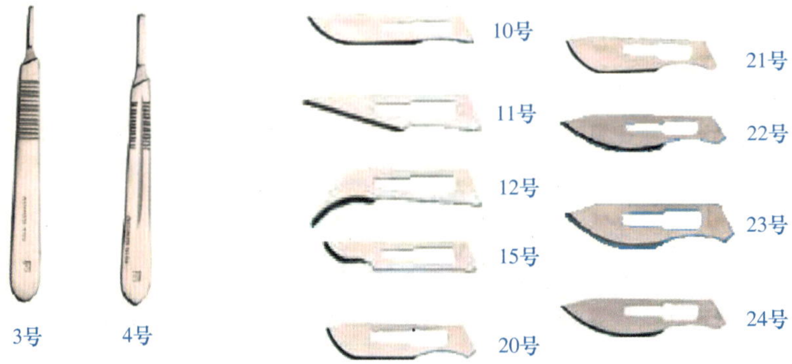

图 1-21　手术刀柄和手术刀片

(1)手术刀片安装与拆卸(图 1-22)。手术切片安装:右手抓住(持针钳)刀片的刀背，将刀片中空的卡环对准刀柄前端凹槽倾斜 30°角推入，待手术刀片与刀柄凹槽完全密接后，手术刀片安装完成。手术刀片拆卸：右手无名指（持针钳），顶住刀片后侧，使后侧刀片与刀柄凹槽分离，向前抽出刀片，手术刀片拆卸完成。

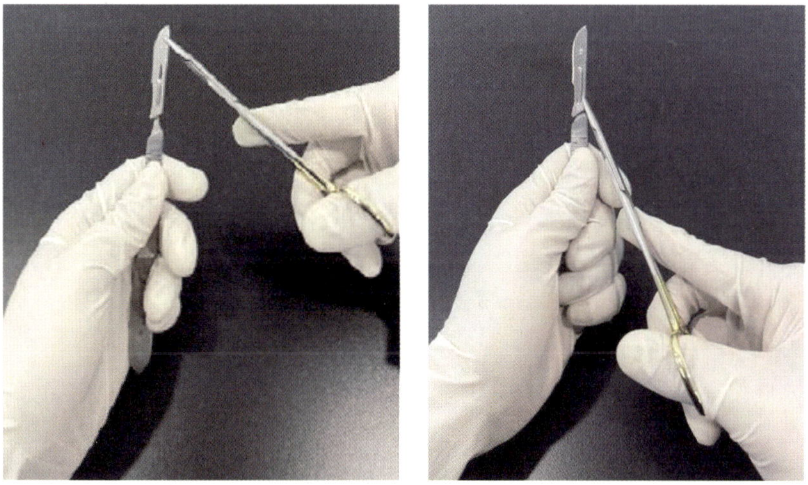

图 1-22　手术刀片安装与拆卸

（2）执刀方式。执笔式（图 1-23A）、指压式（图 1-23B）、全握式（图 1-23C）和反挑式（图 1-23D）。执笔式执刀方式适用于小力量短距离精细切开；指压式执刀方式在远距离切开时最准确、最稳定。

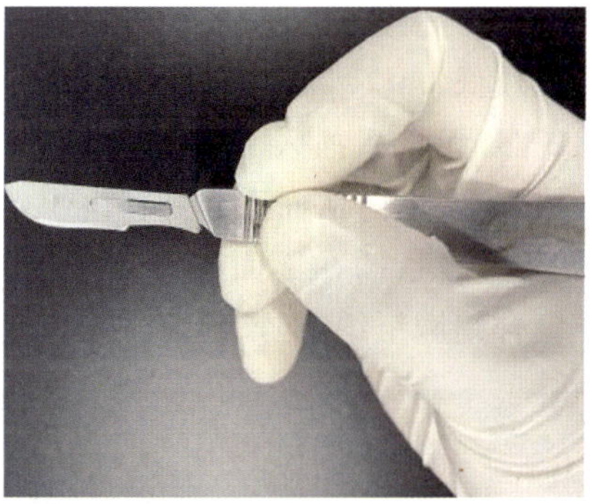

(A)

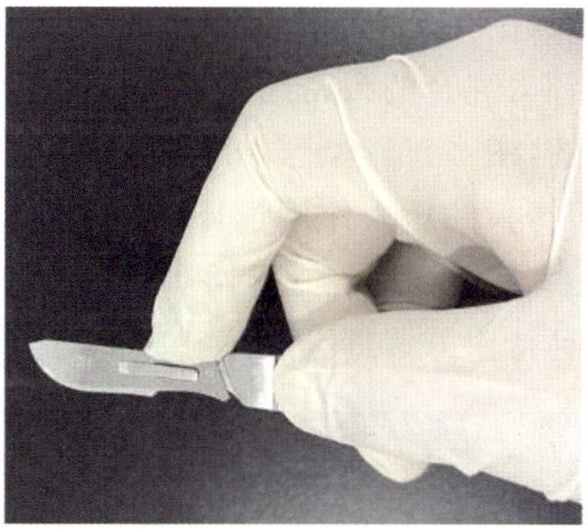

(B)

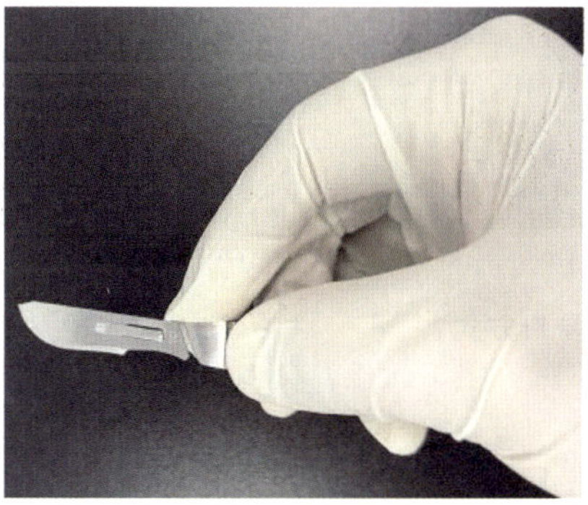

(C)

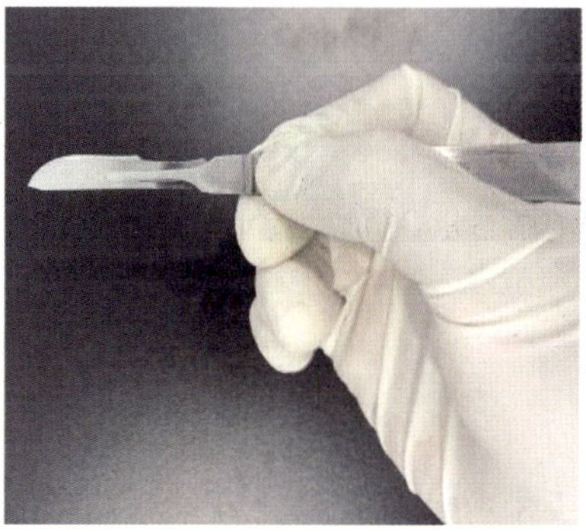

(D)

图 1-23　执刀方式

2.持针钳

持针钳用于夹持弯针缝合组织或器械打结。其外形结构跟止血钳相似，但持针钳关节前方部分较短，钳尖部分呈方格状。有些持针钳关节前方有剪刃，可以同时完成打结和剪断，但容易在打结时切断缝线。

(1)夹持缝针方式(图 1-24)。持针钳尖端夹持缝合针后 1/3 或 2/5 处，且缝合针需垂直于持针钳，使可操作性最大。

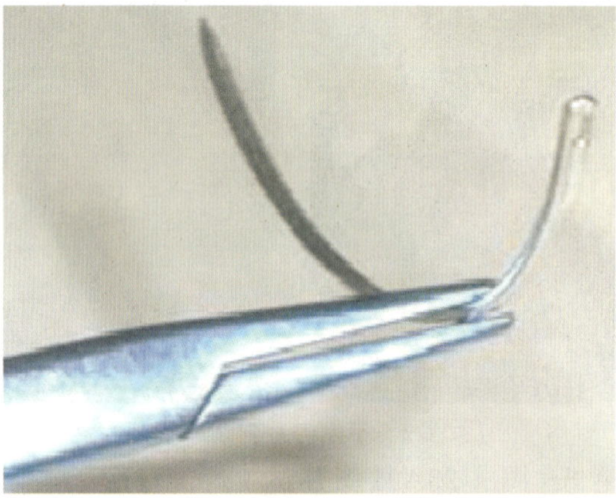

图 1-24 夹持缝针方式

(2)持钳方式。常用的持钳方式有全握式、掌握式、指扣式。

①全握式(图 1-25A)：钳环中不放手指，上边的钳环顶在拇指的基部。该持钳方式适用于需要强大进针力缝合的致密组织，但缝合精确度比较低。

②掌握式(图 1-25B)：上边的钳环顶在拇指基部，无名指插入下面的钳环里，该持钳方式灵活性好，但拇指的压力作用于环状钳柄时持针钳容易打开，从而引起针在组织中移动。

③指扣式(图 1-25C)：拇指插在上边的钳环里，无名指插在下面的钳环里，食指放在靠近关节处。该种持钳方式缝合精度比较高，适用于缝合细嫩组织，但该种缝合速度慢。

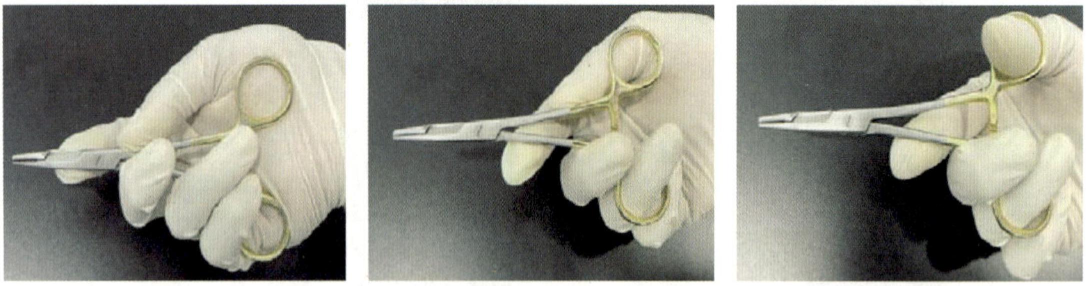

(A) (B) (C)

图 1-25 持钳方式

3.手术剪

大多数手术剪可归类为直剪和弯剪两种(图 1-26)。弯组织剪有多种用途，在使用时更受青睐。手术剪样式很多，根据手术剪尖端形态可分为尖头剪和钝头剪。拆线剪用于剪断和拆除皮肤缝线，但不能在术中使用。

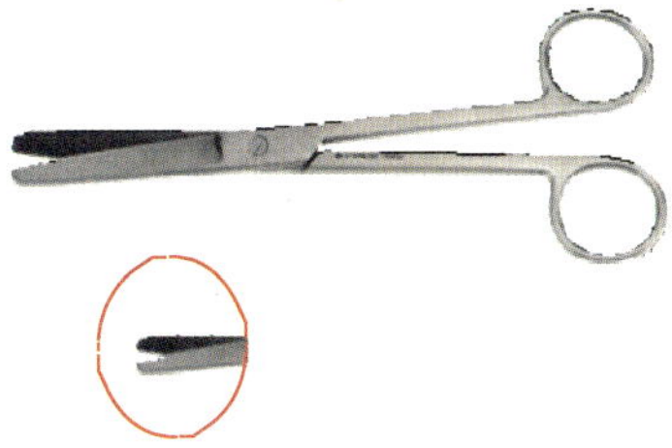

钝剪

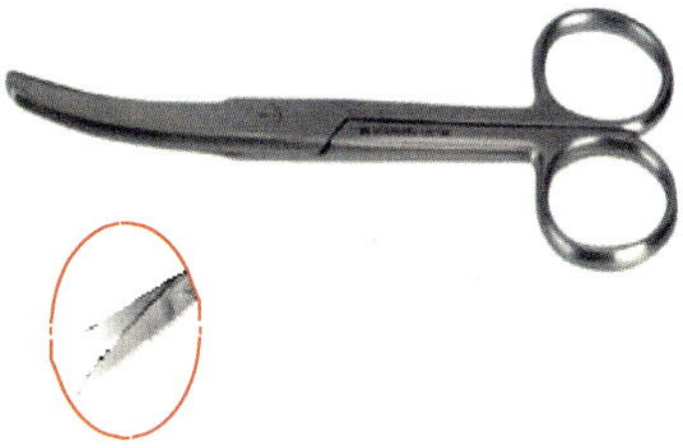

弯剪

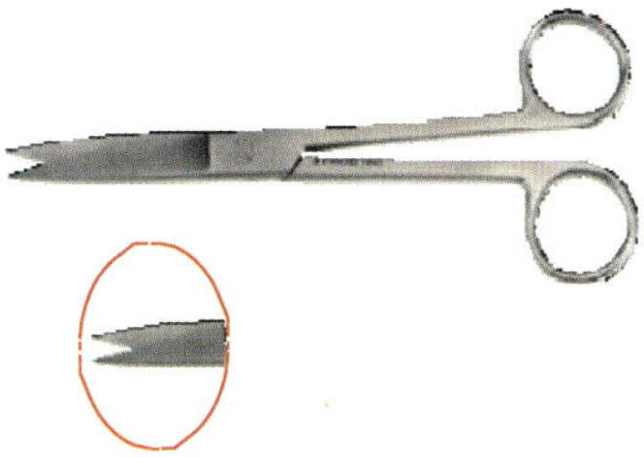

尖直剪

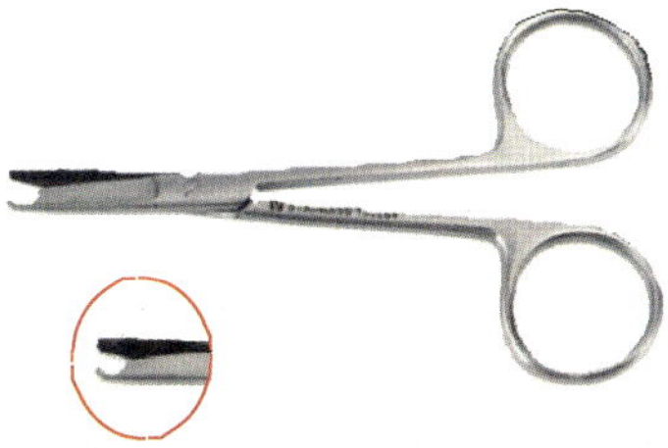

拆线剪

图 1-26　不同用途剪刀

执剪方式：握住手术剪，拇指和无名指插入剪柄的两环内，但不宜插入太深；食指轻压在剪柄和剪刀交界的关节处，无名指和拇指不要从柄环内脱出，用远端指关节握住两柄环(图 1-27)。

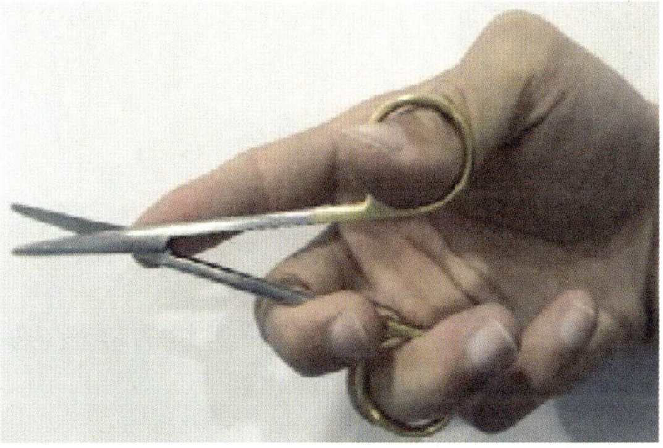

图 1-27　执剪方式

剪切方式：可用于锐性切割和钝性分离。通过拇指压和食指拉便可紧握手术剪，继续剪开时不要完全合剪刀，待几乎完全闭合后继续开向前进。钝性分离用于肌肉和脂肪分离，但致密组织或需要精细切割的组织不能使用钝性分离。

4. 止血钳

止血钳(图 1-28)是钳夹血管的重要器械。常用的有直止血钳和弯止血钳，止血钳大小不一，有多种型号。直止血钳用于浅层或者皮下止血，弯止血钳用于深部止血。在止血时，应夹持最少的组织以减少损伤。

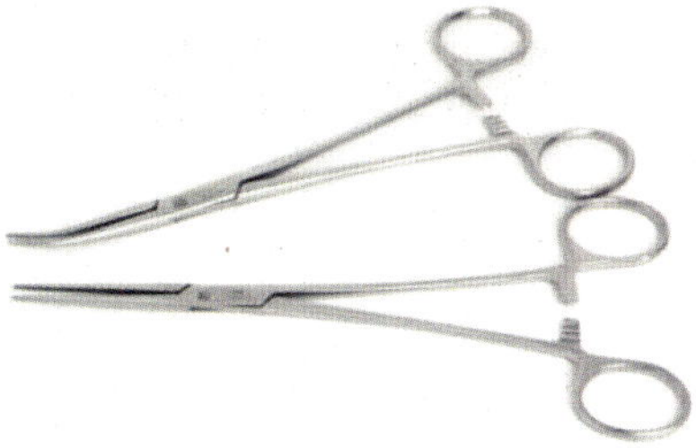

图 1-28　止血钳

执止血钳方式：和执剪方式基本相同，止血钳齿锁一般锁 1～2 齿，使用止血钳时应只将指尖放在柄环里或者只将手指的第一个关节插入柄环中，避免手指困在柄环里无法拿出。在夹持组织时，要垂直夹持血管，不可夹持过多无关组织。

松止血钳方法：右手松钳时，把拇指和无名指伸进两个柄环，并向相反方向使力，直至锁扣松弛；左手持钳，用拇指和食指抓住柄环，中指和无名指向上推顶另外一个柄环，两个方向同时使力，锁扣即可打开。

5. 组织镊

组织镊（图 1-29）用于夹持、提拉组织，方便切开和缝合。组织镊有各种形状和型号，镊子前端有锯齿状和无齿状。有齿镊用于夹持皮肤、韧带等坚韧组织，无齿镊可用钳夹神经、血管等脆弱组织。

组织镊抓持方式（图 1-30）：用大拇指和食指抓持镊子横纹处，并将镊子置于虎口之上。

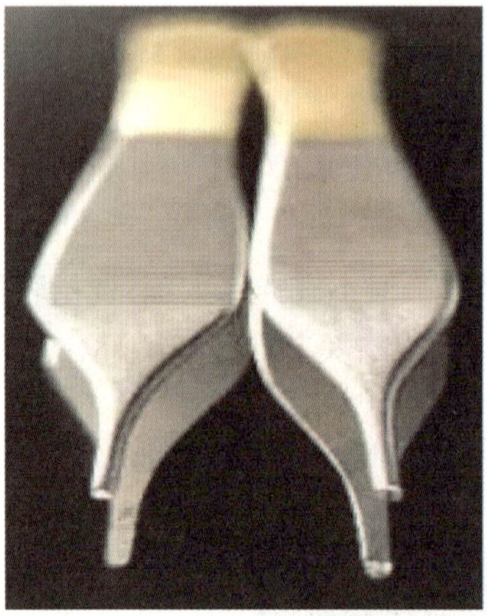

图 1-29　组织镊

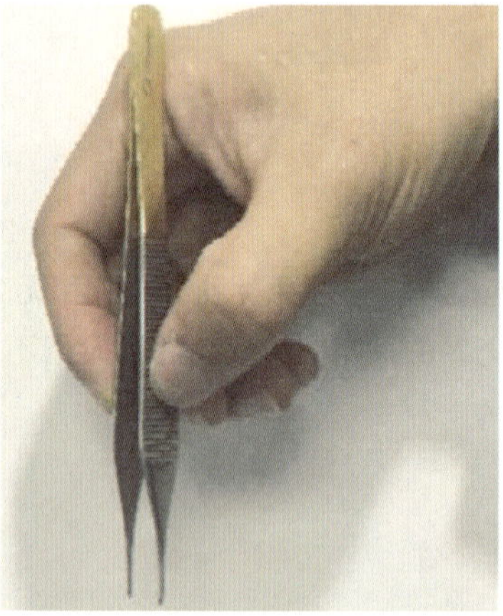

图 1-29　组织镊抓持方式

6. 组织钳

组织钳（图 1-31）是一种用来短时间夹持和复位组织的器械，通常用来夹持坚韧的组织（如腹白线）或者将组织从动物体内摘除（如肿瘤、皮肤）。

组织钳抓持方式（图 1-32）同止血钳。

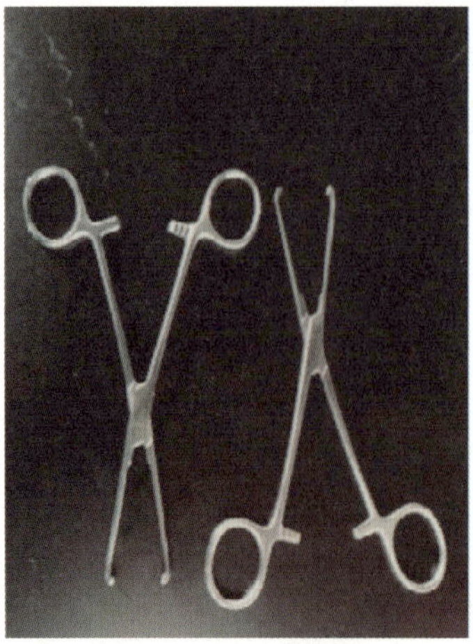

图 1-31　组织钳

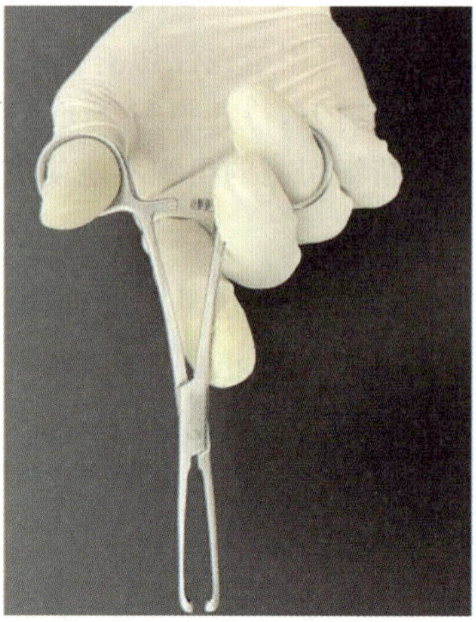

图 1-32　组织钳抓持方式

7. 创巾钳

创巾钳(图 1-33)尖端为弯曲的相互重叠的两个尖齿,常用于创巾固定。

创巾钳持握方式(图 1-34):用创巾钳同时夹持创巾和皮肤,齿锁一般锁 1～2 齿,防止创巾在创口滑动,从而起到固定作用。

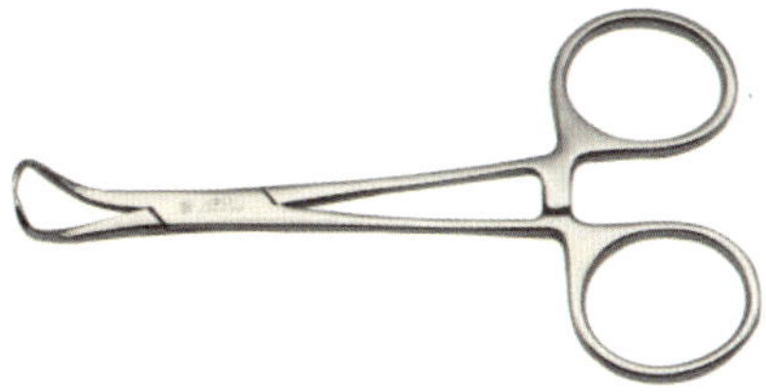

图 1-33　创巾钳

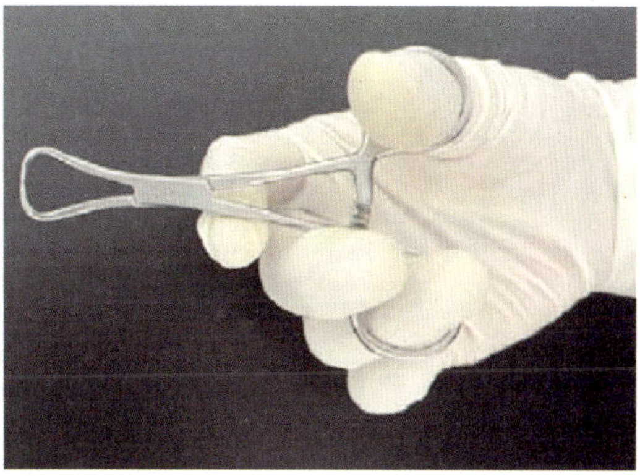

图 1-34　创巾钳持握方式

8. 牵开器

牵开器(图 1-35)牵拉组织暴露目标术野。有多种牵开器械能实现这一目的。牵拉器械主要分为手持拉钩和自动牵开器,骨科手术中最常用手持拉钩,它可以牵拉组织并将其撬离骨区。当缺少手术助手或操作空间有限时,使用自动牵开器更加方便。

牵开器使用方式:①手持拉钩。手持拉钩手柄,拉钩拉住组织暴露视野。②自动牵开器。常用于开腹手术,将牵开器向两侧伸展撑开。

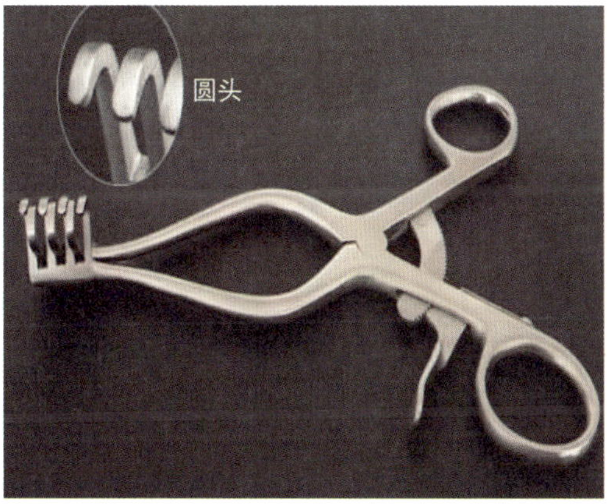

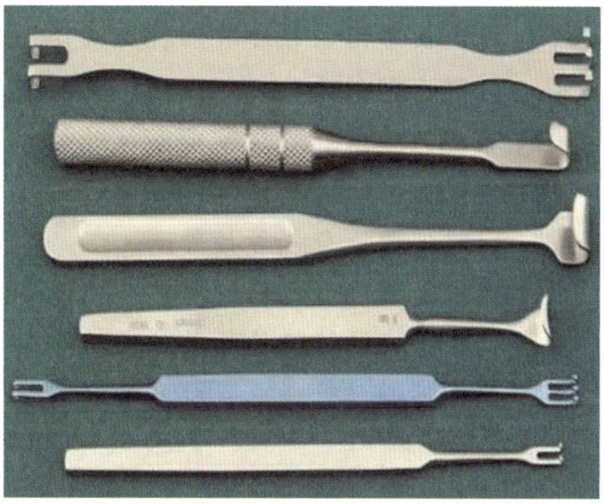

图 1-35　牵开器

三、学习效果评价

序号	评价内容	评价标准	评价结果（是/否）
1	器械认识	是否能辨认常见手术器械	
2		是否能说出各种手术器械的功能	
3	手术器械操作	是否能正确掌握拆装手术刀的方法和不同执刀方式	
4		是否能够正确抓持持针钳并根据需要选择合适的持钳方式	
5		是否能够正确区分并使用各种类型的手术剪、剪线剪	
6		是否能正确使用止血钳止血	
7		是否能正确操作组织镊，并根据组织类型选择合适的组织镊	
8		是否能用创巾钳固定好创巾不松脱	
9	职业素养	在练习认识使用手术器械过程是否爱护器械	

任务二　麻醉技术

一、学习目标

知识目标

- 能说出术前用药特点及使用剂量。
- 能说出常用诱导麻醉剂特点及使用剂量。
- 能说出常用静脉麻醉组合药物及使用剂量。
- 能辨认呼吸麻醉机各个部件并说出名称。

能力目标

- 能对宠物进行气管插管。
- 能选择正确途径和剂量对动物进行术前给药。
- 能根据宠物情况选择并使用诱导麻醉剂。
- 能正确操作呼吸麻醉机麻醉宠物。

素质目标

- 了解我国麻醉历史，增强文化自信。
- 树立严格管制麻醉药使用意识。
- 珍爱生命，远离毒品。

二、学习内容

近代的麻醉是指用人为的方法（包括化学的和物理的方法）局部或全身地抑制或改变神经、体液的活动，从而导致有机体暂时性的局部感觉迟钝或丧失，直至伴有肌肉松弛的全身知觉的完全消失。这一概念表明：麻醉是一种人为的生理过程；在这一过程中，机体的痛觉、对外界的反应及肌肉张力减弱或消失；这一过程是暂时性的，并且必须是可逆的，当解除麻醉手段和药物在体内被拮抗、代谢或排除后，机体便可苏醒。妥善的麻醉是保证外科手术顺利进行的必要条件，其目的在于：①简化保定方法，节省保定人力；②使肌肉松弛，便于手术操作；③避免动物在手术过程中骚动，保障无菌手术操作的顺利进行；④避免手术的不良刺激传入中枢而引起外伤疼痛性休克，保障动物福利；⑤在手术过程中，避免人和宠物的意外损伤，保障人和宠物安全。为达到此目的，麻醉过程中必须达到充分的镇痛、镇静、安定和肌松效果，同时将因麻醉而导致的副作用和不良反应降到最低限度。

情境一　术前用药

麻醉前用药或称“术前用药”，麻醉前用药对兽医麻醉人员和病畜都是有益的事情，它可以使兽医麻醉人员对宠物进行诱导和保持麻醉状态变得更为容易，同时使得患病宠物更加安全和舒适。通常是在诱导麻醉前使用，有时在诱导同时或诱导后马上使用，一起应用的还有镇静药、安定药、镇痛药，也可以选择与抗胆碱药物一起使用，以下是术前常用药物的介绍。

二维码 1-11　术前用药

1. 抗胆碱药物

阿托品、格隆溴铵：用于预防心搏动过缓、减少呼吸道分泌物以及流涎；阿托品药效作用时间比格隆溴铵短；低剂量的阿托品可能诱发心搏过缓，而不是让心率增加；高剂量的阿托品可能造成医源性心动过速；对患有窄角性青光眼的动物和高血压（如颅内压升高）的动物需谨慎给予抗胆碱药物。

【两种药差异】

阿托品药效持续时间为 45～60 min，容易诱发心动过速及心律不齐，主要用于治疗心动过缓或心脏病急重症，会穿过血脑屏障和胎盘；格隆溴铵持续时间 80～120 min，较不易造成心动过速、心率不整，主要用于防止流涎与心搏过缓，不会通过血脑屏障和胎盘屏障。

【使用方法】

阿托品：犬和猫，0.02～0.04 mg/kg，IV、SQ 或 IM。

格隆溴铵：犬和猫，0.005～0.01 mg/kg，IV、SQ 或 IM。

2. 吩噻嗪类药物

乙酰丙嗪：诱导轻度至中度的镇静，但没有止痛效果，可显著减少静脉注射麻醉剂的量和吸入麻醉剂维持所需的量，20 min 后缓慢起效，但持续 3～6 h，可能出现麻醉延长恢复，特别在肝功能不全或老年的患病宠物。目前，没有特定的拮抗剂可抵消这些不良反应，具有血管舒张和抗体温调节的效果，导致低血压和低体温。

【使用方法】

犬，0.02～0.05 mg/kg，IV、IM 或 SC。大型犬总剂量不得超过 3 mg。

猫，0.05～0.2 mg/kg，IV、IM 或 SC。

3. 苯二氮草类药物

地西泮、咪达唑仑、唑拉西泮对动物体有轻度镇静作用；药效相对较短，没有止痛作用；有抗癫痫作用;苯二氮䓬类药物拮抗剂为氟马西林;对动物的心肺功能抑制最小;可以减少液体或气体麻醉剂的需求量。

【使用方法】

犬,0.2～0.4 mg/kg,IV 或 IM。猫,0.2～0.4 mg/kg,IV 或 IM。犬和猫,口服最高剂量为 2 mg/kg。

氟马西林拮抗:0.02～0.1 mg/kg,IV。

4. α_2-激动剂类药物

赛拉嗪、美托咪定、右美托咪定:α_2-激动剂会诱导轻度到深度的剂量依赖性镇静效果,包括无法起身;快速起效(约 5 min)与维持中等药效时间(约 2 h),具有止痛及肌肉松弛的特性。阿替美唑是 α_2-激动剂拮抗剂。

【不同 α_2-激动剂类药物差异】

赛拉嗪效价最低,美托咪定和右美托咪定是同分异构体,右美托咪定效价是美托咪定效价 2 倍多;美托咪定和右美托咪定诱发的血管收缩比赛拉嗪来得更持久,并导致较长时间的高血压。

【使用方法】

赛拉嗪:犬,0.15～0.30 mg/kg,IV、IM 或 SC;猫,0.5～1.0 mg/kg,IV、IM 或 SC。

美托咪定:犬,5～30 μg/kg,IV、IM 或 SC;猫,5～60 μg/kg,IV、IM 或 SC。

右美托咪定:犬,2.5～20 μg/kg,IV、IM 或 SC;猫,10～40 μg/kg,IV、IM 或 SC。

阿替美唑拮抗与美托咪定和右美托咪定相同体积或其剂量 5～10 倍,IV、IM 或 SC。

5. 解离型麻醉剂

氯胺酮、替来他明:快速发挥药效(5 min),可以维持中等的药效持续作用时间;体表止痛比内脏止痛效果好;会刺激交感神经张力,使得心跳速率与血压升高;大剂量使用易发生肌肉僵直;禁用于患有癫痫动物;容易造成流涎与呼吸道分泌物,酸碱值较低,在肌内注射时易造成注射部位疼痛;可能造成患犬苏醒期谵妄,可能观察到的表现包括头颈部不协调活动、发声、流涎与激动。替来他明和氯胺酮相似,但替来他明是氯胺酮效价的 3 倍,且有更持久药效。

【使用方法】

氯胺酮:作为麻醉前给药时,通常与其他镇静药物合并使用。犬,1～3 mg/kg,IV、IM 或 SC;猫,3～10 mg/kg,IV、IM 或 SC。

替来他明:犬,6～8 mg/kg,IM;2～3 mg/kg,IV。猫,4～6 mg/kg,IM;2～3 mg/kg,IV 。

6. 阿片类药物

具有强力止痛效果,但伴随着心动过缓、呼吸抑制和呕吐等副作用;在麻醉前 30～60 min 皮下注射给予 1～2 mg/kg 马罗匹坦止吐;具有轻度镇静效果,与其他药物合用,可大幅降低诱导与吸入麻醉剂用量;可以使用静脉注射 5～15 μg/kg 纳洛酮来逆转与止痛。

【使用方法】

吗啡:0.25～1 mg/kg,IM 或 SC;0.25～0.5 mg/ kg,IV;起效时间为 2～4 h;副作用有心动过缓、呼吸抑制、呕吐、喘气。

芬太尼:2～10 μg/kg,IV;起效时间为 15～30 min;副作用有心动过缓、显著呼吸抑制、呼吸中止、喘气。

丁丙诺啡:20～50 μg/kg,IV、IM 或 SC;起效时间为 4～24 h;存在天花板效应,高剂量也

不会引起严重心动过缓、呼吸抑制。

布洛芬：0.2～0.4 mg/kg，IV、IM 或 SC；起效时间为 1～4 h；引起心动过缓与呼吸抑制的情况不像其他阿片类药物那么严重。

情境二　诱导麻醉和静脉麻醉

本情境讨论的药物主要是用于诱导麻醉的麻醉药物，能进行插管和转变成吸入麻醉。在某些情况下它们也可作为单一的全身麻醉药，用于非常短的非疼痛处置过程或作为全静脉麻醉过程（TIVA）中的一部分来维持更长时间的麻醉。如果必须同时进行静脉给药或将注射药物稀释给药，则应该确认这些药物的相容性，以下是诱导麻醉和静脉麻醉常用药物的介绍。

二维码 1-12　**诱导麻醉和静脉麻醉**

1. 硫喷妥钠

不能提供任何镇痛效果，心肺功能抑制是硫喷妥钠主要的不良反应。使用诱导剂量的硫喷妥钠后，其最初恢复和苏醒是由于药物从中枢神经系统再分布至主要的肌肉组织、内脏和脂肪。硫喷妥钠仅用于诱导麻醉。硫喷妥钠在开始诱导时可能出现贫血，比其他诱导麻醉剂对喉反射抑制程度更低，有助于进行勺状软骨组织功能检查。戊巴比妥钠比硫喷妥钠更强效。静脉注射咪达唑仑或地西泮（0.2 mg/kg，最高剂量 5 mg），随后给予利多卡因和硫喷妥钠。可用利多卡因抗心律失常，同时进一步降低硫喷妥钠的剂量。

【使用方法】

超短效硫喷妥钠，具有非常快速的起效时间（15～30 s），作用持续时间短（15～20 min），犬和猫：8～10 mg/kg，IV。

2. 丙泊酚

丙泊酚是一种脂溶性药，是一种超短效的非巴比妥类催眠药，起效和苏醒快。丙泊酚通常作为备选的诱导剂用于视觉型猎犬，给药不能连续超过 3 d，对于任何有疼痛的处置过程需要与镇痛药（如阿片类药物）联合使用。丙泊酚引起的呼吸抑制在麻醉诱导后很快出现明显的呼吸暂停，在较高剂量时伴有短暂的发绀症状，建议提前吸氧。丙泊酚易污染，使用时应严格无菌技术。用作维持麻醉且时间较长时，动物可能出现高脂血症。该药常用于气管呼吸道检查。

【使用方法】

犬和猫：未接受麻醉前给药 8～10 mg/kg，有接受麻醉前给药 4～8 mg/kg。丙泊酚诱导麻醉剂量[0.2～0.5 mg/(kg·min)，IV]和依托咪酯[0.05～0.2 mg/(kg·min)，IV]联合用于麻醉维持和静脉全身麻醉。

3. 依托咪酯

依托咪酯半衰期短，适合静脉滴注给药。快速注射会引起呼吸停止、发绀。未接受麻醉前给药容易引起呕吐、肌肉抽搐和兴奋。注射时可能引起疼痛。该溶液不含防腐剂，建议每天扔弃开封过的，在给予依托咪酯前推荐给予苯二氮䓬类药物，依托咪酯是心律失常和心血管疾病、肝肾受损患病宠物所选择的药物。依托咪酯可引起呼吸抑制，但比硫喷妥钠要轻很多。显著的不良反应是抑制肾上腺功能，长时间的连续滴注或每天间断给予依托咪酯的宠物，有必要补充糖皮质激素。

【使用方法】

犬和猫：未接受麻醉前给药 1.5～2.2 mg/kg，有接受麻醉前给药 0.5～1.0 mg/kg，使用静脉滴注 50～100 μg/(kg·min)的速率给药。

常用麻醉剂组合

组合名称	使用剂量及说明
舒泰（唑拉西泮/替来他明）	犬体内替来他明半衰期为 1.3 h，唑拉西泮为 1 h。猫体内替来他明半衰期为 2.5 h，唑拉西泮为 4.5 h。根据所用剂量犬麻醉持续时间为 20～30 min，猫为 40～50 min。对于轻度疼痛手术过程，舒泰镇痛充分，加入唑拉西泮的目的是提高肌肉松弛效果，并使诱导和苏醒更为平稳。室温下可保存 4 d，冰箱内可保存 2 周。舒泰主要通过肝脏代谢并通过肾脏排泄，禁用于严重肝脏或肾脏功能损伤的动物，同样禁用于有严重心肺功能异常的犬猫，也不能用于剖腹产手术。由于重复使用舒泰会导致宠物苏醒时间延长和苏醒质量下降，故不建议犬猫重复给药。用乙酰丙嗪或阿片类药物术前给药能降低舒泰诱导的给药剂量，提高诱导质量，使麻醉苏醒平稳。 不同动物使用剂量：犬：7～25 mg/kg，IM；5～10 mg/kg，IV。猫：10～15 mg/kg，IM；5～7.5 mg/kg，IV。肌内注射平均起效时间为 6～8 min；静脉注射时可在 60～90 s 内起效。
右美托咪定（美托咪定）—氯胺酮组合	为中度疼痛手术提供中度止痛效果，由于美托咪定会作用于周边 α_2-肾上腺素受体，因此在麻醉过程中能看到黏膜苍白，血压升高。适用于 12 岁以下犬猫（巨型犬，缩短为 6 岁以下）。右美托咪定-氯胺酮组合比美托咪定-氯胺酮组合恢复更快，持续镇痛时间更长，苏醒更快。低剂量下诱导深度镇静，用于各类检查或气管插管；高剂量诱导至外科麻醉期，用于绝育，软组织外科手术。该药物组合静脉麻醉 1～2 min 起效，肌内注射 5～8 min 起效。单次肌内注射给药可维持 20～25 min，外科麻醉期，静脉注射维持 10～15 min。若患病宠物在术中出现苏醒，可通过肌内注射或静脉注射追加，剂量不超过原始剂量的 1/2。 犬：5～10 μg/kg 右美托咪定（美托咪定）＋1～2 mg/kg 氯胺酮，IV；15～20 μg/kg 右美托咪定＋3～4 mg/kg 氯胺酮，IM。 猫：15～25 μg/kg 右美托咪定＋2～3 mg/kg 氯胺酮，IV；20～40 μg/kg 右美托咪定＋3～5 mg/kg 氯胺酮，IM。
右美托咪定（美托咪定）—布托啡诺—咪达唑仑（地西泮）组合	使用该组合药物心肺抑制作用小，有镇静和肌松效果。肌内注射后可维持 20～25 min 麻醉镇静。如果手术需要用 1%异氟烷或 2%七氟烷加深麻醉深度。患有全身性疾病包括心脏、呼吸、肝脏或肾脏功能异常的宠物，超过 12 岁玩具犬，超过 14 岁的猫，大于 6 岁的巨型犬，麻醉该类患病宠物需降低麻醉剂量。 犬：2.5～5 μg/kg 右美托咪定＋0.2 mg/kg 布托啡诺＋0.2 mg/kg 咪达唑仑（地西泮），IV；5～10 μg/kg 右美托咪定＋0.3 mg/kg 布托啡诺＋0.4 mg/kg 咪达唑仑（地西泮），IM。 猫：10～15 μg/kg 右美托咪定＋0.2 mg/kg 布托啡诺＋0.2 mg/kg 咪达唑仑（地西泮），IV；20～25 μg/kg 右美托咪定＋0.3 mg/kg 布托啡诺＋0.4 mg/kg 咪达唑仑（地西泮），IM。
舒泰—布托啡诺—右美托咪定（TTDex）、舒泰—布托啡诺—美托咪定（TTD）	TTDex 是由舒泰-100、2.5 mL 布托啡诺（10 mg/mL）和 2.5 mL（500 μg）右美托咪定组成，TTD 是由舒泰、2.5 mL 布托啡诺（10 mg/mL）和 2.5 mL（100 μg）美托咪定组成，如果要更加强效的止痛，可以把布托啡诺更换为 2.5 mL 吗啡（15 mg/mL），使用该组合发生呕吐和喘气的频率会更高。肌内注射 8～10 min 起效，TTDex 给药后 60 min 内不应该再使用吗啡。TTDex/TTD 用于外科麻醉持续时间为 30～40 min，使用该类药物作为麻醉前给药时，维持麻

续表

组合名称	使用剂量及说明
	醉所需的吸入麻醉剂量为 1%异氟烷或 2%七氟烷。麻醉前给药剂量为 0.01 mL/kg，IM(或 0.005 mL/kg，IV)；镇静用药剂量为 0.02 mL/kg，IM(或 0.01 mL/kg，IV)；手术麻醉期用药剂量为 0.03～0.04 mL/kg，IM(或 0.017 5 mL/kg，IV)。

情境三　吸入麻醉技术

吸入麻醉是采用气态或挥发性液体的麻醉药，使药物经呼吸由肺泡毛细血管进入血液并到达神经中枢，使中枢神经系统抑制而产生全身麻醉效应。吸入麻醉的优点是迅速准确地控制麻醉深度，能较快终止麻醉，复苏快；缺点是操作比较复杂，麻醉装置价格昂贵。吸入麻醉依靠麻醉机提供精确、可调节的混合麻醉气体，为宠物提供稳定的麻醉效果。麻醉机(图 1-36)由气源、氧气调节阀、气源流量计、快速充氧装置、挥发罐、钠石灰罐、呼吸回路、气道压力表、安全阀、气囊等组成。

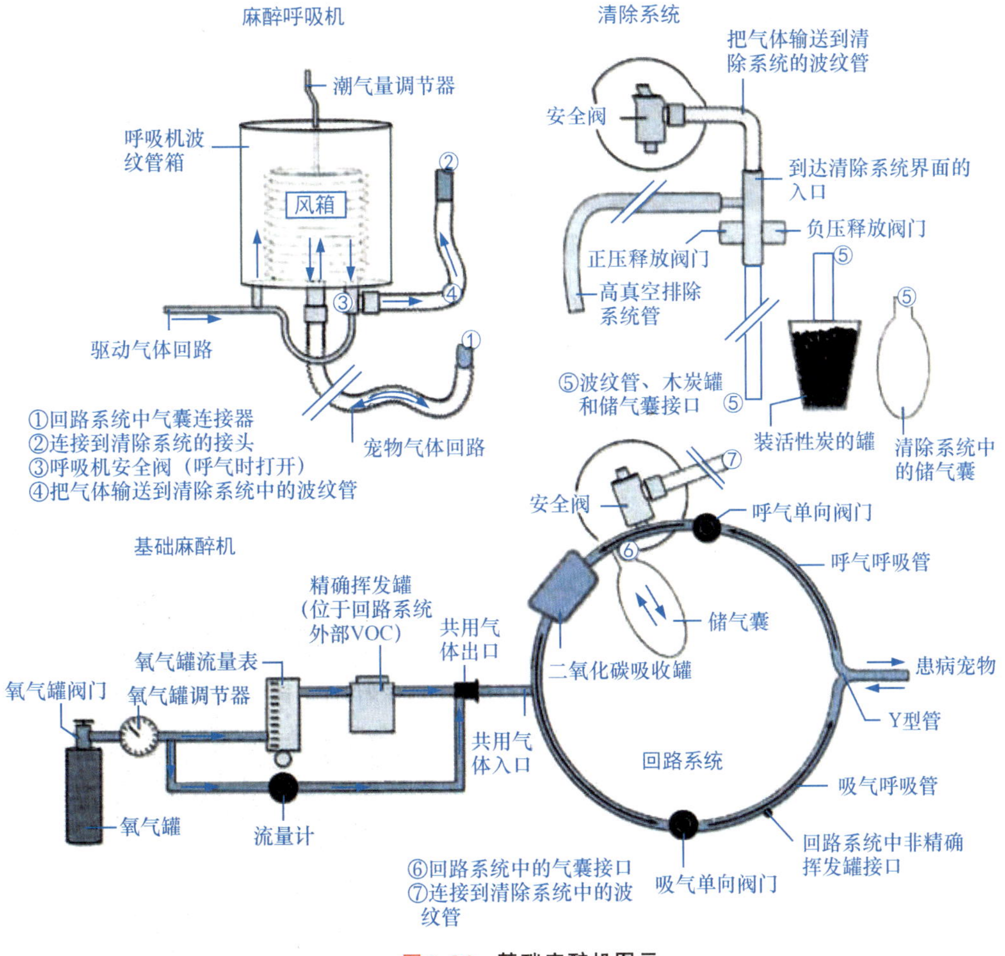

图 1-36　基础麻醉机图示

(引自 Gwendolyn L Carroll，2013)

(一)麻醉机的认识

1. 气源

气源(图 1-37)存放在高压钢瓶内或由中心管道供给,钢瓶充满氧气压力为 150 kg/cm^2,压力值的多少代表钢瓶内氧含量的多少。

2. 氧气调节阀

麻醉机需要低而稳定的气流,氧气调节阀(图 1-38)的作用是将储气筒内高而变化的压力降为低而稳定的压力,供给麻醉机使用。氧气调节阀是一个医用级别、预先设置、无法再调整的调节阀,它可将满瓶的氧气压力从 2 000 PSI 降至 50 PSI。它分为两端:一端连于氧气瓶,另一端通过输氧管连于麻醉机。

图 1-37　气源

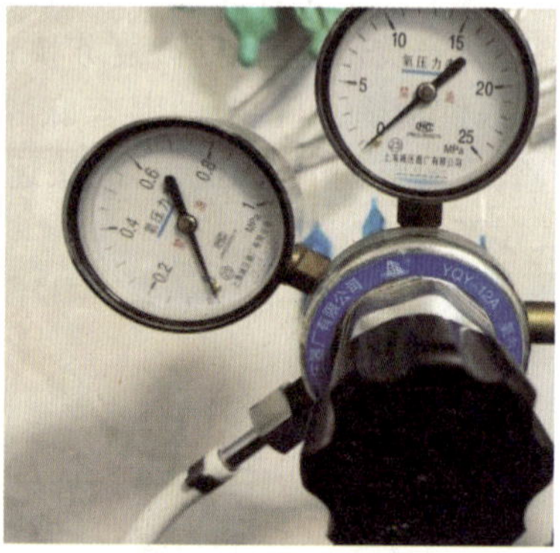

图 1-38　氧气调节阀

3. 气源流量计

麻醉机的气源流量计(图 1-39)有笑气流量调节阀及氧流量调节阀。调节旋钮不可拧得过紧,长期过紧会导致损坏。麻醉机上的氧流量计大多采用双管、并立、串联、加长型,目的是提高流量的计量准确性。流量计内导柱分为球形、锥形,读数有不同要求,球形读数位置为中卵圆形中部水平线,锥形读数位置为锥形平台位置。

4. 快速充氧装置

按下快速充氧键(图 1-40),可使氧气流量达到 50 L/min,使气囊快速充盈,以便紧急情况下使用。

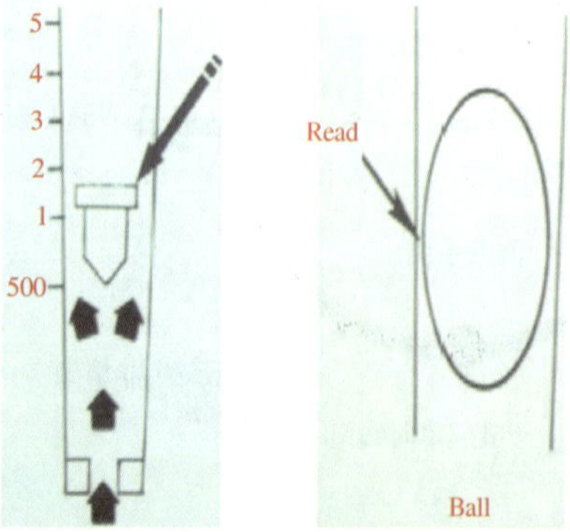

图 1-39　气源流量计

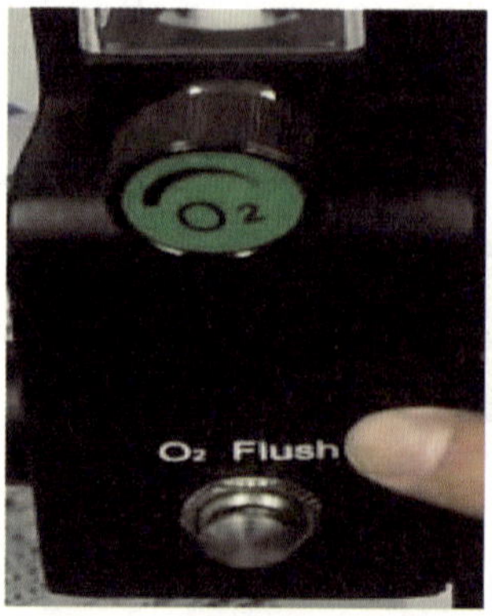

图 1-40　快速充氧装置

5. 挥发罐

挥发罐(图 1-41)是麻醉机的重要组成部分,利用周围环境的温度和热源的变化,把液体的麻醉药物变成蒸发气体,通过一定量的载气,其中一部分气体携走饱和的麻醉气体,另一路稀释气流与载气体会合,成为一定浓度的麻醉蒸汽的气流,直接进入麻醉回路。

6. 钠石灰罐

钠石灰罐(图 1-42)内装钠石灰在复吸式回路中吸收宠物呼出的 CO_2。钠石灰罐容量为 1 800～1 850 mL,能装 3 磅的钠石灰,可通过红色变为白色,颜色上的变化判断钠石灰的更换时间,或可计算使用 10～12 h 更换。装填时,要避免颗粒进入中心管,否则会进入呼吸回路对宠物气道造成阻塞风险。

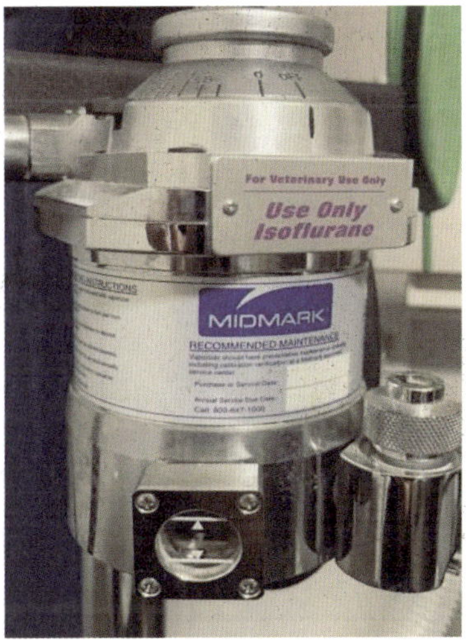

图 1-41　挥发罐

图 1-42　钠石灰罐

7. 呼吸回路

呼吸回路(图 1-43)是麻醉机与宠物相连接的联合气路装置,为患病宠物输送麻醉混合气体,输回患病宠物呼出的气体,从而实现正常的氧气与二氧化碳气体的交换。

8. 气道压力表

气道压力表(图 1-44)分为两端:一端连于储气囊,另一端连于麻醉机。宠物处于非呼吸机麻醉时,该表可显示气道压力上限和下限。

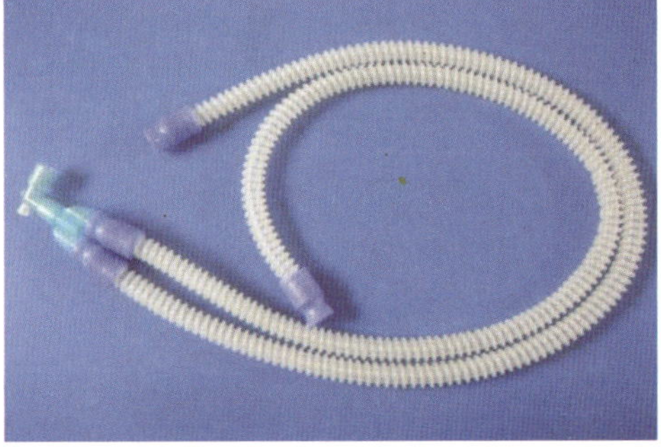

图 1-43　呼吸回路

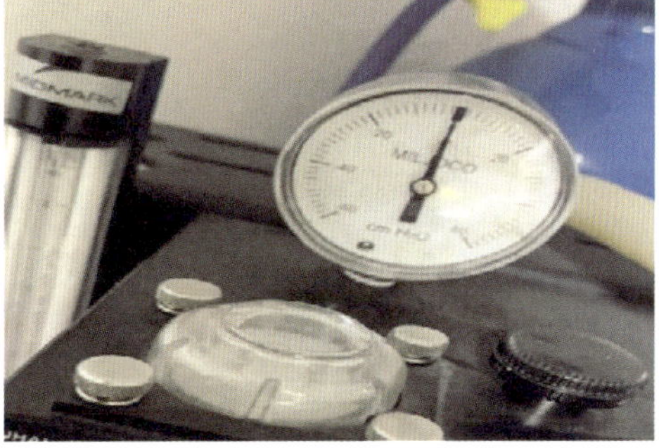

图 1-44　气道压力表

9. 安全阀

正常状态下，安全阀（图 1-45）打开。此时系统处于完全开放状态，气体可以自由通过；气道压力表指针归零，随呼吸轻微变动；挤压气囊不会对气道压力表产生压力。如需高压气密性，安全阀关闭。此时系统完全密闭，能产生很高的压力。

10. 气囊

呼吸气囊（图 1-46）是一个橡胶包，使用的循环通路不同具有不同功能。当用在重复呼吸系统时，它的一个功能是使患病宠物重新呼吸积聚在呼吸气囊中的呼出气体。呼吸气囊的充盈程度依靠进入气体和通路中排出的气体而不断变化。呼吸气囊在患病宠物吸气的时候凹陷，在患病宠物呼气的时候充盈。

图 1-45　安全阀

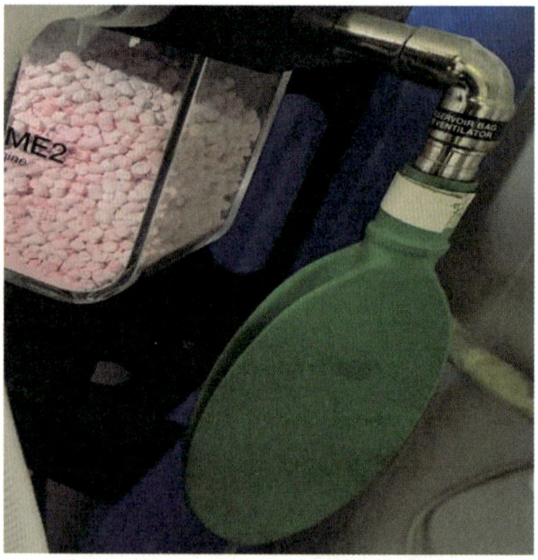

图 1-46　气囊

（二）器械准备

气管内 ET 插管，注射器，喉镜，麻醉药，局麻药液或凝胶（猫用），纱布卷（打结固定 ET 插管），呼吸麻醉机。（图 1-47）

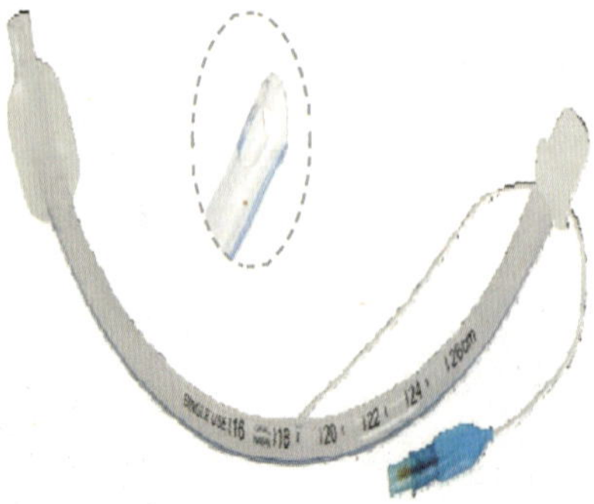

气管内 ET 插管

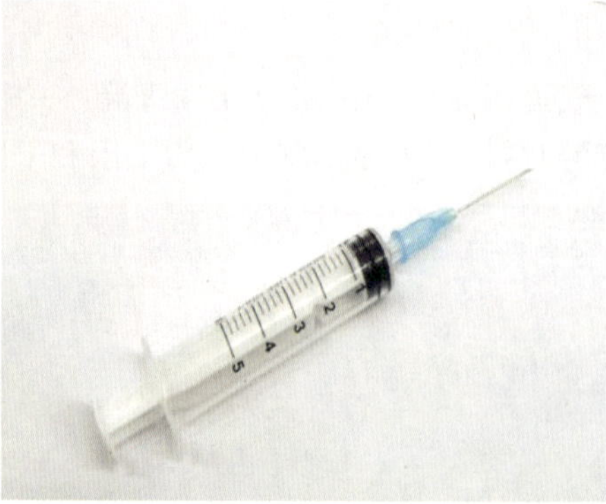

注射器

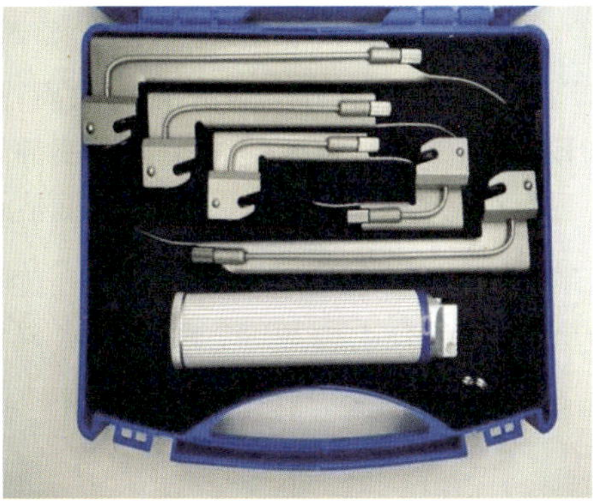

喉镜

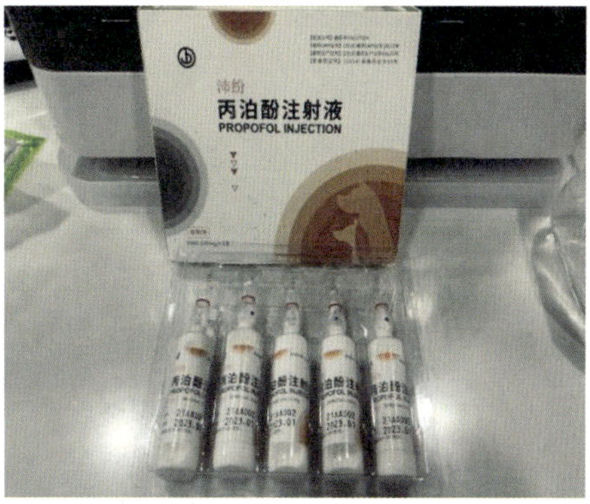

麻醉药

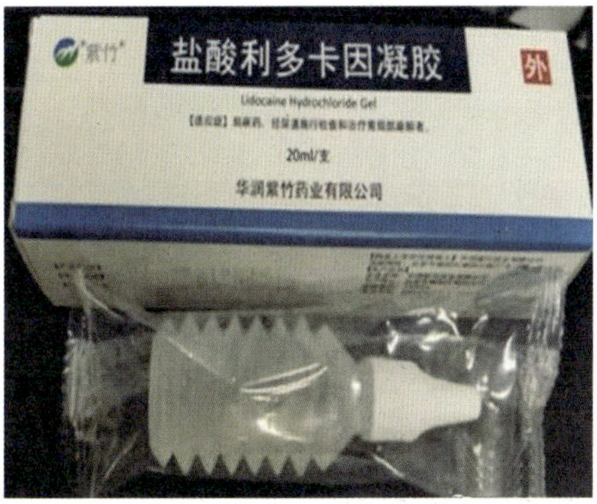

局麻药液或凝胶(猫用)

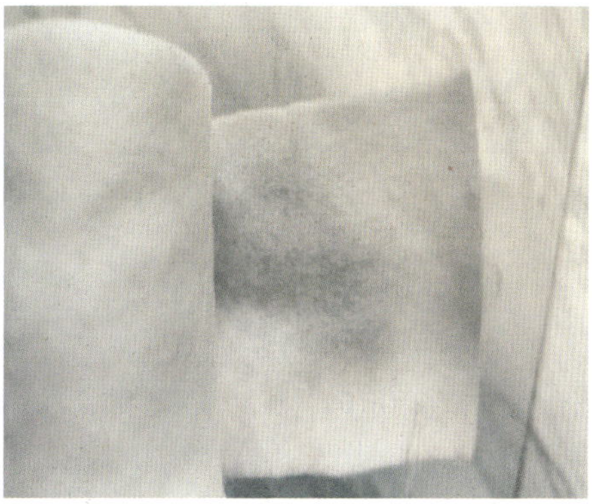

纱布卷(打结固定 ET 插管)

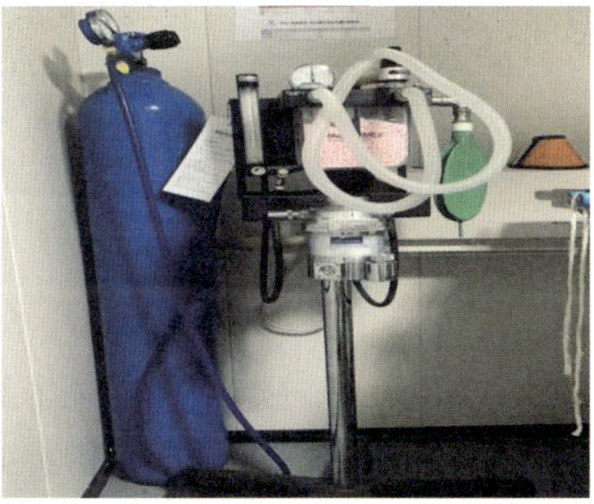

呼吸麻醉机

图 1-47　麻醉器械准备

(三)宠物准备

成年犬要禁食 12～18 h,幼龄犬也要禁食 4～8 h,静脉诱导麻醉。

(四)气管插管操作过程

1. 宠物保定

助手保定宠物呈俯卧姿势,头颈呈自然伸展姿势(图 1-48)。

二维码 1-13　犬气管插管操作过程

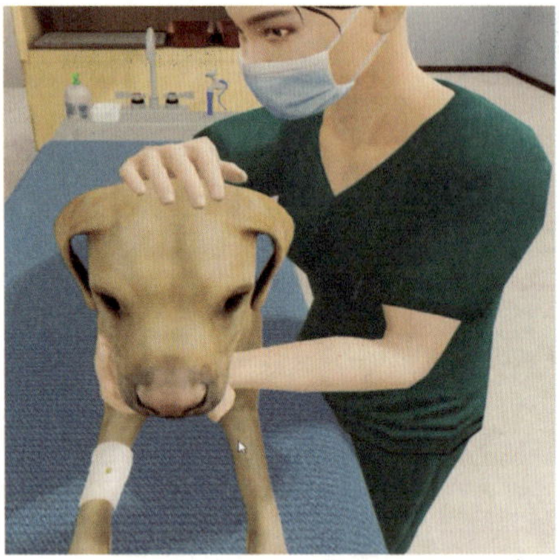

图 1-48　宠物保定

2. 插管选择

对比 ET 管和宠物从鼻孔到肩胛骨的距离，选择合适长度的 ET 管；在估测长度的时候不要使插管碰到宠物的被毛而被污染(图 1-49)。根据体重估计气管插管内径，选择估计出来合适的、大 0.5、小 0.5 三个型号的气管插管。

品种	体重/kg	内径/mm	品种	体重/kg	内径/mm
猫	1	3	犬	2.2	5
	2	4		4	6
	4	4.5		7	7
				9	7～8
				12	8
				14	9～10
				16	10～11
				18	11～12
				21	12～14

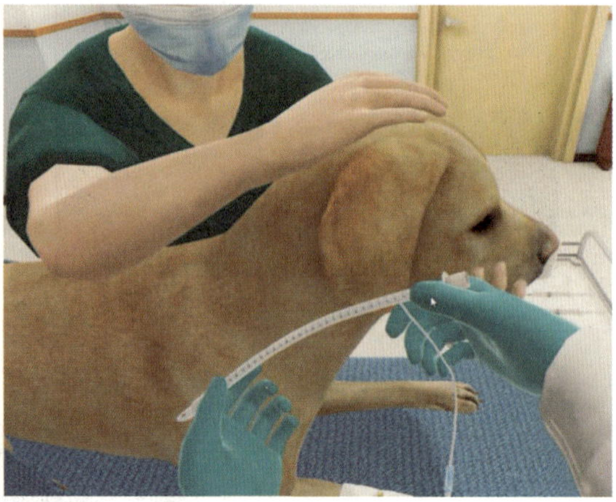

图 1-49　插管选择

3. 打开口腔

助手一只手将宠物头抬起固定，抓住上颌骨使嘴张开，注意不要抓握颈部，防止作用于颈部的压力导致正常的解剖结构扭曲(图 1-50)；另一只手用纱布拽出舌头，暴露咽喉(会厌、声门和勺状软骨)。

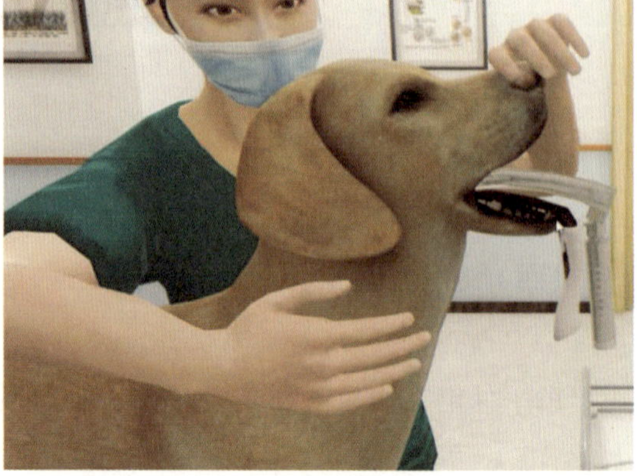

图 1-50　打开口腔

4. 插入插管

术者用喉镜的前端抵在舌腹到会厌的基部，在猫喉部使用局麻药。用喉镜刀片尖或气管插管端压住会厌部，检查勺状软骨和声带(图 1-51)。看到勺状软骨，末端润滑过的气管插管通过声门插入气管至导管顶端位于胸前口处，不能强行用力插入。导向管通过喉部放入气管中移走喉镜。如果阻力太大或者 ET 管型号太小，需要换用长度和内径合适的 ET 管。

5.检查插管位置正确性

听诊两侧胸腔的呼吸音；触摸颈部看是否出现两根管；观察呼吸气囊的运动；监测潮气末二氧化碳浓度确定气管是否插到食管。

6.固定插管

用纱布条围绕插管缠绕打结固定（对于内径小的 ET 管，不要太用力，防止阻塞管腔），并系一活结将插管固定到上颌、下颌或耳后部上（图 1-52）。

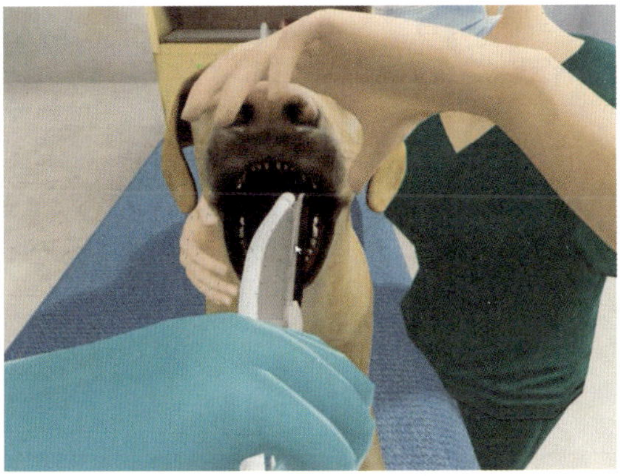

图 1-51　插入插管

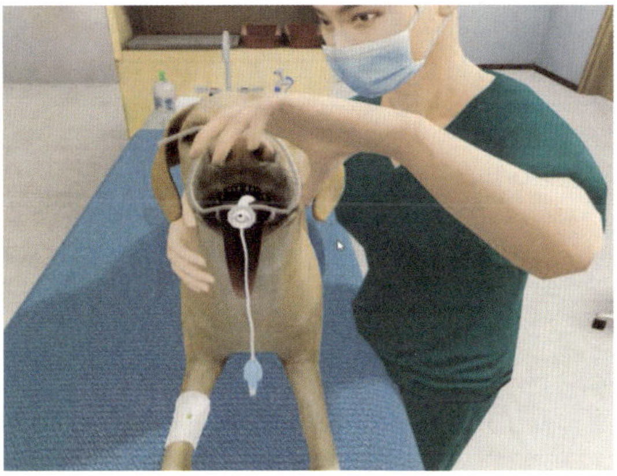

图 1-52　固定插管

7.插管气囊充气

注入充足的空气使气管内插管的气囊口膨胀，使其封住插管和气管之间空隙，在打气略微感到有点阻力时停止（图 1-53）。

8.重新摆位并检查

宠物气管插管完成以后，可根据手术需要重新摆位（图 1-54），必须断开 ET 管和呼吸回路的连接，防止气管的损伤、ET 管阻塞或意外掉出，观察以下内容。

（1）是否存在颈部姿势不对而造成气管内插管扭结。

（2）气管内插管是否被分泌物所阻塞。

（3）是否存在宠物咬气管插管的现象。

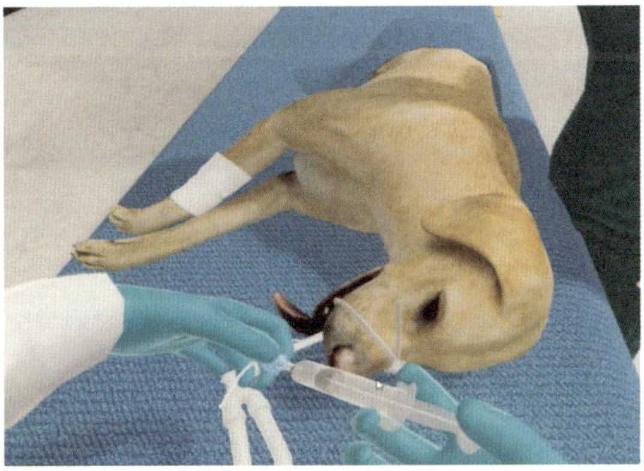

图 1-53　插管气囊充气

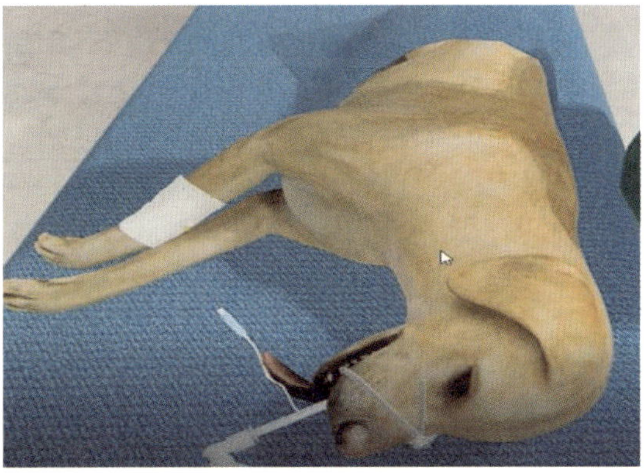

图 1-54　重新摆位并检查

注意事项：

(1)在麻醉期间发生回流和呼吸道出血，需要先吸除或擦拭口咽，防止误吸，拔管前需要清除口腔所有的液体和固体物质。

(2)怀疑气囊近端存有异物，需在气囊半充盈的状态时拔出气管插管。

(3)对于短头品种的犬，以吞咽反射作为拔管依据并不充分，因为过长的软腭会阻塞气道。应该直到宠物开始出现咬管动作和咳嗽时再拔管。ET管应位于上下切齿间，防止咬坏ET管。

(4)对于巨食道的宠物或饱胃宠物，尽可能延迟拔管时间。

(5)短头品种的犬、患有巨食道症的犬和饱胃的犬，需要在气囊半充盈状态下拔管。

二维码 1-14 吸入麻醉操作规程

(五)吸入麻醉操作规程

<table>
<tr><th>序号</th><th>步骤</th><th>操作方法及说明</th></tr>
<tr><td>1</td><td>检查氧气瓶</td><td>查看气源是否充足，若不足及时更换氧气瓶。</td></tr>
<tr><td>2</td><td>检查挥发罐麻醉药</td><td>检查挥发罐里的麻醉药是否充足，不足的及时添加麻醉药。</td></tr>
<tr><td>3</td><td>选择气囊</td><td>根据宠物体重选择呼吸气囊尺寸：
<table>
<tr><th>宠物体重/kg</th><th>气囊尺寸/L</th></tr>
<tr><td>0～4.5</td><td>0.5</td></tr>
<tr><td>4.6～9.0</td><td>1</td></tr>
<tr><td>9.1～27.2</td><td>2</td></tr>
<tr><td>27.3～54.4</td><td>3</td></tr>
<tr><td>大于54.4</td><td>5</td></tr>
</table></td></tr>
<tr><td>4</td><td>检查呼吸回路</td><td>关闭释压阀，封闭与宠物气管插管连接口，按下快速充氧键，待压力达到30 cm水柱时停止充氧，等待10 s后查看压力是否下降，若未下降说明呼吸麻醉系统气密性完好，测试完毕后及时打开释压阀。</td></tr>
<tr><td>5</td><td>检查钠石灰罐</td><td>查看钠石灰罐变色情况，若颜色变粉红及时更换钠石灰。</td></tr>
<tr><td>6</td><td>接气管插管与麻醉机</td><td>连接气管插管与麻醉机，打开氧流量计与挥发罐，调整氧流量1 L/min，异氟烷浓度3%。</td></tr>
<tr><td>7</td><td>监测麻醉状态</td><td>打开静脉通路，调整输液浓度，连接心电监护仪的体温探头，进行血氧及心电监护，根据需要调整呼吸麻醉药浓度。</td></tr>
<tr><td>8</td><td>关闭挥发罐</td><td>手术结束后关闭挥发罐，同时调整氧流量，氧流量30 mL/(kg·min)纯氧呼吸3～5 min，关闭氧流量计，断开宠物与麻醉机的连接。</td></tr>
<tr><td>9</td><td>气管拔管</td><td>当患病宠物出现较强的吞咽反射，解开插管上的结，用注射器吸出气囊气体，当宠物吞咽反射恢复时取出插管；将宠物的头、颈及拉出的舌头放回正常位置，并继续观察直到宠物完全苏醒。</td></tr>
</table>

三、学习效果评价

序号	评价内容	评价标准	评价结果（是/否）
1	麻醉前用药	是否能说出麻醉前用药的必要性	
2		是否能说出常用麻醉前用药的名称及使用剂量	
3	诱导及静脉麻醉	是否能采取正确措施应对麻醉异常情况	
4		是否能说出常用的诱导麻醉剂名称、使用剂量	
5		是否能根据宠物实际情况制订麻醉组合方案	
6	呼吸麻醉	是否对呼吸麻醉机进行使用前检修	
7		是否学会为宠物进行插管操作	
8		是否能辨认麻醉机部件并说出其功能	
9		是否能正确操作麻醉机为宠物麻醉	
10	职业素养	是否严格执行麻醉药管控制度	

任务三　组织分离与止血技术

一、学习目标

知识目标

- 能阐述组织分离技术应遵循的原则。
- 能阐述不同组织分离方式适用场景。
- 能说出止血方式种类。

能力目标

- 能根据手术需要选择合适的组织分离方法。
- 能根据实际情况选择合适有效的止血方法。

育人目标

- 在组织分离和止血操作过程中树立爱护组织观念。

二维码 1-15　术部切开

二、学习内容

（一）组织分离技术

组织切开要根据局部组织解剖特点，既能达到打开手术通路要求，又能最大限度减少对组织的损伤。因此组织切开时需遵循以下几个原则。

（1）切口应接近病变部位，最好能直接到达手术区，且能根据需要随时扩大手术切口。

（2）如果在宠物机体侧面、颈侧做切开，选用垂直于地面或斜行切口；如果在机体背侧、颈背和腹下做切开，选择机体中正线或靠近中正线做纵行切口。

(3)切开组织时应当避免损伤大血管、神经和腺体输出管。

(4)切开时尽量避免在疤痕上做切开,因为疤痕组织再生能力差,易发生弥漫出血。

动物组织的种类繁多,我们在临床上要根据组织性质不同选用不同的分离或切开方法。组织分离可分为锐性分离和钝性分离两种方法,在外科手术中应当搭配使用,从而达到暴露、游离和切除的目的。

锐性分离是用手术刀或剪刀进行切割,常用于致密的组织如腱膜、皮肤、鞘膜等的分离。用手术刀分离时,用刀刃沿组织间隙做垂直、轻巧、短距离的切开;用剪刀分离时,用剪刀尖端深入组织间隙内,然后打开剪柄,分离组织。锐性分离的优点是对组织损伤小,反应小,愈合快;但要在眼睛直视下才可以操作,而且动作要准确、精细。

钝性分离是用手术刀柄、止血钳、手指等进行组织间隙和疏松组织分离,经常用于浅筋膜、肌肉、肌膜、解剖间隙等疏松组织的分离。钝性分离的优点是不做切断就能打开手术通路,但这种分离方法具有组织损伤反应重,愈合速度慢的缺点。

下面介绍皮肤、皮下组织、筋膜、肌肉、腹膜、良性肿瘤和骨组织等临床常见组织切开方式。

1.皮肤切开

(1)紧张切开法(图 1-55)。适用于皮肤活动性比较大的部位,可以使皮肤和皮下组织切口保持一致。在切开时,术者或助手用手固定切口两边绷紧皮肤,刀尖先垂直刺入皮肤,然后再转至与皮面成 45°斜角,用刀均匀切开皮肤及皮下组织,直至预定切口的长度,再将刀转成 90°与皮面垂直方向,将刀提出切口。尽量一次切开,避免多次切割,产生锯齿状切口,从而影响创缘对合和愈合速度。

(2)皱襞切开法(图 1-56)。适用于切口下方有大血管、神经等重要器官场景,可以保证切口位置正确并且不误伤皮下组织。在切开时,助手用手指或者镊子在切口两侧提拉皮肤使其产生皱襞,然后主刀手垂直切开。

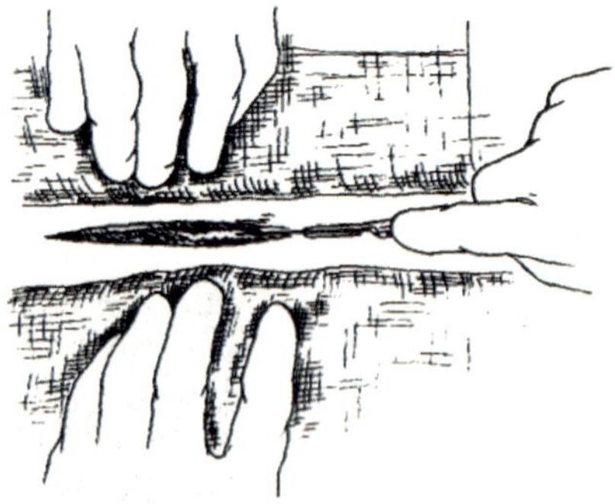

图 1-55　紧张切开法

(引自羊建平,王宝杰,2016)

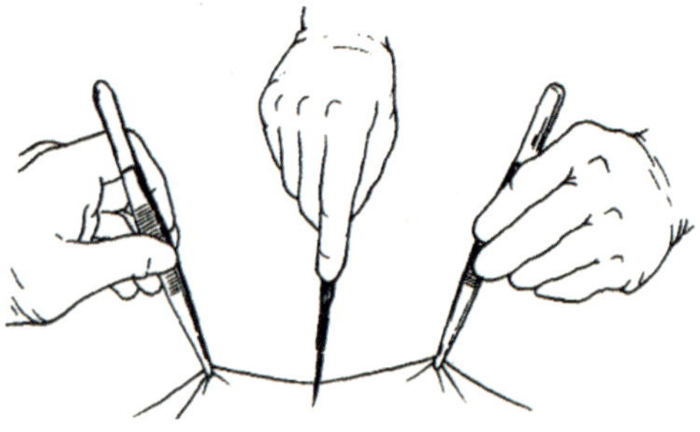

图 1-56　皱襞切开法

(引自羊建平,王宝杰,2016)

2.皮下组织的分离

采用逐层钝性剥离的方式,避免或减少对大血管、大神经的损伤。

3.筋膜和腱膜的分离

首先将要分离部位提起,中央做一个切口,然后用止血钳在切口上、下缓慢剥离;在扩大切口时,在切口部位插入有沟探针、镊子或手指,沿引导方向切开。

4. 肌肉的分离

尽量采用钝性剥离，在临床上用刀柄、止血钳或手指沿肌纤维方向剥离，剥离直至所需的长度(图 1-57)。在紧急情况下，为了充分暴露手术视野和排液，也会做横断切开。

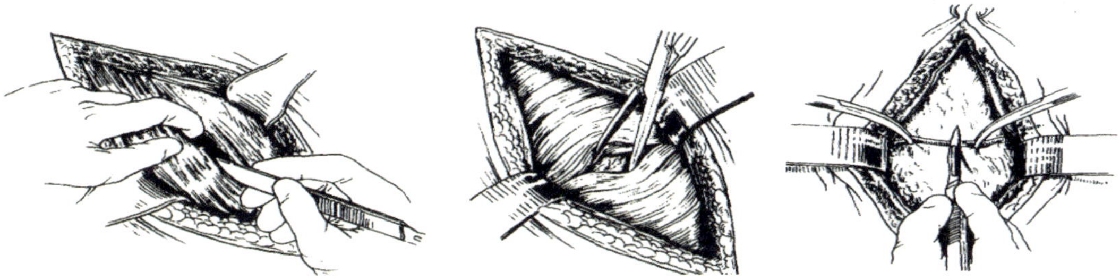

1 和 2 为分离步骤，3 为切断横穿切口的血管

图 1-57　肌肉的分离

(引自羊建平，王宝杰，2016)

5. 腹膜切开

采用锐性剥离，临床上用组织钳或止血钳提起腹膜做一个小切口，用手指或镊子做引导，然后用手术刀或剪刀切割(图 1-58)。

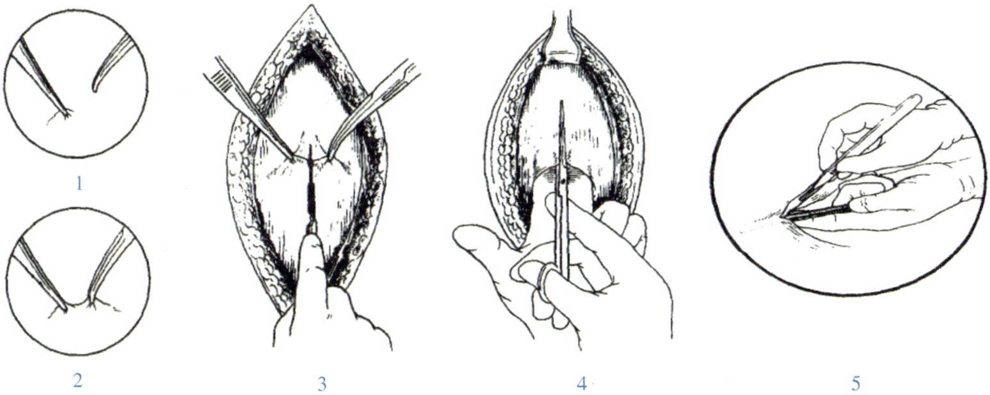

1～3 为切开顺序，4～5 为不同分割切口的方法

图 1-58　腹膜切开

(引自羊建平，王宝杰，2016)

6. 良性肿瘤的分离

采用钝性分离。一般情况下用手指或刀柄剥离还没机化的粘连，如果已经机化就要先用锐性分离做切口后再用钝性分离。剥离时要在肿瘤一侧施加压力，把手指伸进组织间隙，然后一步步深入，在剥离时要注意保持动作轻柔，预防脏器撕裂或大出血。

7. 骨组织的分离

首先要分离骨膜，然后再分离骨组织。骨膜分离用手术刀"十"字形或"工"字形切开骨膜，然后用骨膜剥离器分离骨膜，骨膜分离结束后用骨剪或骨锯等器械分离骨组织，注意要把骨组织挫平，防止损伤周边的软组织。

二维码 1-16　止血技术

(二)止血技术

外科手术对动物机体是具有侵略性的,导致组织损伤出血,适当的止血对降低患病宠物死亡率具有十分重要的意义。在现代外科手术中,对出血的控制具有十分重要的意义,有效的止血可以改善手术视野从而降低医源性伤害的可能性;也会改善术后水肿感染率,避免因失血导致低血压。因此,在手术过程中就需要使用一系列措施来预防和阻止出血。在临床上止血的三个原则是:降低患区血流,外用止血剂,抗纤维蛋白溶解剂。接下来给大家介绍一下临床常见止血方式。

1. 压力/填塞

通过对出血血管施加压力,使血小板能够有足够时间凝集成血栓,轻微出血可以加压几秒至 3 min 达到止血效果。但是使用纱布时,需注意止血是压迫血管而不是擦拭出血部位。如果擦拭出血部位会使形成的血凝块被移除,从而导致再次出血。

2. 远端控制血流

可以通过阻断术区动脉与静脉从而达到控制血流的目的。压脉带控制到肢体端的血流通常用于改善手术视野或控制创伤出血。该种止血方式的优点是预防患肢出血,清晰手术视野,但会使接合血管不易辨认(极度缺血)。使用压脉带可能导致循环血量上升,血压升高,凝血功能异常。

3. 钳夹止血

利用止血钳最前端夹住血管的断端,紧扣止血钳压迫,扭转止血钳 1～2 周,能使血管断端闭合。钳夹方向要与血管垂直,夹住组织要少,不做大面积钳夹。

4. 结扎止血

可靠的结扎方法,大多用于大血管的止血结扎,可分为单纯结扎和贯穿结扎两种。①单纯结扎止血:止血钳先夹住出血点,术者将缝线绕过止血钳钳夹部位。术者在钳端的深面打结,打完第一个结后撤去止血钳后打第二个结。注意打结力量适中,线尾留有长度,防止滑脱。②贯穿结扎止血:用止血钳横行钳夹血管及周围组织,用带有缝针的丝线穿过断端一侧,绕过一侧,再穿过血管或组织的另一侧打结的方法,称为“8”字缝合结扎法。贯穿结扎止血的优点是结扎线不易脱落,适用于大血管或不易用钳夹住的出血点。

5. 外用血管收缩剂

常用肾上腺素和麻黄素。通常用于弥散且无法接触的出血区,如鼻血或小血管。但该种止血方法在药物吸收后会对心血管系统产生影响,血管极度缺血会出现组织缺血性损伤。

6. 明胶

明胶与血液接触后会膨胀且可作为纤维素形成基座,血凝块可以在这个基础上稳定。本产品成本较低,且可以在温室中保存,不良反应少,被广泛用于外科手术中。

7. 骨蜡

骨蜡是无菌蜂蜜与凡士林软化合成。具有可塑性,可稳固地涂覆于骨骼表面。常用于胸骨切开,脊髓手术,上颌骨切除。

8. 止血敏

止血敏是口腔或血管内止血剂,它能改善受伤血管血小板黏附和聚集。

9. 电凝法或热凝固

该种止血方法是应用较广泛的止血方法，常用于直径 1.5～2 mm 的血管。电烧烙术常被错误地认为是电凝法，电烧烙术在血管止血之前针尖或手术刀已被加热，而电凝法在高频电流通过组织产生热量进行止血。

10. 低体温、低血压

低体温与低血压会导致反射性周边血管收缩和血流重新分布，可采取冰敷以控制手术中出血。在手术中由于麻醉、手术或创伤等情况，会导致低血压或低体温，可减少在手术过程中出血，但术后体温回升、血压升高导致出血。

三、学习效果评价

序号	评价内容	评价标准	评价结果（是/否）
1	组织分离	是否能描述组织分离的原则	
2		皮肤切开操作手法是否正确	
3		皮下组织的分离操作手法是否正确	
4		筋膜和腱膜的分离操作手法是否正确	
5		肌肉的分离操作手法是否正确	
6		腹膜切开操作手法是否正确	
7		良性肿瘤的分离操作手法是否正确	
8		骨组织的分离操作手法是否正确	
9	止血	根据出血情况是否正确选择恰当的止血器具或药品	
10		钳夹止血时钳夹组织范围是否正确	
11		是否能准确判断评估出血情况并采取恰当止血措施	
12		采用止血方法是否切实有效	
13	职业素养	在操作过程是否爱护组织，不随意切除组织	

任务四 术中监测与镇痛技术

一、学习目标

知识目标

- 能完整阐述麻醉前、麻醉中、麻醉后的监护要点。
- 能阐述常见手术疼痛等级评估流程。
- 能说出术前不同镇痛药的使用剂量和方式。

能力目标

- 在麻醉监护过程中能及时发现并纠正异常情况。

- 能初步评估常见手术的疼痛等级。
- 能根据疼痛等级及时给予合适的镇痛药。

育人目标

- 关注宠物的疼痛的反应，倡导和践行动物福利。
- 科学用药，防止滥用药物。

二、麻醉监测

宠物的麻醉事故，与患病宠物的年龄、健康状况、麻醉方法和外科手术项目等有关。监护疏忽是致死性麻醉事故的最常见原因。在手术过程中，麻醉监护应当予以重视，以下是麻醉监测要点。

1.麻醉前宠物准备

(1)接手术处方后，核对宠物基本信息及宠物主人信息，登记麻醉监护表。

(2)监测宠物术前给药，记录基础生理体征信息。如出现异常及时告知主刀医生。

(3)根据处方术前给药镇痛、镇静，记录用药时间。

2.麻醉过程监测

(1)麻醉宠物指征一般要求每 5 min 监测 1 次并记录。监测基本生命体征主要包括以下几项。

①心率：借助听诊器、心电监护仪监测指标，触诊感知脉搏节律及强度。

②呼吸：借助听诊器评价呼吸音强度、呼吸节律，也可直接触摸胸壁或观察呼吸气囊评估呼吸深度。

③血氧饱和度和血压：监护仪监测。

④毛细血管再充盈时间：按压粉红色牙龈 2 s 后松开，计算牙龈从苍白恢复到正常黏膜颜色的时间，小于 2 s 为正常。

⑤体温：直肠探头温度计监测体温，术中使用循环水热垫维持宠物正常体温。

(2)术中输液需监测输液速度和静脉通路是否畅通。

(3)停止麻醉后，出现吞咽和咳嗽反射时拔出气管插管。

(4)拔管后，实时监测宠物生命体征，直至宠物苏醒。

3.麻醉后宠物护理

(1)苏醒患病宠物置于安全平台，防止宠物骚动出现意外损伤。

(2)准备保温垫，利于麻醉宠物快速恢复体温，尽早苏醒。

(3)保证麻醉宠物头颈伸展，防止出现呼吸抑制导致窒息。

(4)室内实时监护宠物，必要时及时给氧。

注意事项：

诱导麻醉期及麻醉苏醒期常处于麻醉监护空白期，宠物极易出现麻醉意外导致死亡，需密切监护。麻醉护理人员应时刻监测手术中麻醉宠物舌色、血氧饱和度、呼吸、心率。如见异常，及时调节麻醉深度及检查呼吸回路。

三、术中镇痛

现代动物诊疗对于疼痛控制越来越重视，认为镇痛治疗是术后护理中的一项重要内容。如果一开始就将镇痛治疗结合麻醉进行，有利于全面彻底地减少疼痛。下面是不同手术的疼痛评估（表 1-4）和宠物对疼痛的行为及生理反应（表 1-5）。

表 1-4　不同手术的疼痛评估

序号	疼痛等级	常见手术
1	重度疼痛	胸廓切开术（尤其是正中胸骨切开术）、截肢术、断耳术、骨盆碎裂修复术、肾切除术、颈部手术
2	中度疼痛	乳房切除术、下颌骨切除术、胸腰椎间盘手术、股骨或肱骨骨折的固定手术、前腹腔的手术
3	轻度疼痛	气管切开术，耳血肿，牙齿清洗术，后腹腔手术，去势术，尺骨、胫骨、腓骨、桡骨骨折的固定术

注意事项：

不能完全根据估计的疼痛等级来确定患病宠物镇痛药的使用。

表 1-5　宠物对疼痛的行为及生理反应

序号	疼痛症状	反应
1	行为反应	①声音：呻吟、哀鸣、犬嗥叫、猫喘音 ②面部表情：目光呆滞或兴奋、瞳孔扩大、皱眉 ③身体姿势：弓背、僵硬、祈祷式或其他腹痛的姿势 ④运动：不安、运动拘束、颤抖 ⑤情绪：攻击、恐惧、胆怯、不安 ⑥食欲：下降 ⑦泌尿和排泄：排尿增加、不定点排尿或粪便 ⑧洗刷：被毛无光、被毛凌乱 ⑨警觉和自我损伤：护住伤口处或肢体、难以忍受疼痛；可能出现舔食、啃咬、摩擦创伤部位
2	生理反应	①心血管系统：心率增加、血压升高、血管收缩 ②呼吸系统：呼吸频率增加、浅呼吸、肌僵直 ③消化系统：食欲不振、流涎，偶尔呕吐、腹泻或便秘、肛门腺排空 ④肌肉系统：肌肉紧张、肌肉震颤 ⑤免疫系统：抵抗力下降、白细胞皱缩 ⑥神经内分泌系统：分解代谢作用增加、合成作用下降

镇痛最有效的方法是在疼痛开始前就给予镇痛剂，可以降低患病宠物对疼痛刺激的感知，用阿片类药物缓解疼痛，需注意效用和持续时间。有些阿片类镇痛剂适用于轻微至中度疼痛的镇痛，有些则适用于中度至深度疼痛的镇痛（表 1-6）。

表 1-6 常用的全身性阿片类镇痛剂

序号	药物	剂量与用法/(mg/kg)	应用	持续时间/h	注意事项
1	布托啡诺	0.2～0.4 (IV/SC/IM)	生殖系统手术、下腹部手术、胆囊手术、胆汁性腹膜炎、四肢骨折	2～3	
2	丁丙诺啡	0.005～0.015 (IV/IM)	下腹部手术、四肢骨折、生殖系统手术	4～8	
3	吗啡	0.1～0.4 (IV/SC/IM)	胸廓切开术、截肢、骨盆骨折、断耳术	3～4	吗啡静脉注射可能出现低血压，此药还可能引起猫的兴奋
4	氢吗啡酮	0.1～0.2 (IV/SC/IM)	胸廓切开术、截肢、骨盆骨折、断耳术	3～4	
5	氧吗啡酮	0.05～0.1 (IV/SC/IM)	胸廓切开术、截肢、骨盆骨折、断耳术	3～4	皮下注射的药效可能不高

四、学习效果评价

序号	评价内容	评价标准	评价结果(是/否)
1	麻醉监测	是否准备麻醉监测所需器械、记录表格	
2		是否在麻醉过程中定时监测相关指标	
3	术中镇痛	是否能根据行为反应和生理反应判断患病宠物的疼痛表现	
4		是否能根据手术类型评估疼痛等级	
5		镇痛药给药时间和剂量是否正确	
6	职业素养	是否关注宠物的疼痛反应并采取相应措施	
7		是否正确选用麻醉药并精确给药	

任务五 缝合技术

一、学习目标

知识目标

- 能说出缝线粗细与缝线规格的关系。
- 能阐述常见缝线的特点及适用场景。
- 能说出常见缝合方式。
- 能辨认各种缝合针。

技能目标

- 能根据手术要求选择合适的缝线。
- 能根据缝合组织要求选择合适的缝合针。

- 能熟练地在模型上操作临床常见缝合方法。

育人目标

- 培养严要求、高标准，精益求精的工匠精神。

二、学习内容

情境一　缝针缝线的认识

(一)基础知识

理想的缝线应容易操作、对组织刺激小、不利于细菌生长、打结的安全性高、能抵抗组织的回缩作用、无毛细管作用、不会引起过敏症、不致癌、无磁性、组织愈合后缝线的吸收过程仅有小的反应，但这样理想的缝线到目前为止是不存在的。因此，外科医生必须选择最接近理想的缝线于术中缝合组织。另外，可采用不同的针和各种材料的缝线搭配使用来降低对组织的损害。

二维码 1-17　缝合材料介绍

(二)缝线规格

为了把缝线通过组织造成的损伤降低到最小，并减少留在组织内的异物，应在可以保证修复伤口的基础上选用直径最小的缝线。美国药典规定了缝线最常用的标准，10-0 号是最细的缝线，7 号是最粗的。缝线的规格越小，其张力强度越小。(表 1-7)

表 1-7　常用缝线规格

序号	大小单位	实际尺寸/mm	序号	大小单位	实际尺寸/mm
1	7-0	0.05	6	2-0	0.3
2	6-0	0.07	7	0	0.35
3	5-0	0.1	8	1	0.4
4	4-0	0.15	9	2	0.5
5	3-0	0.2	10	3	0.6

(三)缝线材料分类

缝线材料可按照在组织中的吸收情况分为可吸收缝线或不可吸收缝线，按结构可分为单丝线或复丝线，按来源可分为人工合成、有机或金属。单丝线是单独一束材料制成的，它们在组织中比复丝线更易进行牵拉，没有藏菌的空间。可吸收缝线指能在 60～90 d 内在宠物组织内失去抗张强度。临床常用的可吸收缝线有羊肠线、聚乙醇酸(PGA)缝线、聚二恶烷酮(PDSII)缝线、聚甘醇碳酸(Maxon)缝线、聚葡糖酸酯聚卡普隆缝线、单乔缝线。临床常用的缝线如下。

1. 羊肠线

羊肠线(图 1-59)是由羊肠的黏膜下层或牛肠的浆膜制作而成的，大约含 90%的胶原，易被吞噬，但比其他材料容易诱发明显的炎症反应。铬制羊肠线经过固化或鞣制后，增加了胶原蛋白的连接、延缓缝线吸收和减少组织发炎。在感染部位或与消化酶接触的部位使用肠线进行缝合，会很快被消化掉，在新陈代谢旺盛的部位很快被降解。羊肠线适合用在需要短时间作用的手术，但不能用在需要延长强度时间或重要的部位缝合，如腹壁、肌膜等。

2. 聚乙醇酸(PGA)缝线、羟乙酸乳酸聚酯缝线及聚卡普隆缝线

聚乙醇酸缝线(图 1-60)在 60～90 d 内会被完全吸收，在第 2～3 周时仍然有 50%左右的强度。羟乙酸乳酸聚酯缝线有抗菌涂层或经过辐射加快吸收速度的效果，吸收特性与 PGA 缝线相似。聚卡普隆缝线也具有抗菌成分，用在轻微组织发炎的吸收期间，在 90～120 d 可被完全吸收。

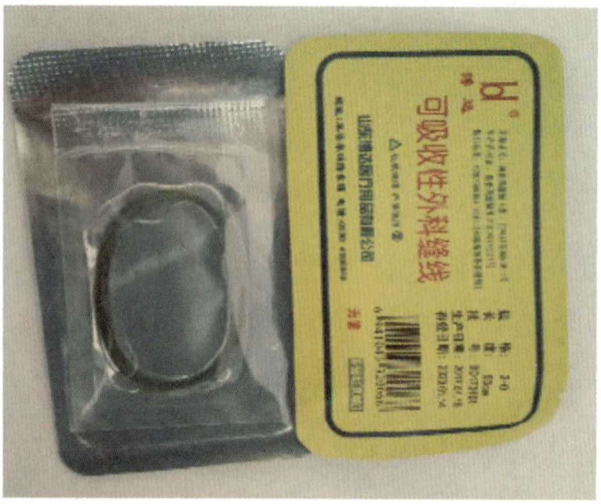

图 1-59　羊肠线

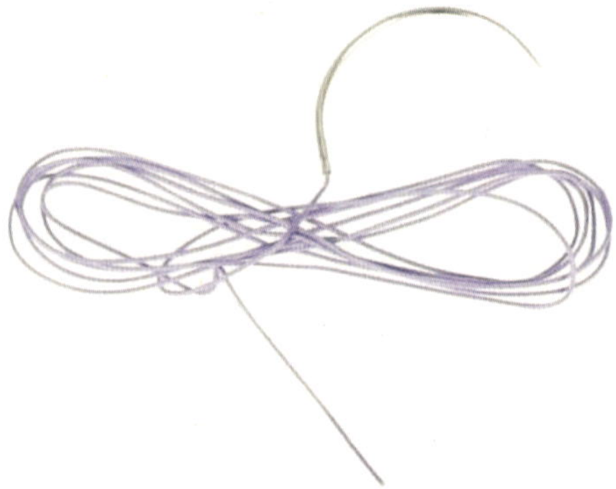

图 1-60　聚乙醇酸缝线

3. 聚二恶烷酮(PDSII)缝线

聚二恶烷酮缝线(图 1-61)的单股缝线，吸收时间较长，在第 5～6 周时，还有约 50%的强度，操作性较好，打结性能方面安全性较差。

4. 聚甘醇碳酸(Maxon)缝线

聚甘醇碳酸缝线(图 1-62)的单股缝线，吸收速度比 PDSII 缝线慢，操作性较差，在第 4～5 周时，该缝线的强度可以保留 50%，打结性能比较安全。

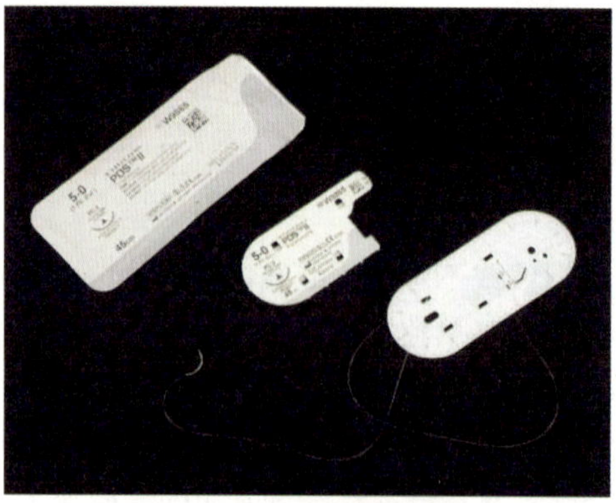

图 1-61　聚二恶烷酮缝线

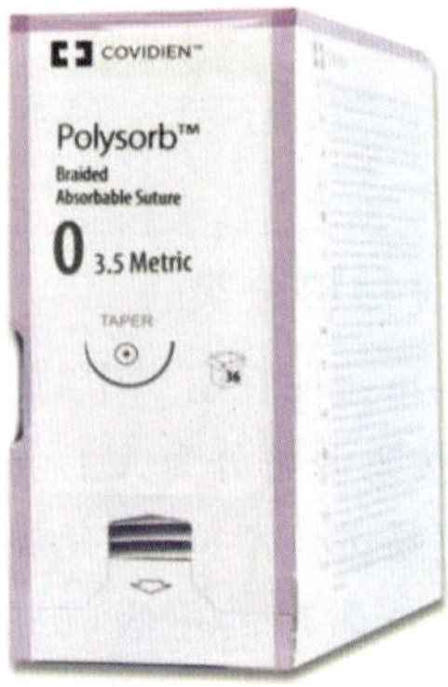

图 1-62　聚甘醇碳酸缝线

5. 丝线

丝线(图 1-63)最常见的是有机不可吸收缝线，用特殊的蚕丝编织成的复合缝线，在第 12 周时会明显失去强度，有效张力保持时间不超过 6 个月。丝线由于有较好的操作特性及打结安全性，常用于结扎大血管。丝线对组织有较严重的反应，可导致慢性、进展性的血管堵塞。丝

线应避免用在污染的术部或不希望产生过度炎症的部位。

6. 尼龙线

尼龙线(图 1-64)单股缝线质地强韧，承受拉力负荷大，在酸性条件下会被催化，抗张力强度在第 12 周失去 50%。

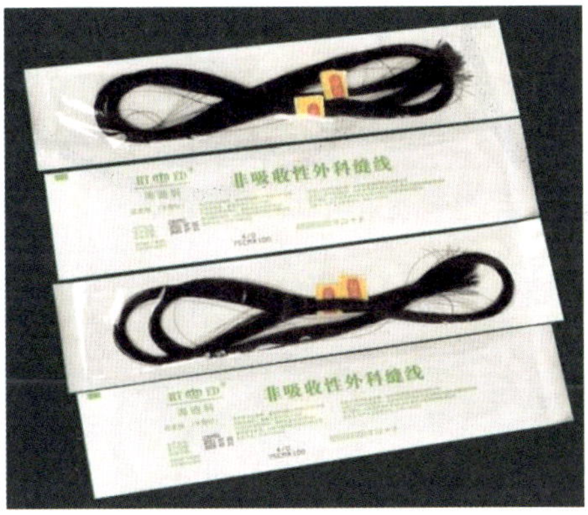

图 1-63 丝线

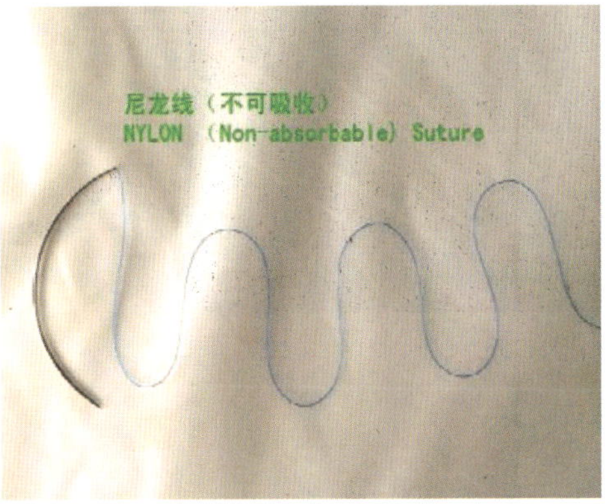

图 1-64 尼龙线

7. 聚丙烯缝线

聚丙烯缝线(图 1-65)非常强韧，有良好的操作特性和很强的抗降解能力，但结的强度较低。聚丙烯缝线常用于肌腱、韧带、肌膜等需要延长缝线强度的组织开闭。

8. 不锈钢缝线

不锈钢缝线(图 1-66)含高量的铬和镍，具有高度韧性，耐腐蚀性和低组织反应，但操作性不好，结末端易引起炎性反应，不锈钢缝线容易划破组织使组织破碎或移动。不锈钢缝线通常用于肌肉骨科的手术。

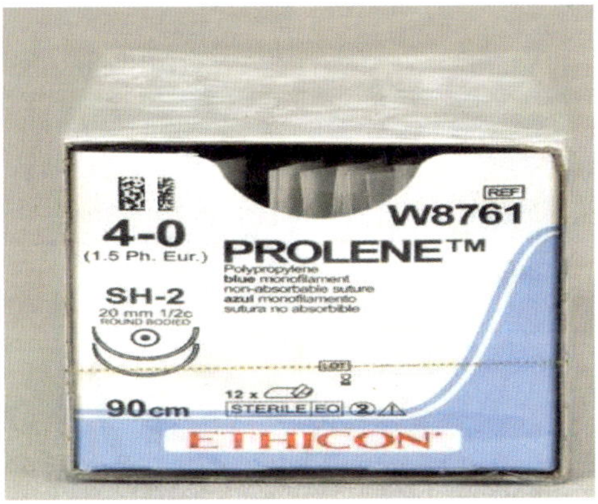

图 1-65 聚丙烯缝线

图 1-66 不锈钢缝线

(四)缝合针

临床上有不同型号和形状的针，使用时根据缝合组织的类型，创口分布、针的性质等因素进行选择。针由针尾、针体和针尖组成。针眼闭合或半开放，带线缝针的针和线是一体的，可以减少组织创伤且使用方便。针体有各种形状，需根据组织类型、创口深度和位置选择合适的针。

1. 针的种类

(1)直针(图 1-67A)。用手直接操作,主要使用在皮肤缝合上。

(2)3/8 弧型针(图 1-67B)。3/8 弧型针比 1/2 弧型针容易操作。

(3)1/2 弧型针(图 1-67C)。常用于眼部的缝合。

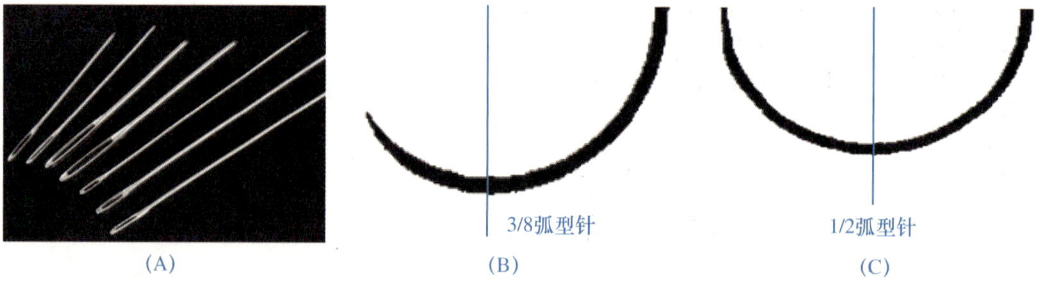

图 1-67　针的种类

2. 针的形式

(1)扣压式无眼缝针(图 1-68A)。一次性使用、无菌包装,针尖锐利。

(2)非扣压式有眼缝针(图 1-68B)。对组织造成伤害比扣压式无眼缝针大。

(3)角针(图 1-68C)。三角形,切割面在针的凹面,针穿过组织会制造一个三角形缺口,针穿过的孔洞大于针本身大小。

(4)圆针(图 1-68D)。用于容易穿透的组织,如肠管、皮下组织、肌肉和筋膜的缝合。

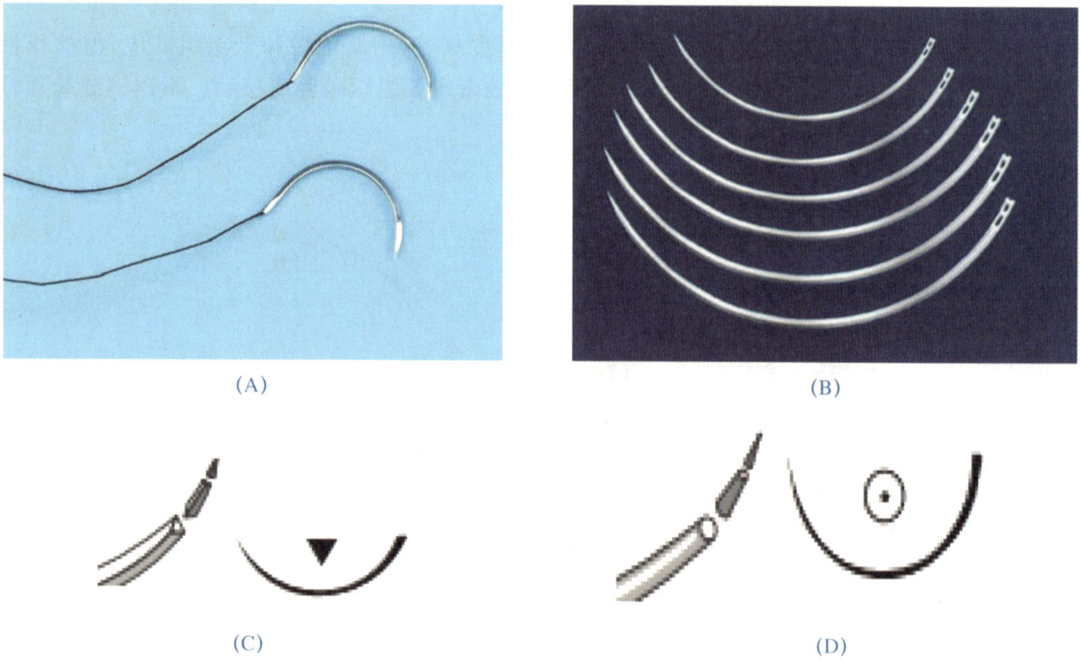

图 1-68　针的形式

情境二 缝合技术

二维码 1-18 缝合技术实操

(一)基础知识

理想的缝合技术是能够在伤口愈合过程中维持抗张力,并且可以精确对合创口边缘。创口的愈合速度与缝合技巧和缝合材料造成的张力存在密切关系。创口的张力越大对创缘的血液供应影响越大,愈合速度也就越慢。临床常见缝合方式如下。

1. 单纯间断缝合

从切口或创口一侧进针,从对侧穿出并打结。需注意打结位置不能位于切口上,进针位置距离皮肤创缘 2~3 mm,一般采用水平从右到左缝合方式(图 1-69)。该种缝合方式的优点是简单,快速,创缘容易对齐,单个结断裂不会引起缝线滑脱。缺点是比连续缝合花费更多时间,在创口留下结更多,线头长度保留 10~15 mm。

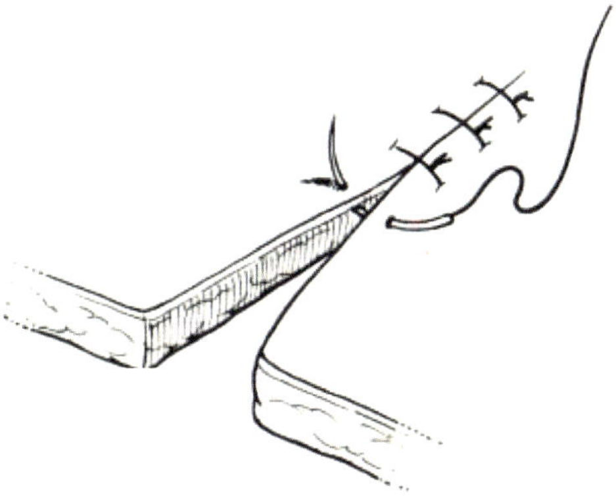

图 1-69 单纯间断缝合

(引自 Theresa Welch Fossum, Cheryl S Hedlund, Donald A Hulse,等,2008)

2. 水平褥式缝合

在距离创缘 2~3 mm 处刺入皮肤,对合创缘后从对侧皮肤穿出,然后缝线与切口平行向前约 8 mm,再刺入皮肤,越过切口到相应对侧刺入皮肤,与另一端缝线打结,每个水平褥式缝合(图 1-70A)的间距为 4 mm。在缝合时注意应将缝针刺在真皮层,不能刺入皮下组织,防止外翻。如果第二针缝合时缝针从与第一针同侧到另一侧穿过切口,缝线的两端在切口上交叉形成"X"形,并拉紧打结,则就是十字缝合(图 1-70B)。线头长度保留 10~15 mm。

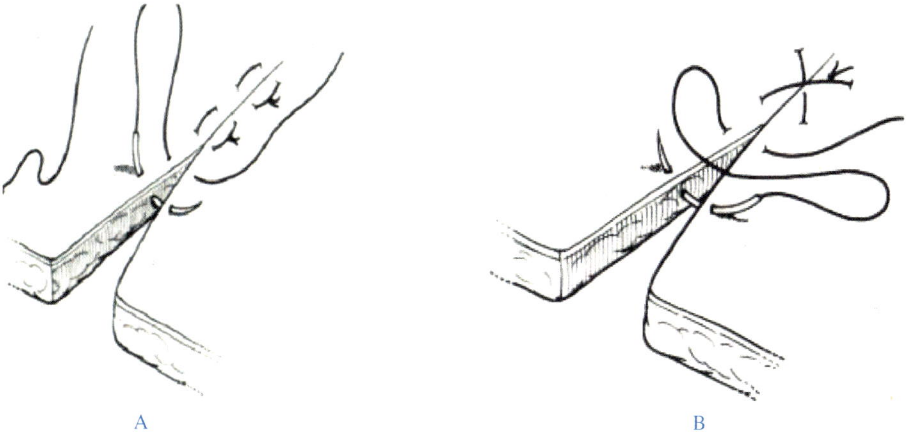

A　　　　B

图 1-70 水平褥式缝合

(引自 Theresa Welch Fossum, Cheryl S Hedlund, Donald A Hulse,等,2008)

3. 垂直褥式缝合

针从距离创缘约 8 mm 处刺入皮肤，创缘相互对合，越过切口到相应对侧刺出皮肤。然后缝针翻转在同侧距切口约 4 mm 刺出皮肤，越过切口到相应对侧距切口约 4 mm 刺出皮肤，与另一端缝线打结，每针的针距为 5 mm(图 1-71)。临床实践表明，垂直褥式缝合比水平褥式缝合更结实且不容易外翻，但垂直褥式缝合更加费时。线头长度保留 10～15 mm。

4. 简单连续缝合

简单连续缝合(图 1-72)是一系列简单间断缝合组合，开始用一个简单结节缝合，打结以后，每缝一针之前都对合创缘，避免创口形成褶皱，使用同一缝线以等距离缝合，拉紧缝线，最后在一侧留线尾并打结。简单连续缝合优点是组织对接良好，节省缝线，速度快，缝合组织更加密闭、不漏液体。常用于缝合腹白线和皮下组织，但缝线一旦开裂会使整个创口崩裂。线头长度保留 2～3 mm。

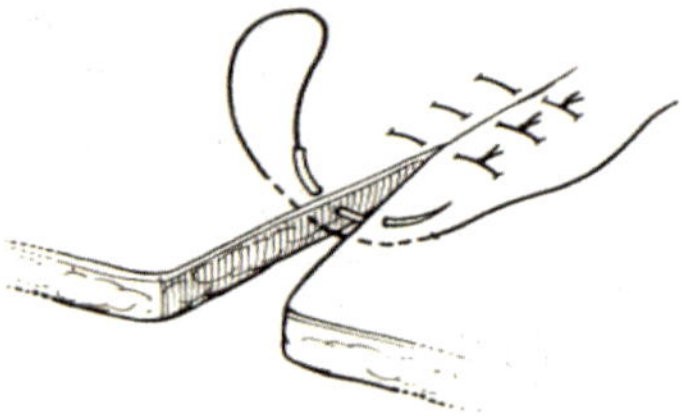

图 1-71 垂直褥式缝合

(引自 Theresa Welch Fossum，Cheryl S Hedlund，Donald A Hulse，等，2008)

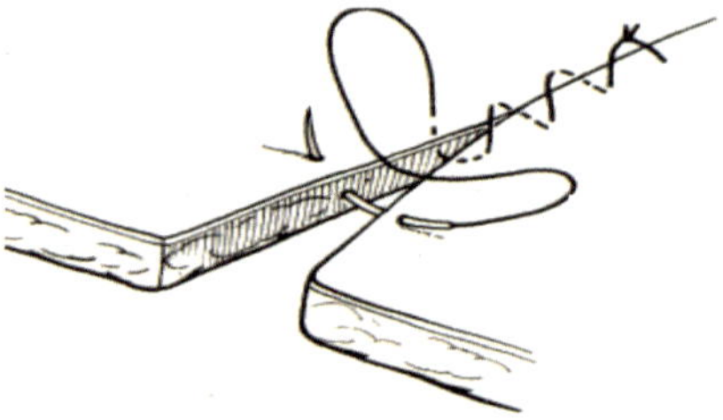

图 1-72 简单连续缝合

(引自 Theresa Welch Fossum，Cheryl S Hedlund，Donald A Hulse，等，2008)

5. 连续锁边缝合

连续锁边缝合(图 1-73)为改良版的简单连续缝合，每次通过组织一侧时部分锁边。每次穿过组织时都会通过一个缝线环。连续锁边缝合模式快速，组织对接好，但耗线量大，而且拆线比较麻烦。

6. 伦伯特缝合

伦伯特缝合(图 1-74)是垂直褥式内翻缝合模式，常用于如胃肠等空腔器官的缝合。从距创缘6～8 mm处进针，穿透浆膜和肌肉层，在距创缘3～4 mm同侧出针。越过创口从对侧距创缘 3～4 mm 处进针，在 6～8 mm 处出针。出针后打结便是间断伦伯特缝合，如果沿长轴方向重复这个操作就是连续伦伯特缝合。线头长度保留 2～3 mm。

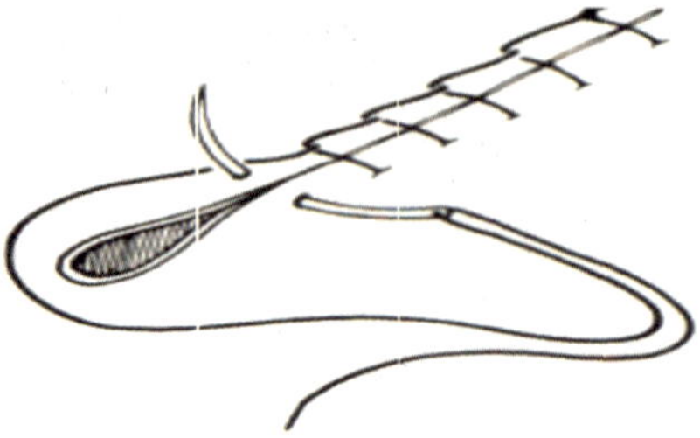

图 1-73 连续锁边缝合

(引自 Theresa Welch Fossum，Cheryl S Hedlund，Donald A Hulse，等，2008)

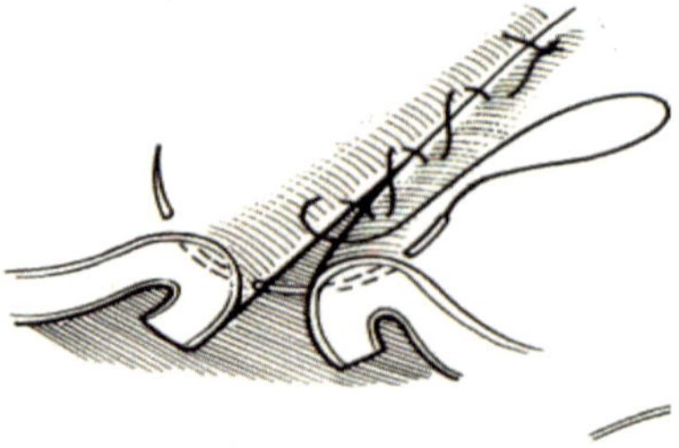

图 1-74 伦伯特缝合

(引自 Theresa Welch Fossum，Cheryl S Hedlund，Donald A Hulse，等，2008)

7. 康奈尔缝合和库兴氏缝合

这两种缝合模式都是内翻缝合，常用于缝合空腔脏器。除康奈尔缝合（图 1-75）穿透全层、库兴氏缝合只穿透浆肌层外，其余缝合方法均相似。缝合是以简单间断缝合或垂直褥式缝合开始。从距离创缘 2～3 mm 平行于切口处入针，经过浆膜层、肌层和黏膜层，在同侧向前 2～3 mm 后返回穿透浆膜表层面。针穿出组织后，越过切口，在对侧做同样的操作。缝线应该垂直通过切口，当缝线拉紧时，切口内翻。

8. 皮下及表皮下组织的缝合

皮下及表皮下组织的缝合（图 1-76）是将缝线穿梭于皮下组织，皮肤表面看不到缝线。针从创口深处刺入，从浅处皮下组织穿出，再由对侧浅处入针从深处穿出后打结；然后针由一侧创缘真皮层刺入平行于创口方向 4 mm 处同侧穿出，再从创缘对侧真皮层入针，向平行创口方向缝合。缝合至创口尽头后，针再像第 1 针一样打结，打结后将针从远处皮下组织穿出后剪断缝线。皮下缝合的优点是可以减少伤疤及避免术后拆线，但该种缝合方法张力较小。

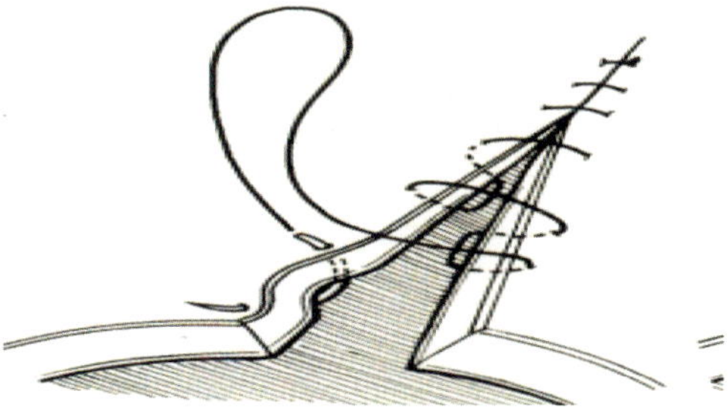

图 1-75　康奈尔缝合

（引自 Theresa Welch Fossum，Cheryl S Hedlund，Donald A Hulse，等，2008）

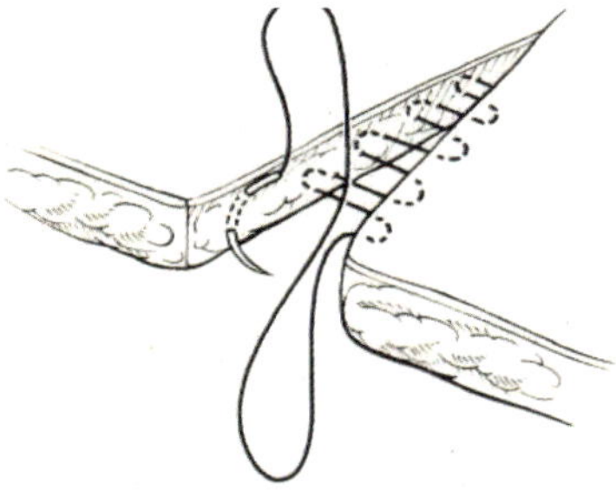

图 1-76　表皮下组织缝合

（引自 Theresa Welch Fossum，Cheryl S Hedlund，Donald A Hulse，等，2008）

（二）打结

打结是缝合中最基本的操作，一个结至少由两个彼此交叉并重叠拉紧的结组成。掌握正确的打结方法十分重要，不正确的结（如滑结或假结）可能导致创口裂开。最可靠的结为几个方结重叠。外科结不易被拉紧但能承受一定的拉力，因此常用于张力较大部位的缝合，外科结通常不建议使用有膜或单纤丝的缝线材料。常见打结方式如下。

1. 器械打结

（1）将持针钳放在两根缝线之间，并将靠近身体的那根线（白的、长的）呈圈状环绕于持针钳上（图 1-77A）。

（2）用持针钳夹住较远的（黑的、短的）缝线末端（图 1-77B）。

（3）引导较短缝线的末端穿过线圈，交叉双手后拉紧（图 1-77C）。

（4）第二个结，将远离身侧的那条线（白的、长的）反向缠绕于持针钳上（图 1-77D）。

（5）用持针钳夹住缝线（黑的、短的）穿过线圈拉紧，双手用力均匀，避免过度牵拉其中的一条（图 1-77E）。

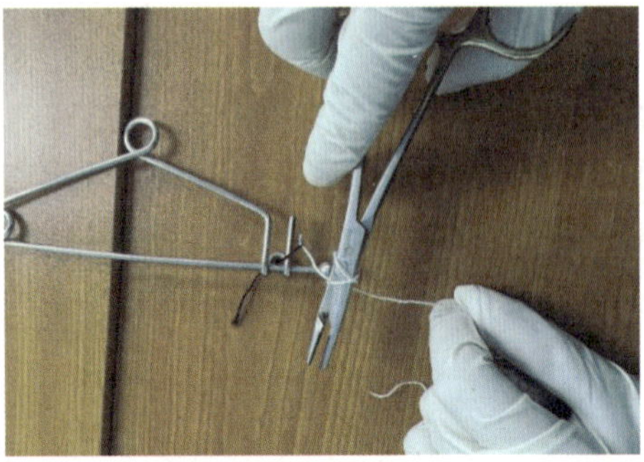

(A)

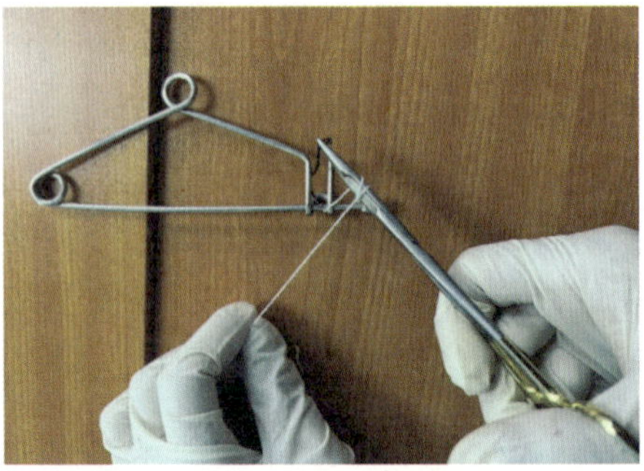

(B)

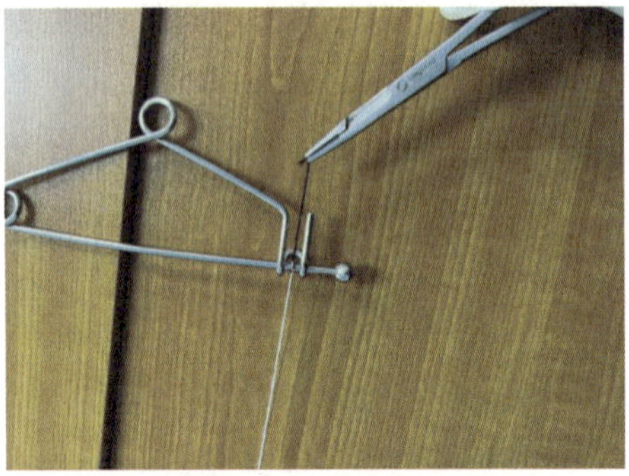

(C)

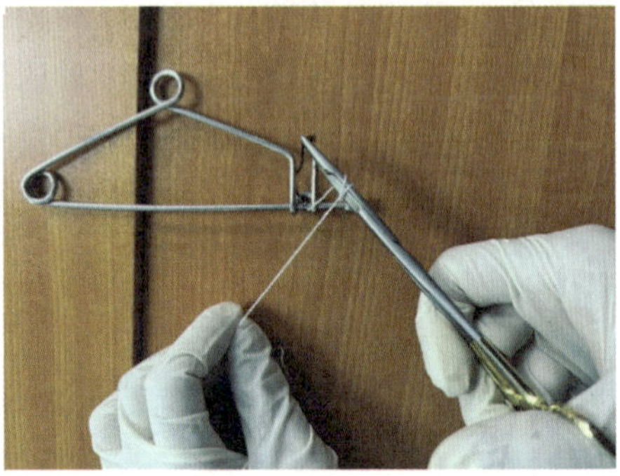

(D)

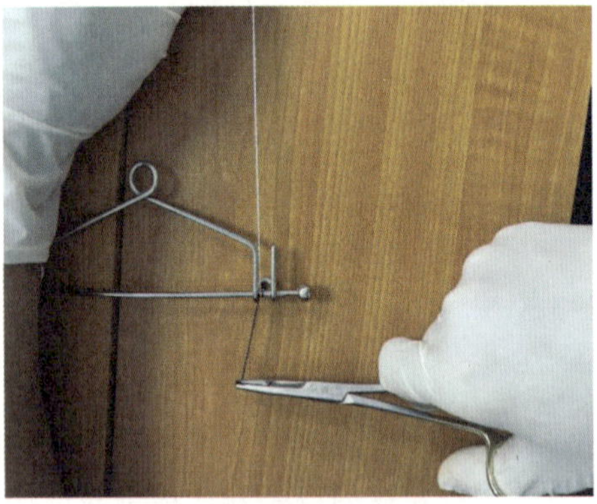

(E)

二维码 1-19　打结实操

图 1-77　器械打结

2. 徒手打结(右手单手)

(1)右手拇指、中指抓持右侧缝线,左手拇指、食指抓持左侧缝线(图 1-78A)。

(2)左右两侧缝线交叉,右手食指穿过交叉中间孔掏右侧缝线,掏到后用右手食指与中指夹住缝线(图 1-78B)。

(3)右手缝线切换至右手食指和拇指抓持,左手向左拉紧左侧缝线,右手向右拉紧右侧缝线,交叉双手并均匀用力地拉紧两根缝线(图 1-78C)。

(4)右手小拇指、无名指和中指压紧右侧缝线,手掌朝上(图 1-78D)。

(5)左、右两侧缝线交叉,右手中指掏右侧缝线,掏到后中指和无名指夹线(图 1-78E)。

(6)右手缝线切换至右手食指和拇指抓持,左手向右拉紧左侧缝线,右手向左拉紧右侧缝线(图 1-78F)。

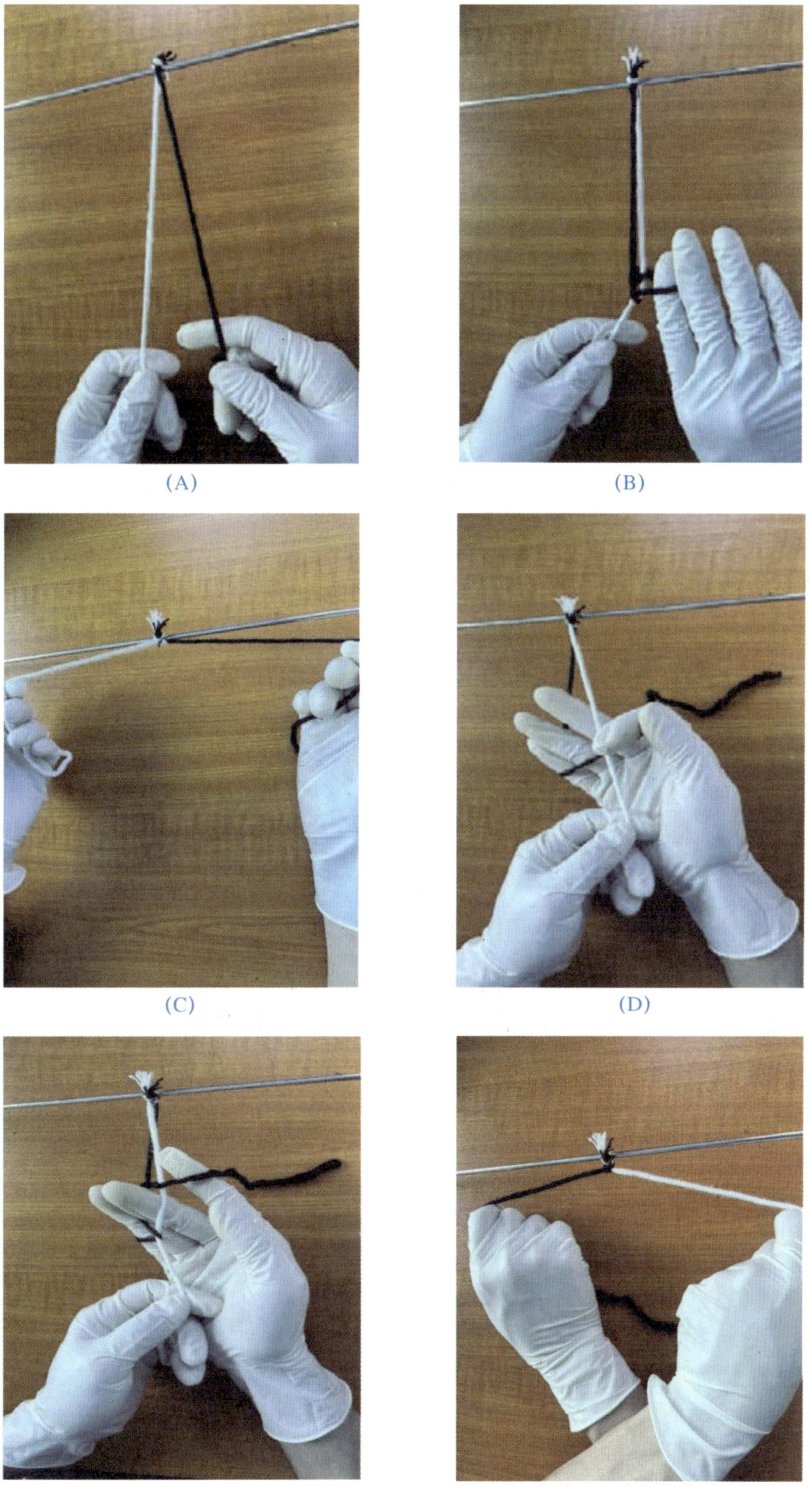

(A) (B) (C) (D) (E) (F)

图 1-78　右手徒手打结

3.徒手打结(双手)

(1)右手拇指、中指抓持左侧缝线,左手拇指、食指抓持右侧缝线,右侧缝线在上方。

(2)左右两侧缝线交叉,左手食指穿过交叉中间孔掏左侧缝线。

(3)掏到后用食指与中指夹住缝线。

(4)右手缝线切换至右手食指和拇指抓持,左手向左拉紧右侧缝线,右手向右拉紧左侧缝线。

(5)右手拇指、中指抓持右侧缝线,左手拇指、食指抓持左侧缝线,左右两侧缝线交叉。

(6)左手食指穿过交叉中间孔掏左侧缝线。

(7)掏到后用右手食指与中指夹住缝线。

(8)右手缝线切换至右手食指和拇指抓持,左手向右拉紧缝线,右手向左拉紧缝线(图 1-79)。

注意事项:

(1)打结收紧时左手、右手的用力点与结扎点成一条直线。

(2)第一结和第二结的方向不能相同。

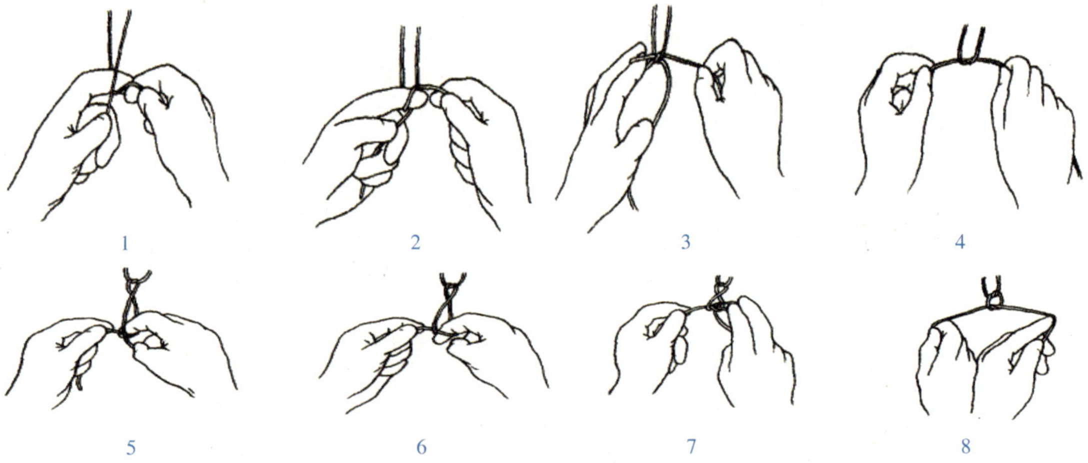

(1~8 为打结操作顺序)

图 1-79 双手徒手打结

(引自林德贵,2012)

(三)剪线

(1)把双线尾提起与创面呈 30°角,略偏术者左侧。

(2)助手用半张的剪刀沿拉紧结扎线滑至结扣位置,再把剪刀稍向上倾斜。

(3)根据要保留线头长度,前后移动剪刀的位置,然后剪断缝线(图 1-80)。

(四)拆线

拆线是拆除皮肤缝线。缝线拆除的时间一般在手术后 7~12 d 进行,如果患病宠物营养不良、贫血、年龄较大、缝合部位活动性比较大、创缘呈紧张状态等情况下,需要适当延长拆线时间，但创伤化脓或创缘被缝线撕裂时，可根据创伤治疗需要随时拆除全部或部分缝线。拆线方法如下。

(1)用碘伏消毒创口、缝线及创口周围皮肤，将线结用镊子轻轻提起(图 1-81A)，剪刀插入线结下，紧贴针眼将线剪断(图 1-81B)。

(2)拉出缝线，拉线方向需和剪线的一侧方向相同，动作要轻巧，不能强行向对侧硬拉，否则可能将伤口拉开(图 1-81C)。

(3)拆除缝线后再次用碘伏消毒创口及伤口周围皮肤。

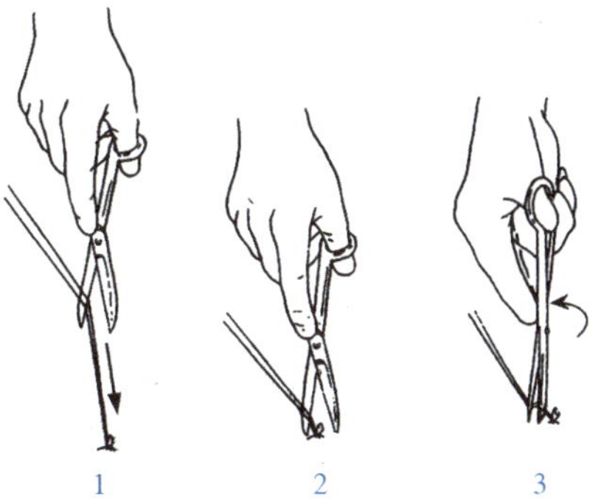

(1～3 为操作顺序)

图 1-80　剪线

(引自林德贵，2012)

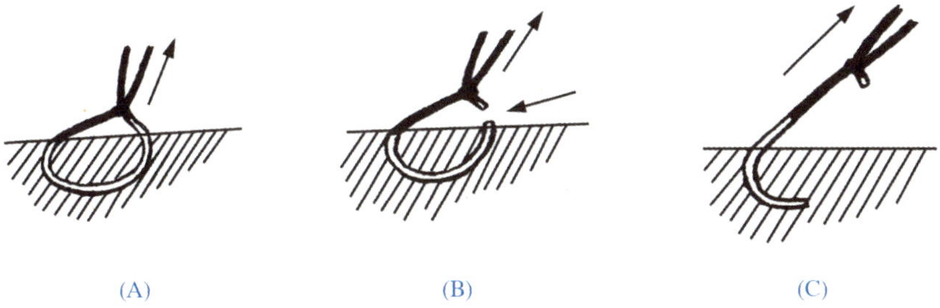

1～3 为操作顺序

图 1-81　拆线(引自林德贵，2012)

二、学习效果评价

序号	评价内容	评价标准	评价结果(是/否)
1	缝针缝线认识	是否能说出常见缝线种类及适用缝合场景	
2		是否能说出缝针类型及适用缝合场景	
3	缝合技术	是否能说出常见缝合方式及适用场景	
4		是否能在器械缝合板上进行各种缝合	
5		缝合进出针、拉线手法是否正确	
6		缝合边距、针距是否把握合理、美观	
7		剪线手法是否正确	
8		组织拆线的操作是否正确	
9	职业素养	练习中是否能够秉持精益求精的工匠精神	

任务六　手术后护理技术

一、学习目标

知识目标

- 能完整阐述患病宠物术后苏醒阶段护理具体内容。
- 能说出临床常见术后并发症。
- 能说出常用术后疼痛管理药物的种类及使用方法。

能力目标

- 能独自护理术后麻醉阶段的患病宠物。
- 能正确计算并补充患病宠物所需能量。
- 选用合适术后止痛药物组合进行止痛。
- 能有效处理常见术后并发症。

育人目标

- 在患病宠物护理过程中，培养负责、细致和耐心的工作态度。

二、学习内容

手术结束后仍需对患病宠物进行护理，术后护理往往决定最终的治疗结果，护理的内容包括术后护理、术后饲养管理、术后止痛管理和术后并发症处理。

（一）术后护理

1. 术后转移

做完手术后把患病宠物套上伊丽莎白圈转移至康复室，以便观察。

2. 体征监测

在患病宠物完全清醒恢复前，至少每个小时要检测一次体温、脉搏、呼吸。体温低的宠物需要热水瓶、热水袋、电热毯等保暖。另外需要测血流、比容、血气、血压或氧饱和度。

3. 静脉补液

年老、虚弱和手术时间很长的患病宠物，术后要静脉补液，直到能自由饮食为止。静脉补液要注意静滴的速度及尿流失的情况，防止出现体液的大量损耗、严重的电解质失衡或酸碱平衡紊乱。

4. 术后通气

对于血氧严重不足、颅内压升高症、高碳酸血症的患病宠物需术后通氧。

5. 血容量补充

患病宠物严重出血，循环血量和携氧能力降低，使得黏膜苍白、毛细血管再充盈时间延长、脉搏及心率加快，因此术后应对这些参数进行严格监控。手术过程中，应尽量防止出现出血，同时还要补充总血量。如果没有出现血液稀释的情况，一般要补充电解质平衡液，立即补充失血量的 2～3 倍(但不能超过 60～90 mL/kg)。同时应测定中心静脉压，以估计补充的程度是

否合适。在补充时需每隔一段时间检测一次血细胞压积(PCV)，最适宜的 PCV 是 25%～35%，如果 PCV 低于 20%，血液稀释严重或持续出血就要输血。可以用新鲜全血来代替红细胞、血浆蛋白、血小板和凝血因子。如果宠物体内不缺血浆蛋白，那么只要补充浓集红细胞就可以；患有低蛋白血症但不贫血的宠物，可以补充血浆或羟乙基淀粉等胶体溶液。

(二)术后饲养管理

在术后给予患病宠物充足的营养对恢复是十分重要的，特别是对于体弱和食欲不振的患病宠物。营养摄入不足或对蛋白质和能量的需求增加会导致患病宠物营养不良概率增加。蛋白质和能量摄入不足可能引起器官和肌肉萎缩、免疫活性受损、伤口愈合减慢、贫血、血液蛋白含量不足和机体抵抗力降低，导致感染或死亡。

对于营养不良的患病宠物术后需补充营养和诊断治疗潜在疾病。患有胃肠功能紊乱的患病宠物肠内的营养供应可以通过鼻饲管、咽切开术、食管切开术、胃造口术、肠造口术等方法给予营养物质，肠外的营养可靠静脉滴注来供应。治疗营养不良应估计住院宠物的营养不良状况并及时补充营养，根据患病宠物的能量需求量、选择饮食原则及给予途径的不同来决定用肠内或肠外营养。患病宠物体重决定基础能量需求(BER)；基础能量需求和疾病状况决定维持能量需求(MER)。不同患病宠物的能量需求计算见表 1-8。理想的经肠供应的食物类型，应该是柔软、易消化、易吸收、含所需的营养成分、价廉易得、有效期长、饲喂方便的食物。

表 1-8　不同患病宠物的能量需求

<table>
<tr><th>序号</th><th>所需能量</th><th colspan="2">计算方法</th></tr>
<tr><td>1</td><td>计算基础能量需求量(BER)</td><td colspan="2">体重低于 2 kg 的宠物：70×体重$^{0.75}$(kg)＝BER (kcal/d)
体重高于 2 kg 的宠物：30×体重(kg)＋70 ＝BER (kcal/d)</td></tr>
<tr><td>2</td><td>计算维持能量需求量(MER)</td><td>临床症状因子×BER(kcal/d)＝MER(kcal/d)</td><td><table><tr><th>临床表现</th><th>影响因子</th></tr><tr><td>饲养笼子</td><td>1.00～1.25</td></tr><tr><td>手术过程中的压力</td><td>1.25～1.35</td></tr><tr><td>外伤或癌症</td><td>1.35～1.50</td></tr><tr><td>脓血症</td><td>1.50～1.70</td></tr><tr><td>大的烧灼</td><td>1.70～2.00</td></tr></table></td></tr>
<tr><td>3</td><td>计算蛋白质需求量</td><td>所选蛋白质需求量(g/100 kcal)×MER(100 kcal/d)＝蛋白质需求量(g/d)</td><td><table><tr><th>种类</th><th>维持</th><th>肝或肾功能不佳</th></tr><tr><td>犬</td><td>5.0～7.5 g/100 kcal</td><td>＜3.0 g/100 kcal</td></tr><tr><td>猫</td><td>6.0～9.0 g/100 kcal</td><td>＜4.0 g/100 kcal</td></tr></table></td></tr>
</table>

(三)术后止痛管理

简单而又成功地处理术后疼痛与术后止痛效果是相关的。越早成功地减轻术后疼痛，就能越少地使用额外的止痛药来控制疼痛。尽量减少患病宠物术后疼痛和止痛药使用。术后疼痛处理可将宠物带回家给予止痛药物，使得宠物在家里的恢复阶段就可延续更有效的疼痛治疗。这是兽医学中提倡的一种服务和关爱表现。

两类最常应用的术后止痛药分别为阿片类止痛药和非类固醇抗炎止痛药。这两种药物都能够单独使用，但是当两种药物联合应用时能够产生更好的止痛效果。进行了软组织选择性外科手术的患病宠物在术后 24 h 内应该给予阿片类止痛药，而在 24 h 后至 3～4 d 给予非类固醇抗炎止痛药。经过骨科手术的患病宠物，在术后 24～72 h 内给予阿片类和非类固醇止痛药至少能够在 1 周内对患病宠物都起到一些有益的作用。常用的术后止痛药物见表 1-9。

表 1-9　常用术后止痛药物

药物名称	剂量	持续时间	注意事项
卡洛芬	犬：2.2 mg/kg，口服，2 次/d；或者 4.4 mg/kg，口服，1 次/d。	12～24 h	患有胃肠道或肾脏疾病的宠物忌用。如果患病宠物出现呕吐或腹泻要终止使用。非类固醇抗炎药物不被推荐用于血容量减少或脱水或出血异常的患病宠物。
酮洛芬	犬：1 mg/kg，口服，1 次/d。 猫：1 mg/kg，口服，1 次/d。	18～24 h	类卡洛芬：手术前不要用，非经口服药不要超过 3 d 或口服不要超过 5 d。
美洛昔康	犬：0.2 mg/kg，IM，1 次/d。	18～24 h	类卡洛芬：负荷剂量可以注射或口服给药。
芬太尼	犬：0.002～0.005 mg/kg，IV； 0.002～0.06 mg/(kg•h)，IV CRI。 猫：0.001～0.005 mg/kg，IV； 0.002～0.03 mg/(kg•h)，IV CRI。	72 h	
布托啡诺	犬：0.2～0.8 mg/kg，SC 或 IM； 0.1 ～0.4 mg/kg，IV。 猫：0.1～0.4 mg/kg，SC 或 IM； 0.05～0.2 mg/kg，IV。	犬：SC 或 IM，1～2 h；IV，45 min。 猫：SC 或 IM，4 h；IV，45～60 min。	
丁丙诺啡	犬：0.01～0.03 mg/kg，SC、IM 或 IV。 猫：0.005～0.01 mg/kg，SC、IM 或 IV。 0.01～0.02 mg/kg，含服或舌下。	犬、猫：SC、IM 或 IV，6～12 h； 含服或舌下，6～8 h。	

（四）术后营养管理并发症

经肠输入营养液有 3 种典型的并发症：机械性并发症、胃肠性并发症和代谢性并发症。在大多数病例中，可通过改善插管技术、使用合适直径的软橡胶管及适当的日粮、制订合理的饲喂计划以及在饲喂中或饲喂间隔中给予良好的导管管理等措施来防止这些并发症。

二维码 1-20　手术后护理技术

1. 机械性并发症

机械性并发症包括不正确的气管插管和腹膜腔插管，以及由于插管引起的腹部穿孔、导管反流、食道刺激、导管出口感染、导管阻塞、导管脱落等。如果怀疑导管位置不正确，可从导管口注入少量的消毒水

和显影物质，进行 X 线检查；对于腹部穿孔，可使用小口径的硅胶或软的塑料导管来避免。对于导管过早脱落，可以采用合适的机械性固定方法，如进行包扎、使用伊丽莎白圈或直接缝合在切口皮肤上。导管切口处的感染可通过完善的护理来防止，饲喂时应防止食物污染伤口，为了防止导管阻塞可采用液体食物，饲喂结束后应注水防止胃肠内容物倒流。

2. 胃肠性并发症

胃肠性并发症一般包括呕吐、痉挛、腹膜扩张、腹泻，或者以上症状同时出现。常见的原因是饲喂太快、喂量过多及大量高渗性食物。减少饲喂的比例、总量及稀释食物的浓度有助于防止这些问题的出现。

3. 代谢性并发症

常见的营养代谢性并发症有高血糖症，葡萄糖快速吸收之后易发生这种情况。一般用胰岛素来控制高血糖症。对于消瘦的宠物，要检测低血磷盐、低血钾以及高血钾。

三、学习效果评价

序号	评价内容	评价标准	评价结果（是/否）
1	术后护理	术后体征监测是否及时、准确	
2		是否能根据监测结果对患病宠物进行补液、通气等操作	
3	术后饲养管理	是否能准确计算患病宠物所需能量及蛋白质，并按需补充	
4	术后止痛管理	是否能说出常用术后止痛药物名称及使用方法	
5		阿片类和非甾体类药物的用药时机是否正确	
6		止痛剂量计算及给药途径是否正确	
7	术后营养管理并发症	术后管理并发症是否得到妥善处理	
8	职业素养	在护理过程对患病宠物是否有足够责任心、细致和耐心	

任务七　外科手术感染及抗生素选择

一、学习目标

知识目标

- 能说出常用抗生素使用场景及使用剂量。
- 能说出外科感染的分类并阐述其特点。
- 能阐述各系统手术所分离出的常见病原体及需使用预防性抗生素。

能力目标

- 能根据手术类型选择合适的预防性抗生素。
- 能在用药周期正确使用治疗性抗生素。

育人目标

- 树立科学用药、避免滥用抗生素的观念。

二、学习内容

(一)常用抗生素

通过使用抗生素可预防很多潜在的致命感染,但也要警惕抗生素滥用现象。外科手术上,预防性抗生素的广泛使用,使人们对无菌手术的重视度降低,同时也加速了细菌耐药性的发展。长时间的大面积外科手术、提高支持疗法的有效性、长期住院治疗、老年或虚弱宠物存活率的增加和免疫抑制药物的使用等因素,加剧了住院期间耐药细菌的积累和细菌感染的发生。本质上抗生素治疗能起到预防疾病或治疗疾病的作用。当有可能发生感染或感染可能引起严重影响时,可以使用预防性抗生素进行治疗;抗生素的选择应该依据靶组织内细菌的种属来进行。治疗性抗生素的最佳选择是依据细菌培养试验和药敏试验结果来进行。一般最初的药物选择是依据可能感染的细菌种属的预测,不断更换抗生素。抗生素的不合理使用可能使抗生素无效、疾病恶化和死亡率提高,这是由药物中毒或耐药性微生物的繁殖所导致的。临床常用抗生素使用说明及使用剂量见表 1-10。

表 1-10　临床常用抗生素使用说明及使用剂量

序号	药物名称	说明	使用剂量
1	头孢氨苄	针对革兰氏阳性菌作用范围广,针对革兰氏阴性菌没什么作用	22～30 mg/kg,PO,2～3 次/d
2	头孢噻吩		22～30 mg/kg,IV、IM 或 SC,2～3 次/d
3	头孢唑林		22 mg/kg,IV、IM 或 SC,2～3 次/d
4	头孢羟氨苄		22 mg/kg,PO,2～3 次/d
5	头孢替坦	厌氧菌和革兰氏阴性杆菌	30 mg/kg,IV,3 次/d; 30 mg/kg,SC,2 次/d
6	头孢西丁	厌氧菌和革兰氏阴性杆菌	22 mg/kg,IV 或 IM,2～4 次/d
7	头孢噻肟	对革兰氏阴性菌和革兰氏阳性菌作用范围广,针对葡萄球菌非常有效,在脊液里浓度高	犬:20～40 mg/kg,IV、IM 或 SC,3 次/d; 猫:10 mg/kg,IV、IM 或 SC,3 次/d
8	头孢他啶	对绿脓假单胞杆菌有效	30 mg/kg,IV,4 次/d
9	头孢唑肟	针对革兰氏阳性菌作用有限,能口服。泌尿道感染使用低剂量,其他感染使用高剂量	10 mg/kg,PO,2 次/d
10	头孢哌酮	针对肠道细菌有效	30～50 mg/kg,IV 或 IM,2～3 次/d
11	头孢噻呋	对革兰氏阳性菌有效,泌尿道感染可 1 次/d ,全身感染可 2 次/d,对肠道球菌无效	4.4 mg/kg,SC,1～2 次/d
12	庆大霉素	治疗细菌感染,尤其是革兰氏阴性菌引起的感染	7～10 mg/kg,IV、IM 或 SC,1 次/d (早晨)
13	阿米卡星	革兰氏阴性杆菌与葡萄球菌属感染敏感	15～20 mg/kg,IV、IM 或 SC,1 次/d (早晨)
14	恩诺沙星	泌尿道感染,深部组织感染,败血症	(1)泌尿道感染:2.5 mg/kg,PO、IV、IM 或 SC,2 次/d (2)深部组织感染:10～20 mg/kg,PO、IV、IM 或 SC,1 次/d (3)败血症:30 mg/kg,IV,1 次/d

(二)外科感染的分类

将外科手术创伤按照污染的程度进行分类，当组织中的细菌数超过 10^5 个/g 时，认定发生了细菌感染。各种外科手术创伤的综合感染率大约为 5%，超过 10 岁和小于 1 岁的宠物容易发生感染。按照感染率中污染度的显著不同，可以对外科手术创伤进一步分为清洁创、污染创、感染创和脏创。

1. 清洁创

清洁创是指呼吸道、消化道、泌尿生殖道及食道的非开放性、非损伤性、非炎症性的手术创伤，该类型感染率为 0～4.4%。清洁创最容易发生术后感染的是骨科相关手术或严重创伤感染。大部分研究表明预防性抗生素不能降低感染率，除非手术实习期医生或手术持续时间超过 1.5 h。如果未正确使用抗生素甚至可能增加宠物感染率。

2. 污染创

污染创是指没有脓汁流出的损伤性创伤，术中有消化道内容物或污染的尿液流出或渗漏、或无菌手术操作中发生脏器大破裂的情况。该类型创口感染率为 5.8%～28.6%。污染创要使用抗生素预防，抗生素的选择要以预测的微生物种群为基础，依据菌落培养和药敏试验的结果进行调整。通过早期处理可以明显改变污染创的治疗结果。精细清创、充分冲洗和抗生素治疗可以使这些创口转变为清洁创，而治疗不充分会转变成感染创。

3. 感染创

感染创是指有脓汁渗出或有异物存在的创伤，术中发生内脏穿孔或粪便污染腹腔形成。这种创伤要术前使用抗生素治疗，方法同污染创，充分冲洗、清创、排泄和使用湿-干绷带等进一步清创。

4. 脏创

外科手术中出现严重的感染会形成脏创，如有残余恶化组织、异物或排泄污染物的创伤。处理这种创伤，要求术前使用抗生素治疗(最初是以假定的细菌种属为依据，而后根据菌落培养和药敏试验的结果进行调整)，充分冲洗、清创、排泄和使用湿-干绷带等进一步清创。

(三)预防性抗生素的使用

具有潜在污染的手术部位必须使用预防性抗生素，从而抑制病原的生长。表 1-11 为可能需使用预防性抗生素的手术过程。在使用抗生素后仍需在手术中保持无菌操作，降低感染发生的概率。抗生素的选择需依据最可能发生污染的微生物或微生物群，并使用敏感药物进行治疗。用于预防或治疗感染的抗生素，要求对病原体的有效作用至少达 80%。进行外科手术的小动物，术后伤口感染的常见病原体是金黄色葡萄球菌、大肠杆菌。表 1-12 列出与手术有关的最有可能发生污染的病原体。头孢唑林是可抑制大多数常见污染部位细菌生长的抗生素，在第一次手术切开之前 30 min 使用 20 mg/kg 头孢唑林静脉滴注，24 h 内停止使用。头孢唑林可避免并发止血问题的犬产生负面影响，作为术前预防性抗生素使用，是一种很好的药物。

表 1-11　可能需要使用预防性抗生素的手术过程

手术类型	手术名称
总述	手术时间超过 90 min，严重感染或创伤性伤口
消化道手术	结肠吻合术或结肠切除术，肠绞窄或肠阻塞，胰腺脓肿，胃扩张-扭转的胃切除，肛门和直肠手术，食道手术，会阴疝缝合术，伴有感染的肝胆手术
矫形外科手术	全髋关节复位，开放性骨折修复，大面积骨折修复
呼吸道手术	感染肺叶的切除，食管-支气管瘘的闭合
泌尿生殖道手术	伴随尿道感染的肾脏、输尿管、膀胱或尿道手术

表 1-12　各系统手术所分离出的常见病原体

手术、系统或状况	最有可能发生污染的病原体
胸腔手术（肺部和心血管的手术）	葡萄球菌，革兰氏阴性杆菌
矫形外科手术（如整个髋关节移植，延长内固定）	葡萄球菌
胃和上段肠管的手术（高危险性的患病宠物）	革兰氏阳性球菌，肠的革兰氏阴性杆菌
胆管手术（高危险性的患病宠物）	肠的革兰氏阴性杆菌，厌氧菌（特别是葡萄球菌属、梭菌属）
结肠、直肠手术	肠的革兰氏阴性杆菌，厌氧菌（特别是拟杆菌属、葡萄球菌）
泌尿生殖系统（伴随子宫积脓、子宫内膜炎）	埃希菌，链球菌，厌氧菌
深的穿透性的创伤（如不到 6 h 的创伤，咬伤）	厌氧菌，兼性细菌
牙科手术（伴有心血管疾病的患病宠物）	厌氧菌，兼性细菌，链球菌，葡萄球菌

（四）治疗性抗生素的使用

在感染手术中需使用治疗性抗生素。可通过发病部位和最可能的病原体或药敏试验来选择抗生素。选择的抗生素要能够杀死感染部位的细菌，毒性最小，对宿主的免疫系统没有负面影响。在感染手术中，术前就需采用抗生素治疗，直到所有临床症状消失 2～3 d 为止，治疗时间根据药物的毒性和疾病治疗情况而定。在开始使用抗生素时，观察宠物反应最少 2～3 d，如果宠物的状况没有改善，应考虑最初的诊断是否正确；创口是否有异物存在。如果病情正在改善，则继续治疗。在选择抗生素时如果多种抗生素都有效，选择最便宜、毒性最小和最方便使用的抗生素。

三、学习效果评价

序号	评价内容	评价标准	评价结果（是/否）
1	常用抗生素	是否能说出常用抗生素种类和使用剂量	
2	外科感染的分类	是否能正确对创伤情况进行分类	
3	预防性抗生素的使用	是否能说出各系统手术所分离出的常见病原体	
4		是否能针对各种手术过程选择合适的抗生素预防感染	

续表

序号	评价内容	评价标准	评价结果（是/否）
5	治疗性抗生素的使用	是否能正确根据手术类型选择合适的抗生素进行治疗性用药	
6		是否在抗生素使用过程中根据治疗效果及时调整用药方案	
7	职业素养	是否准确计算用药量及用药周期	

任务八　包扎和引流技术

一、学习目标

知识目标

- 能说出常用的包扎材料。
- 能阐述绷带包扎三个包扎层的目的和区别。
- 能说出常用的引流方法。

能力目标

- 能正确对宠物模型进行基本包扎操作。
- 能根据创口部位和特点选择合适的包扎方法。
- 能正确安置引流管和纱布条。

育人目标

- 关爱动物，重视动物福利。
- 树立急救意识，学会正确包扎。

二、学习内容

包扎经常在手术后或创伤后应用于动物肢体。应用这些治疗材料的目的是保护创口，加快康复进程，并固定肢体。固定术能够使患病宠物减少疼痛，并且通过使骨板接合牢固和使软组织部分紧密结合以有利于康复。

（一）包扎常用材料

纱布，海绵纱布，脱脂棉花，棉布，石膏绷带，纱布绷带，棉布绷带，弹力绷带，玻璃纤维塑形绷带。（图 1-82）

纱布

海绵纱布

脱脂棉花

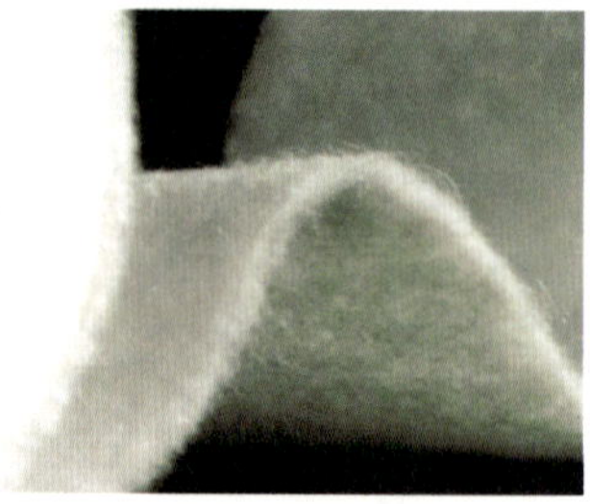

棉布

石膏绷带

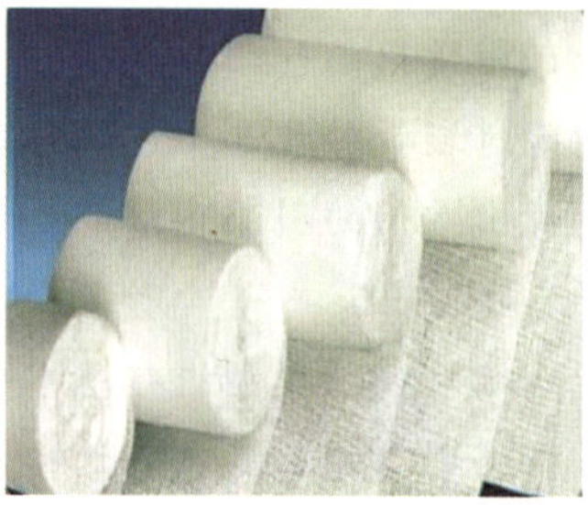

纱布绷带

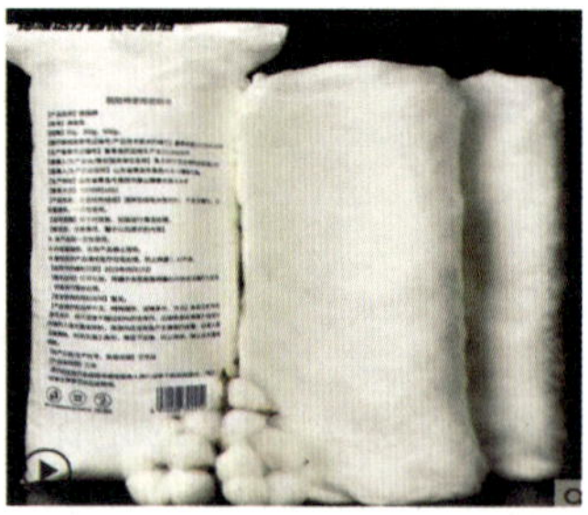

棉布绷带

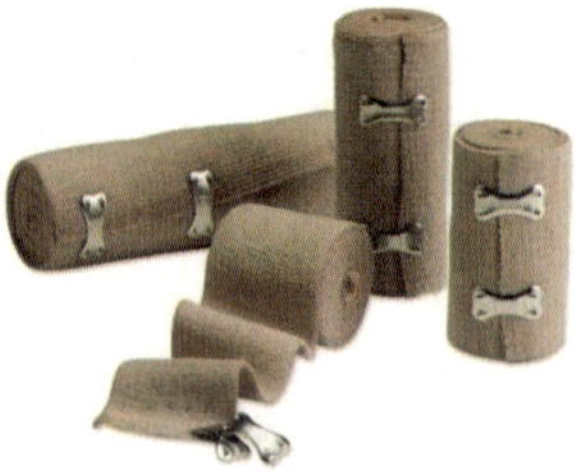

弹力绷带

玻璃纤维塑形绷带

图 1-82 包扎常用材料

(二)绷带包扎

包扎吸收渗出液,使创伤保持清洁,控制创伤的环境,压迫创口,减少水肿和出血,消除死腔,固定支持受损的组织。包扎应保持创伤湿润,促进创伤的愈合和有利于氧的解离。包扎应该在创口远端加压,而不是创口近端,以减少静脉或淋巴管的压迫影响愈合速度。包扎材料需保持舒适和干净。如果包扎材料的外层变湿,细菌能轻易地从外表进入并寄居在创口。对于保温敷料的无感染伤口,更换包扎的时间应由清创期的每天 1 次延长为每 2~3 d 1 次。如果受感染的创口,敷料更换的频率必须比无感染更加频繁。完整的包扎包括接触层(第一层)、中间层(第二层)和外层(第三层),不同层的包扎目的有所区别,具体包扎情况如下。

1. 接触层(第一层)

用于清创组织、传递药物、转移创伤渗出液或封闭创口。包扎材料应能够除去渗出物和毒物成分,维持创伤包扎界面的高湿度,允许气体交换,减轻疼痛,防止继发感染;且在除去包扎物时不损伤创口。

接触层材料可以是粘贴的,也可以不是粘贴的;可以是封闭性的,也可以是半封闭性的。根据创伤处于不同阶段,选择不同特性的包扎材料。当需要清创时,使用粘贴的接触层;当肉芽组织形成时,选择非粘贴的接触层。半封闭的绷带允许空气进入创伤并且使渗出液从创伤表面渗出。封闭的绷带不透气和水,创伤的渗出液少时使用封闭的绷带能使组织保持湿润。

(1)干粘贴。使用能吸湿的粗纱布,干纱布吸收渗出物并且黏住坏死的组织和碎片。干粘贴用于创伤表面有疏松的坏死组织和异物或有大量的低黏度的渗出液时。当干粘贴接触层吸收了液体和碎片并且变干后,应该除去绷带。该种包扎材料接触层的缺点是除去时会疼痛,有活力的细胞与坏死碎片会一起被除去,并且伤口会干燥。

(2)湿粘贴。用生理盐水或 0.05% 的醋酸氯己定浸润无菌粗纱布置于接触层,湿粘贴变干后坏死组织和异物会黏在纱布上。适用于伤口的表面有坏死组织、异物或黏稠渗出液时的场景,液体会稀释渗出液,以便用绷带的中间层来吸收。但湿粘贴比干粘贴吸收快并且舒适。湿粘贴的潜在缺点是:在更换纱布时,疼痛并且会损伤组织,引起细菌增殖、组织浸软和穿透。更换纱布时,可用温和的盐溶液弄湿变干的纱布,减少移除纱布带来的疼痛。

(3)粘贴膜。把透明的液体薄薄地涂擦在创口表面,干燥后会形成一层膜,作为皮肤或肉芽创口和外周环境的屏障。薄膜可以渗透水蒸气,但能阻碍细菌和水分,从而保护皮肤免受尿或粪便污染的刺激。粘贴膜可以单独用在皮肤创口上或和绷带配合使用。

(4)非粘贴。当创伤在愈合修复期或存在坏死碎片时,可使用非粘贴接触层。把聚乙烯尼龙或凡士林的抗生素软膏浸渍纱布作为半封闭性敷料。当创伤新形成肉芽组织且有一些渗出液但无上皮形成时,粗纱布用凡士林浸润。非粘贴接触层保持湿润,促进上皮的形成和防止创伤脱水。上皮形成很快,一旦上皮形成开始,应该使用没有凡士林的无黏性敷料。另外一种类型的非粘贴性接触层是不能穿透空气的封闭敷料,用于愈合修复期没有渗出液的健康创伤。闭合敷料加速创伤上皮形成和胶原合成,该种敷料需要更换的次数少。封闭敷料的类型包括水胶体、黏性层。水胶体附着在创伤周围的皮肤上,创伤上的敷料与创伤液体反应形成非粘贴的、封闭的水胶体凝胶。这些敷料用于肉芽组织床形成、收缩、液体形成少和开始上皮形成的创伤。创伤敷料除去时疼痛小并且上皮形成的速度超过使用半封闭的无黏性的敷料,但是创伤收缩变慢,敷料不透明,很难监测创伤。

移除敷料应遵循的准则：敷料都很容易从伤口上移除。涂抹在伤口的凝胶可以使用无菌生理盐水冲洗，敷料吸收液体能力大于创口液体产出量，在移除黏性敷料前，应先用无菌生理盐水或2%利多卡因湿润敷料数分钟，可以增加病患舒适性且不会造成伤口的创伤。

2. 中间层（第二层）

绷带的中间层是吸收层，清除创口中血液、血清、渗出液、碎片、细菌等有害介质。中间层需要有丰富的毛细管来吸收液体，也作为创伤损伤处的衬垫，保护创口，限制活动，使接触层紧靠创伤。

使用脱脂棉、棉花卷或石膏绷带垫，在包扎中间层时必须减少创伤和接触层之间以及接触层和中间层之间的空间，否则形成空间会使液体积聚，从而导致组织浸软，但是如果包扎过紧则会影响创液吸收和血液供应。在中间层的外围涂抹凡士林隔离外层，阻止环境中的液体到达创伤。

3. 外层（第三层）

外层起到限制细胞间液体堆积以及死腔产生、预防血清肿和血肿生成、对抗创口边缘向外扩张、减少伤口菌体散播、支持其下方组织以及维持其他包扎压。

一般用纱布卷、弹力织物或外科胶带作为绷带外层。有孔绷带能让液体蒸发并促进干燥，但是第三层变湿后，表面的细菌由于毛细管作用会污染创伤。防水绷带可保护创伤，以免其被外界的水浸湿，但是会导致组织浸软，它经常与透明易撕胶带结合用于易变湿的部位。弹性胶带包扎时要用力使其与所用部位一致，并将其固定。如果需要进一步固定，可将支持杆或夹板装入绷带的外层。

（三）基本包扎方法

卷轴绷带多用于宠物四肢游离部、尾部、角部、头部、胸部和腹部等，包扎时左手持绷带的开端，右手持绷带卷，以绷带的背面紧贴肢体表面，由左向右缠绕，当第一圈缠好之后，将绷带的游离端反转盖在第一圈绷带上，再缠第二圈压在第一圈绷带上。然后根据需要进行不同形式的包扎法缠绕。卷轴绷带的基本包扎方法见表1-13。

表1-13　基本包扎方法

序号	包扎名称	适用部位	包扎方法
1	环形包扎法 （图1-83）	用于其他形式包扎的起始和结尾，以及用于系部、掌部、跖部等较小创口的包扎	在患部把卷轴带呈环形缠数周，每周盖住前一周，最后将绷带端剪开打结或以胶布加以固定
2	螺旋形包扎法 （图1-84）	用于掌部、跖部及尾部等创口的包扎	以螺旋形由下向上缠绕，每后一圈遮盖前一圈的1/3～1/2
3	折转包扎法 （螺旋回反包扎法） （图1-85）	用于上粗下细径圈不一致的部位，如前臂和小腿部	由下向上做螺旋形包扎，每一圈均应向下回折，遮盖上圈的1/3～1/2。
4	蛇形包扎法 （图1-86）	用于固定夹板绷带的衬垫材料	斜行向上延伸，各圈互不遮盖
5	交叉包扎法 （“8”字形包扎） （图1-87）	用于腕、跗、球关节等部位，方便关节屈曲	在关节下方做一环形带，然后在关节前面斜向关节上方，做一周环形带后再斜行经过关节前面至关节下方，最后以环形带结束

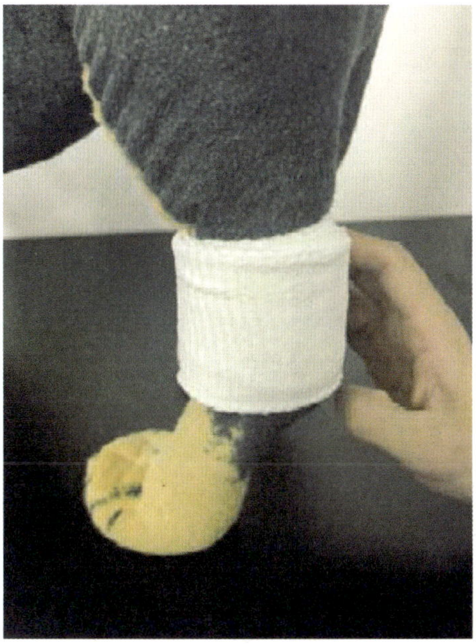

图 1-83　环形包扎法

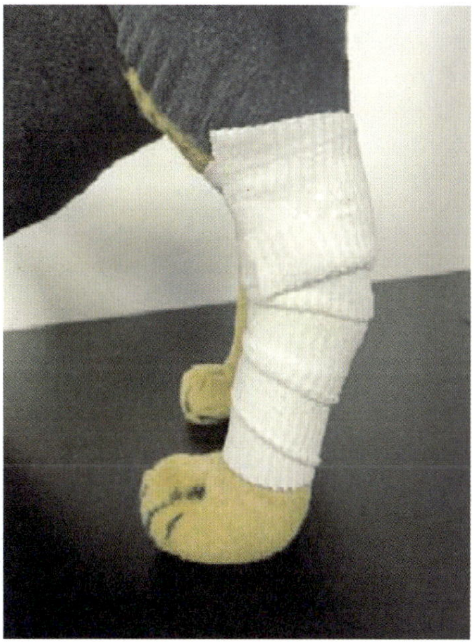

图 1-84　螺旋形包扎法

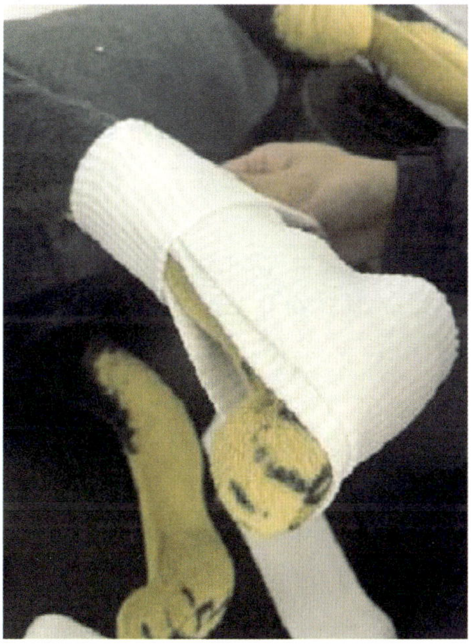

图 1-85　折转包扎法

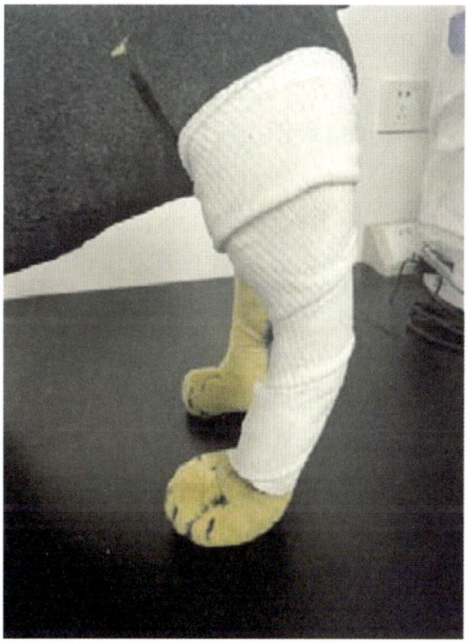

图 1-86　蛇形包扎法

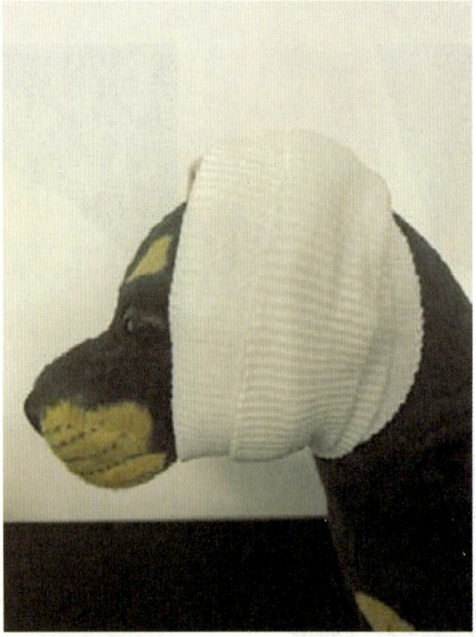

图 1-87　交叉包扎法

(四)常见部位绷带包扎方式

1.胸腹部的包扎

胸和腹部的包扎绷带要牢固但不能压迫胸或腹部,用于覆盖创伤、手术切口、引流装置或腹部出血。该类型包扎绷带维持时间只有 1～2 h,并且应在 4 h 内除去。具体包扎方法如下。

(1)在切口或创伤使用粘贴或非粘贴接触层,引流管末端放置几层无菌纱布海绵。

(2)用结合卷轴、石膏绷带垫或棉花固定接触层。使用衬垫、纱布卷成 7.5～15 cm 宽,将衬垫缠绕在躯干的周围,在卷轴的 1/3～1/2 处重叠缠绕。

(3)中间层和外层用十字式样在腿之间、肩膀或臀上缠绕绷带,防止绷带滑动。用绷带环绕躯干后,从右腹股沟部位(腋部)到左会阴部位(肩膀部位)缠绕包扎。再次环绕躯干,并且继续从左腹股沟部位(腋部)穿过右会阴部位到达左肋腹部(胸廓)。用这种方式重复环绕数次,不能把绷带缠绕过紧,防止压迫胸廓抑制扩张。

(4)用弹性纱布或弹力织物固定中间层。弹力织物的长度比头到臀部的躯体长度稍长。在弹力织物上做一与腿大小相似的小孔。将弹力织物置于头上,并且使前肢穿过小孔,然后向下滚动弹力织物,将后肢穿过小孔。

(5)用带子缠绕固定绷带。对于雄犬,在绷带上做一孔以适应包皮或用一导管引流尿液,使绷带保持干燥。

(6)在包扎期间处理好引流管的末端,使其便于吸引和冲洗。

2.头部的包扎

大多数头部的包扎用于保护受外伤或有手术切口的耳部,也可用于遮蔽眼部。如果包扎太紧或造成颈部屈曲将会影响呼吸。正确的绷带包扎要求在绷带和下颌之间可插入手指,使颈部有屈曲的空间而不会堵塞气道。如果绷带包扎过紧,可以在下颌处的绷带上做一个切口。具体包扎方法如下。

(1)把脱脂衬垫或纱布垫在头部背侧，将耳曲折到头的背部，在耳郭内侧垫一层填充物。

(2)绷带从头部放置衬垫的顶点开始向前缠绕，绷带绕过左侧颊部，从下颌绕到右侧颊部，环绕一周。

(3)将绷带以对角的形式，绕到左侧耳郭后方，经颈部下方绕到右侧耳郭后方，环绕一周，最后回到头部顶点。

(4)重复"8"字形包扎，每一次缠绕重叠大约 1/3 宽的卷轴，使"8"字越来越小，直至覆盖所有需要包扎的部位。

(5)用弹性纱布或弹力织物重叠包裹覆盖中间绷带层。将弹性胶带黏贴在绷带前缘和后缘的皮肤和毛发上以固定绷带、防止其滑脱。如果有引流管，将纱布放置在被动引流管末端，用管型衬垫或棉花卷轴将耳郭和接触层固定在该部位。在绷带包扎期间，处理好引流导管的末端，以便于吸引和冲洗。

(6)用自粘绷带做最外层的保护层。

3.肢体的包扎

肢体包扎常用于四肢的外伤或骨折手术前后的支持或制动。具体包扎方法如下。

(1)宠物侧卧保定，患肢朝上，用有孔胶布带用"马镫"样包在脚爪两个对侧，胶布延长超过脚趾 8～15 cm，防止后续绷带从末端滑脱。在趾间垫入棉质小拭子或脱脂棉花。

(2)在伤口上放置接触层敷料，采用螺旋包扎接触层创口。

(3)中间层从脚爪的第 2 趾和第 5 趾垫水平处开始螺旋包裹脱脂棉，倾斜缠绕使第 3 趾和第 4 趾稍微突出绷带。根据损伤的部位，可持续包扎至桡尺骨近端(胫腓骨近端)或肘上(膝关节上)，脱脂棉至少包扎 4～5 层。

(4)将胶带尾端分开并向上折转固定支持层，以防止绷带从患肢脱落。

(5)外层(第三层)用弹性带螺旋形包扎。不要将绷带缠绕过紧，以免造成四肢血液循环不畅。经常检查暴露的第 3 趾和第 4 趾是否肿胀、冰冷和不适，如果出现这些问题，应除去绷带后评估四肢。在实际中通过在中间和外绷带层之间放置匙形夹板、模塑热塑性塑料夹板、纤维玻璃夹板或铝柱来帮助固定，在有些情况下甚至能代替外层包扎材料，但要确保夹板材料的末端有足够的衬垫以防止刺激皮肤。

包扎肢体准则：包括保留趾甲以及第 3 趾和第 4 趾的一小部分外露可见，以便于至少 2 次/d 检查是否过度肿胀、感觉改变、体温过低或过高等。除非是在某些特定的骨科或神经性情况下，否则应以保持肢体正常功能为原则进行包扎。当需要时，可将夹板和强化剂放在第 2 层的顶端，再由外层的包扎固定。当炎症渗出液浸润到第 3 层时，第 2 层便应该更换。

(五)创口引流术

创口引流的目的在于防止手术后创口出现积液、形成空腔以及感染后加快创液排出，一般采用引流管引流和纱布条引流，见表 1-14。

表 1-14 创口引流的操作方法

引流方法	说明	操作方法
引流管引流	在组织层之间插入引流管，引流管是一种无菌的、断面呈椭圆形的、在长轴上有孔的导管（排液管）	(1)在与创口平行的上方或者下方大约 2 cm 处通过皮肤插入引流管 (2)用胶带环绕引流管的近端粘贴，并延长首尾相对粘贴成小旗状 (3)将延长出的小旗用强度为 2-0 或 0 号可吸收性缝线缝合、固定在皮肤上。固定线的线头保留长一些，便于除去引流管的操作 (4)将引流管固定在皮肤的进口处，创口分泌物可以自行流出 (5)对于感染创也可以通过引流管进行冲洗 (6)不需要冲洗伤口时，可将引流管的一端插入创腔内的中间部位，将隐藏在伤口中的另一端引出皮肤，并缝合、固定在皮肤上
纱布条引流	该引流法的作用是防止感染的伤口或者创腔内潴留浆液或者渗出液，并促进止血	(1)将浸润过碘仿的纱布插入创腔内 (2)在进行术后护理时，每天将引流纱布条向外拉出大约 10 cm 长，最后等到创口恢复后，除去引流纱布条

三、学习效果评价

序号	评价内容	评价标准	评价结果（是/否）
1	包扎	是否能正确辨认各种包扎材料	
2		是否能说出包扎三层的目的、用料及操作方法	
3		是否能在模型上正确操作各种基本包扎方法	
4	引流	是否能说出创口引流常用的方法	
5		是否能正确安置引流管或纱布条	
6	职业素质	在操作过程是否关注宠物疼痛情况并及时采取止痛措施	
7		在包扎过程是否足够细致、小心	

模块二

常见软组织外科及骨外科手术技术

项目一　头颈部手术

任务一　牙科手术

一、学习目标

知识目标

- 能说出洗牙需准备的器械。
- 能说出宠物洗牙的流程。

技能目标

- 能准备好洗牙和拔牙所需的器械。
- 能在宠物医生的指导下完成犬的超声洗牙。

素质目标

- 培养细致、耐心的职业素养。

二、学习内容

1. 牙齿分布

犬和猫有两副牙齿，即乳齿齿列和恒齿齿列。乳齿是在胚胎和胎儿期发育形成的，恒齿是在胎儿和新生儿发育期发育形成的。根据牙的不同功能及形态把牙分为门齿、犬齿、切齿、前臼齿和臼齿。犬猫的乳齿和恒齿见下列公式。

犬恒齿齿列公式：

$$2\times\frac{3(\text{切齿})1(\text{犬齿})4(\text{前臼齿})2(\text{臼齿})}{3(\text{切齿})1(\text{犬齿})4(\text{前臼齿})3(\text{臼齿})}\quad \text{共 42 颗牙齿}$$

犬乳齿齿列公式：

$$2\times\frac{3(\text{乳切齿})1(\text{乳犬齿})3(\text{乳前臼齿})}{3(\text{乳切齿})1(\text{乳犬齿})3(\text{乳前臼齿})}\quad \text{共 28 颗牙齿}$$

猫恒齿齿列公式：

$$2\times\frac{3(\text{切齿})1(\text{犬齿})3(\text{前臼齿})1(\text{臼齿})}{3(\text{切齿})1(\text{犬齿})2(\text{前臼齿})1(\text{臼齿})}\quad \text{共 30 颗牙齿}$$

猫乳齿齿列公式：

$$2\times\frac{3(\text{乳切齿})1(\text{乳犬齿})3(\text{乳前臼齿})}{3(\text{乳切齿})1(\text{乳犬齿})2(\text{乳前臼齿})}\quad \text{共 26 颗牙齿}$$

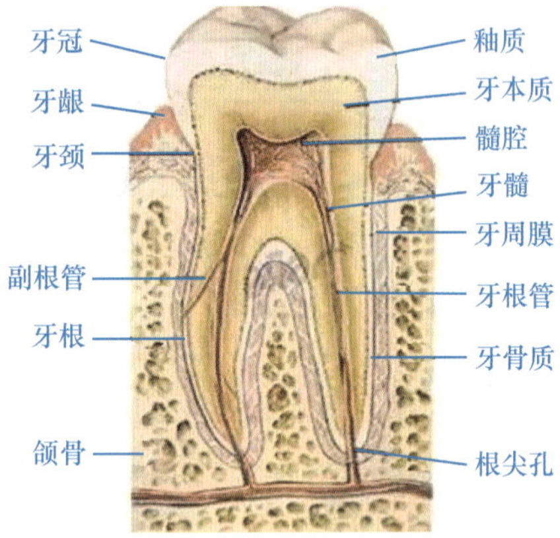

图 2-1　牙齿的解剖结构

2. 牙齿的解剖结构

牙冠是牙齿在口腔里可见的部分，被牙釉质覆盖。牙冠通过牙颈部与牙根相连接。齿根据外形可分为牙冠、牙颈、牙根，牙冠的外表面是牙釉质，牙根的外表面是牙骨质，牙骨质内层为牙髓，牙冠和牙根的交界处是牙颈，牙龈包绕在牙颈周围(图2-1)。牙根与牙槽骨之间的结缔组织是牙周韧带，能对抗作用于牙齿的扭转力和其他力，使牙齿稳固在牙槽内。两颗牙齿之间正常的间隙称为齿间隙。犬的切齿、犬齿、上颌第 1 前臼齿和下颌第 3 臼齿都是单根牙，其余的下颌前臼齿和臼齿都是双根牙；上颌第 2、第 3 前臼齿为双根牙，上颌第 4 前臼齿和所有臼齿都是三根牙。猫的牙根结构与犬是相似的，不同的是上颌臼齿颊侧牙根可能是融合的；有些双根牙可能有一个第三根。

情境一　洗牙手术

二维码 2-1　超声洗牙技术

(一)器械准备

牙结石钳，牙周探针，水-气三用喷枪，口腔镜，超声波洁牙机，电动抛光机，牙科工作台。(图 2-2)

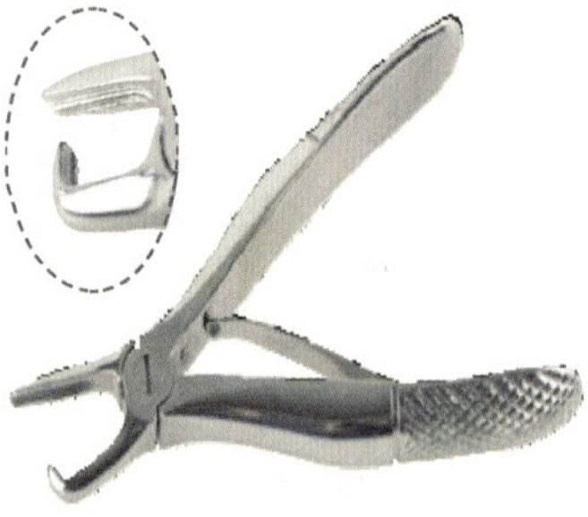

牙结石钳

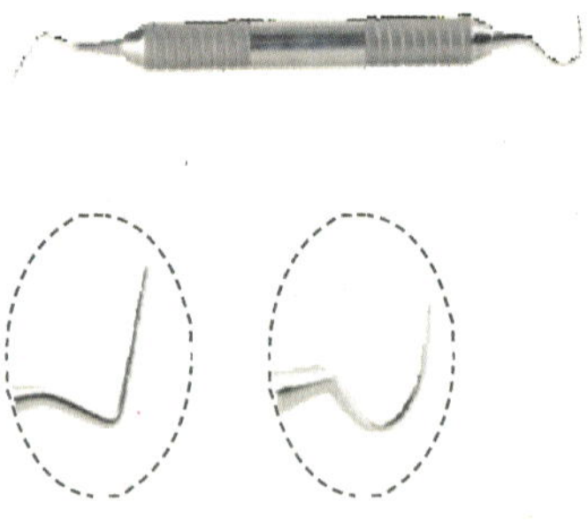

牙周探针

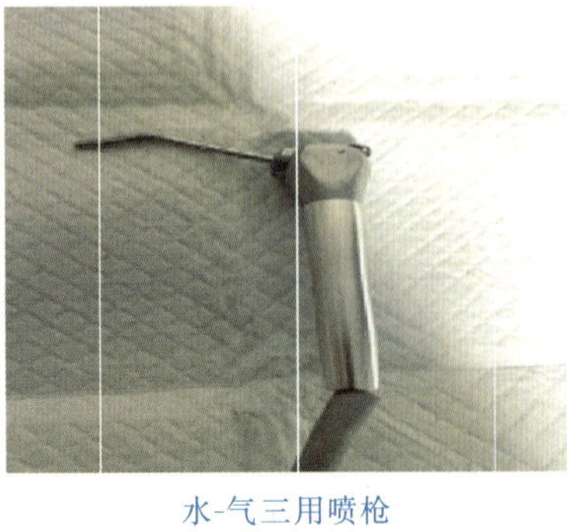

水-气三用喷枪

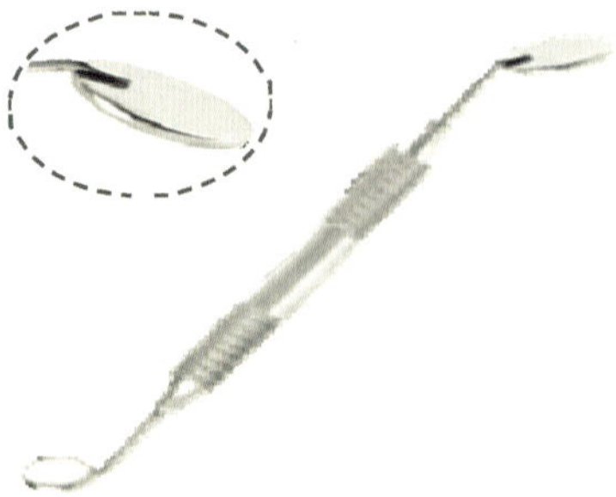

口腔镜

超声波洁牙机

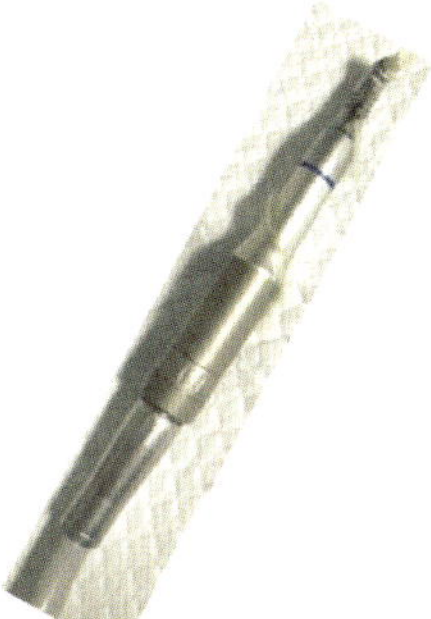
电动抛光机

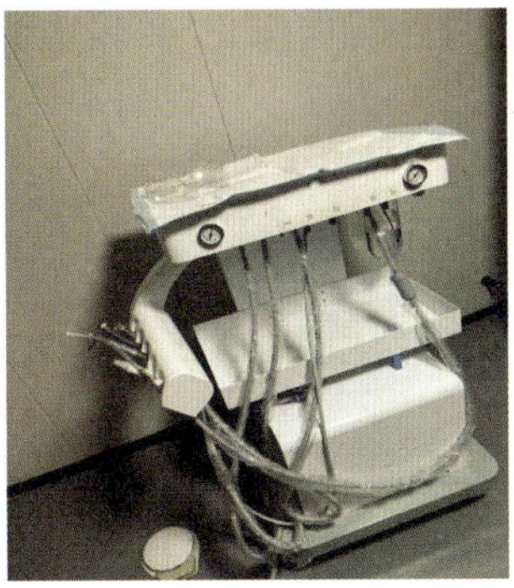
牙科工作台

图 2-2　洗牙手术器械

(二)术前评估

对宠物进行病史调查,确定患病宠物有无潜在疾病;检查宠物整体状态包括身体情况和精神状态,测量宠物体温、呼吸和心率等生理指标;根据患病宠物体格状态评定等级。患病宠物的体格状态越差,出现麻醉和手术并发症的风险就越大。如果宠物年龄超过 5～7 岁或存在明显全身症状时,需做血液生化检查,评估手术风险。

(三)宠物麻醉

诱导麻醉:6 mg/kg 丙泊酚(静脉注射)。

维持麻醉:异氟烷呼吸麻醉。

(四)宠物准备

成年宠物进行诱导麻醉前禁食 6～12 h,幼龄宠物禁食 4～6 h,排便和排空膀胱尿液;术部切口周边 5 cm 范围内剃毛,侧卧保定。在手术开始之前使用氯己定含漱液冲洗口腔,减少细菌的数量;使用海绵、医用纱布块等填塞咽部,或配合使用吸引装置;使用毛毯覆盖身体或采用其他保温措施;眼部涂布眼膏。

(五)手术人员准备

佩戴手套、口罩、护目镜或面罩,穿手术服。

(六)手术过程

1. 口腔消毒

用 0.5%碘伏水溶液或 0.1%氯己定消毒液消毒,口腔局部用抗菌剂冲洗口腔,去除口腔内的食物残渣、异物等(图 2-3)。

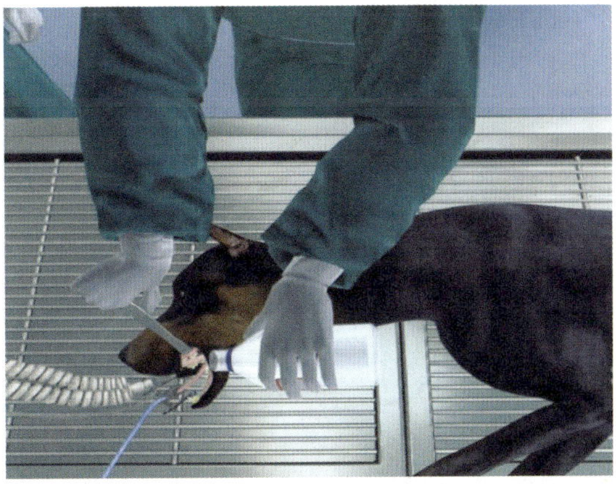
图 2-3　口腔消毒

2. 口腔现状拍照

以便洁牙前后对比,评估洁治效果。

3. 口腔检查

用牙周探针探查牙龈沟并测量,犬牙龈沟深度小于 3 mm、猫小于 1 mm(体形越小牙龈沟深度越浅)是正常的,一旦深度超过正常值，即为牙周病变，会形成牙周袋。用牙周探针探查牙周袋深度，根据标准判断牙周疾病严重程度，应当逐一检查记录每一颗牙齿的状况及周围组织，便于在术后与宠物主人沟通。

4. 去除大块牙结石

对于重度结石，用牙石清除钳对牙齿表面的结石施加剪力，从而清除结石（图 2-4）。此法可节省时间，但操作时注意不要将牙齿夹进钳口内。

5. 超声洁牙

根据牙齿大小选择工作尖，调节好机器功率和出水量，采用执笔式握住洗牙器手柄，手指固定尖端与牙齿表面呈 15°，用工作尖的边缘部分来清除结石（图 2-5）。注意不要让工作尖垂直于牙齿表面，以免损伤牙釉质；且每次在每个牙上停留时间不要超过 15 s，以免引起牙髓炎。

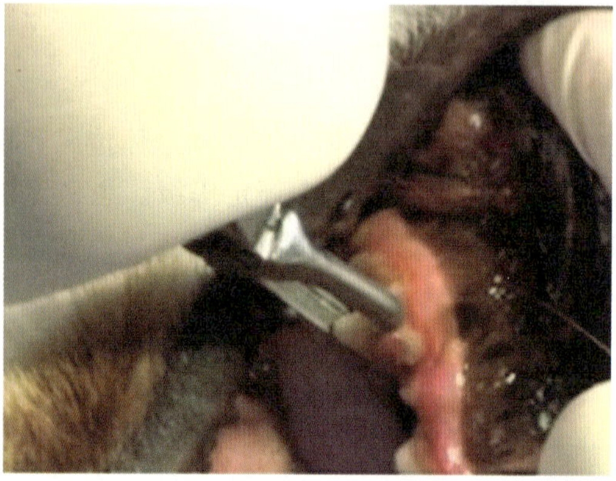

图 2-4　去除大块牙结石

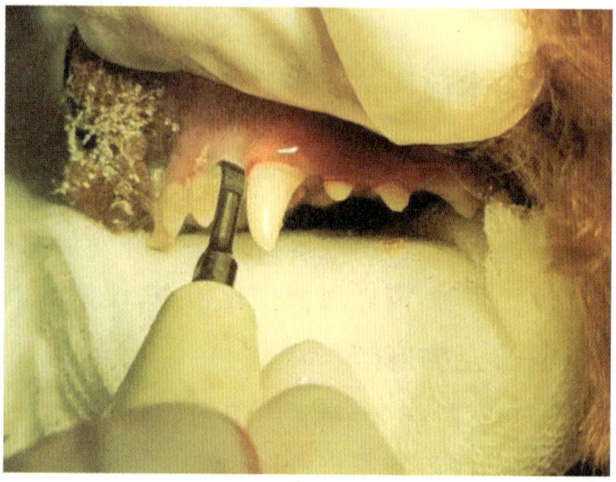

图 2-5　超声洁牙

6. 龈下刮治

中度、重度的牙龈炎在龈上、龈下都会有结石，因此在超声洁牙后，需用三用喷枪沿着牙冠向牙槽方向轻柔持久地喷出气体，使牙周袋膨胀，暴露龈下情况。用刮匙伸入牙周袋，探到底部，刀刃旋转 45°～70°，然后向牙冠方向拉出器械，通过边缘部分将结石去除（图 2-6）。

7. 牙菌斑显示

在牙齿清洗干净后，将染色棒在牙齿上和牙龈附近轻轻滚动，染色 30 s 至 1 min。如果牙齿上存在牙菌斑，染色后牙齿表面会呈粉红色，染色结束后用三用喷枪冲洗干净（图 2-7）。

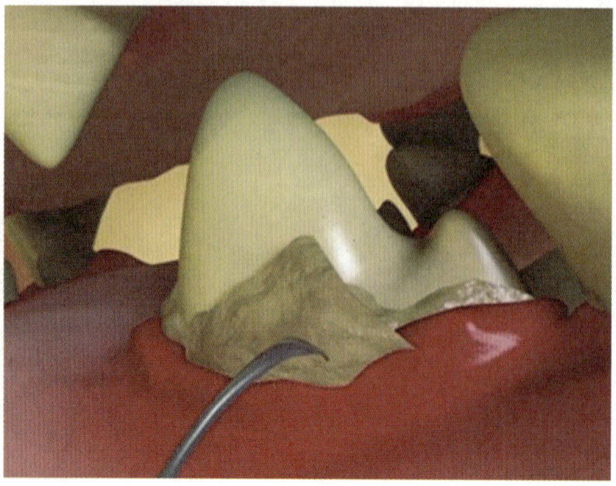

图 2-6　龈下刮治

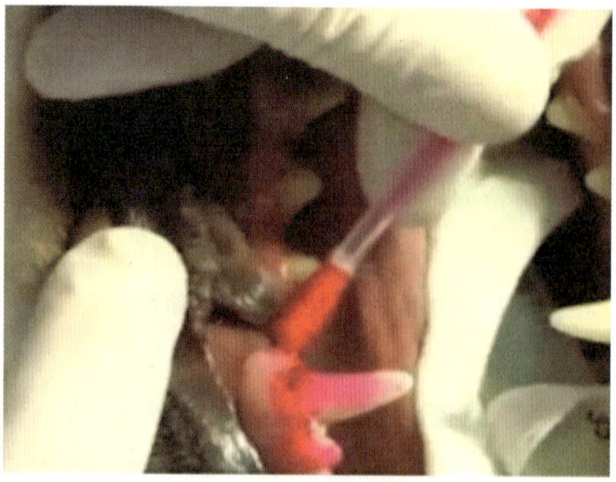

图 2-7　牙菌斑显示

8. 牙齿抛光

牙结石被清除干净后，对牙齿表面进行抛光。使用足量抛光膏，采用低速抛光机，转速设置在 3 500 r/min 以下，除了龈上的 360°抛光，抛光杯应外倾并插入齿龈下区域，以去除龈下菌斑（图 2-8）。注意每颗牙抛光时间不宜超过 15 s。抛光程序不仅可以使牙釉质表面恢复光滑，而且可针对性的清除残留菌斑。

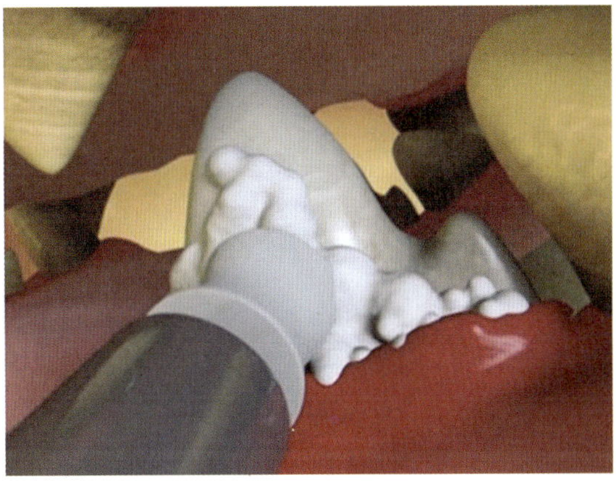

图 2-8　牙齿抛光

9. 再次检查

检查牙结石是否清理干净，是否需要二次处理。

10. 拍照

对比洁治效果。与宠物主人沟通后书面告知，并叮嘱复诊时间。

注意事项：

（1）使用超声波洁牙时，不能垂直于牙齿表面，应调节充足的出水量，产生足够的动能，并且起到冷却工作头和冲洗的作用。

（2）牙结石与洗牙机的工作尖直接接触应经常保持移动状态。如果不这样操作，由于温度升高，即使有水持续冷却，也可能损伤牙齿的釉质。

情境二　拔牙手术

（一）器械准备

牙挺，牙周探针，牙根挺，刮匙，拔牙钳，X 光机，可吸收缝合线，吸引器（图 2-9）。

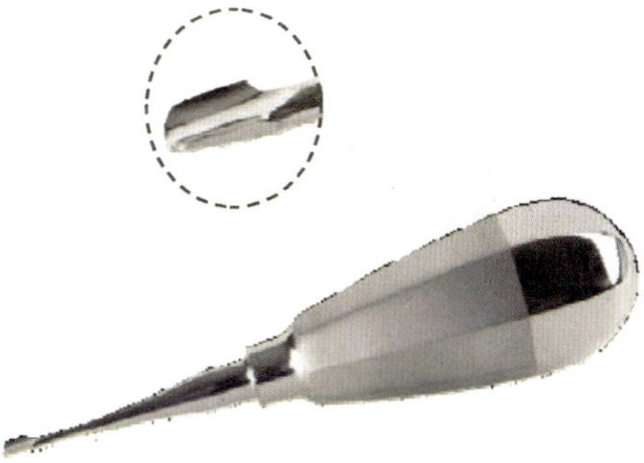

牙挺

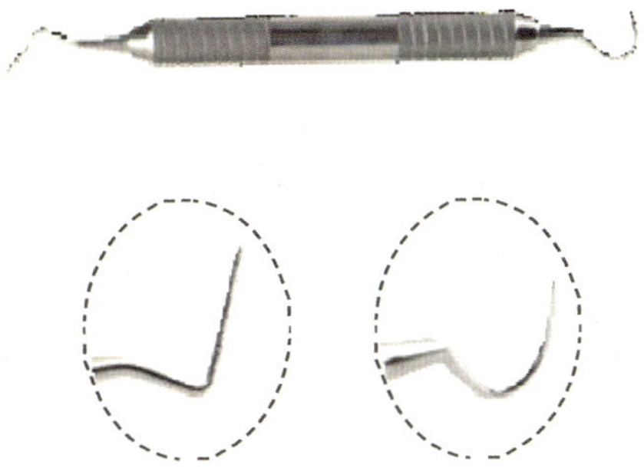

牙周探针

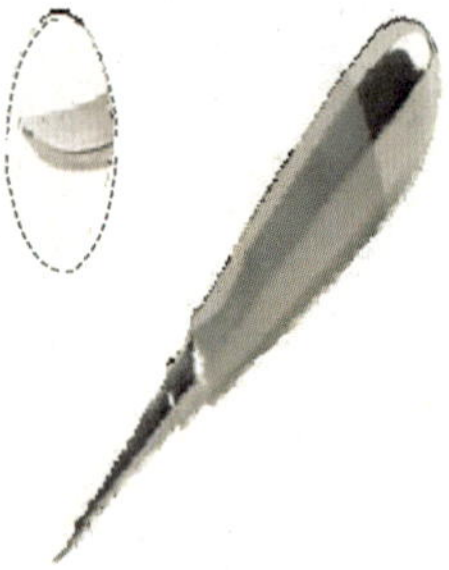

牙根挺

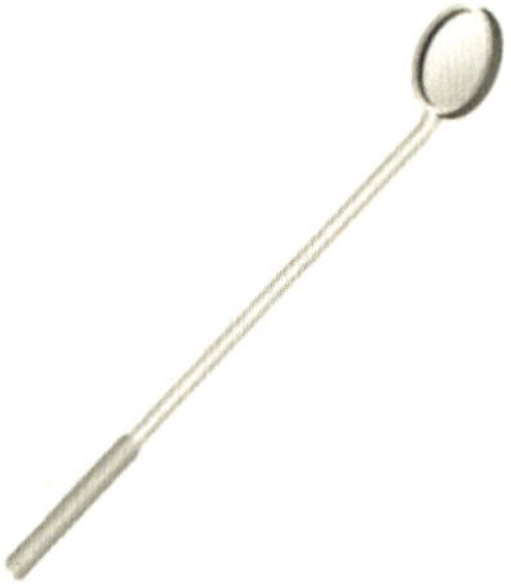

刮匙

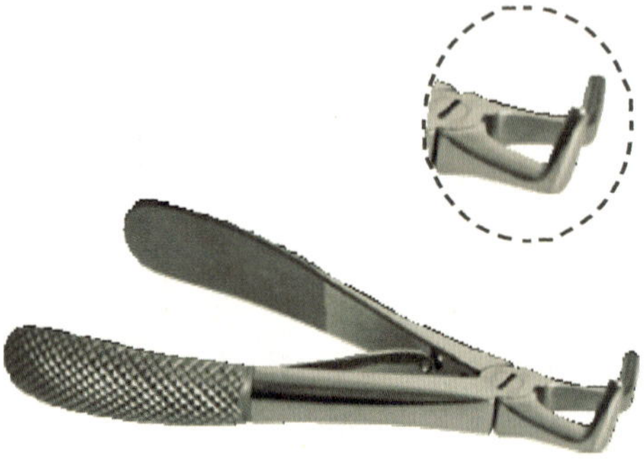

拔牙钳

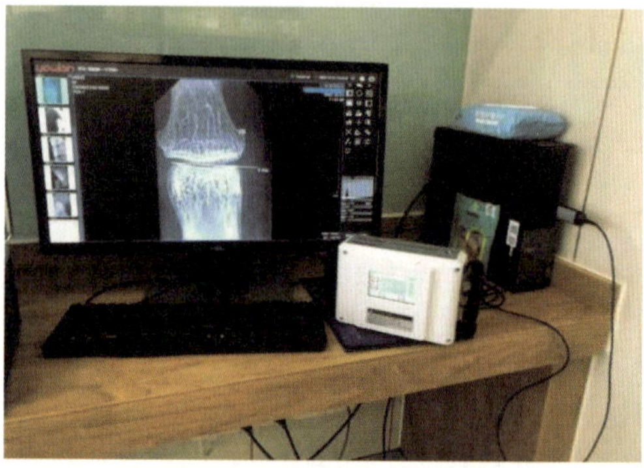

X 光机

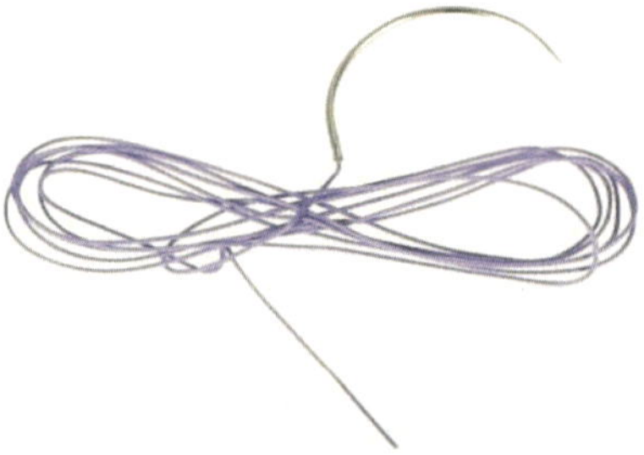

可吸收缝合线

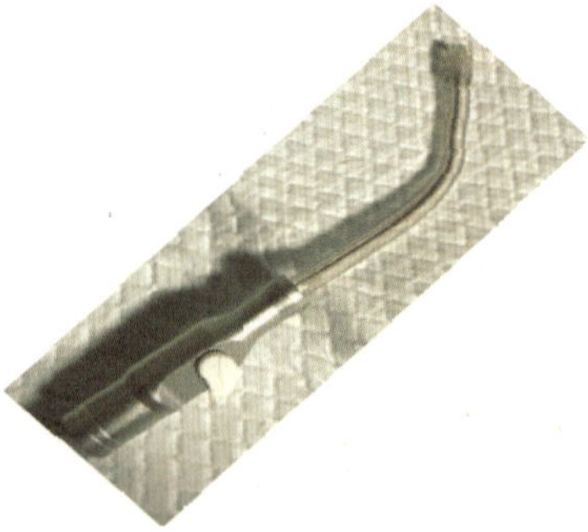

吸引器

图 2-9　**拔牙手术器械**

(二)术前评估

对宠物进行病史调查,确定患病宠物有无潜在疾病;检查宠物整体状态包括身体情况和精神状态,测量宠物体温、呼吸和心率等生理指标;根据患病宠物体格状态评定等级。患病宠物的体格状态越差,出现麻醉和手术并发症的风险就越大。如果宠物年龄超过 5～7 岁或存在明显全身症状时,需做血液生化检查,评估手术风险。拍摄所有牙齿的牙科 X 线片,确定疾病的种类、所有牙根异常或齿吸收情况,拟定后续治疗方案以及拔牙程序。患病宠物拔牙需在宠物主人同意下进行拔牙操作,签订同意书。

(三)宠物麻醉

诱导麻醉：6 mg/kg 丙泊酚(静脉注射)。

维持麻醉：异氟烷呼吸麻醉。

(四)宠物准备

成年宠物进行诱导麻醉前禁食 6～12 h，幼龄宠物禁食 4～6 h，排便和排空膀胱尿液。在手术开始之前使用氯己定含漱液冲洗口腔，减少细菌的数量；使用海绵、医用纱布块等填塞咽部，或配合使用吸引装置；使用毛毯覆盖身体或采用其他保温措施；眼部涂布眼膏。

(五)手术人员准备

佩戴手套、口罩、护目镜或面罩，穿手术服。

(六)手术过程

二维码 2-2　拔牙手术过程

1. 切断牙龈附连

将牙挺伸入牙龈沟中，牙根挺紧贴牙齿，并让刀尖与牙齿成大约 20°角，让器械维持在牙周韧带间隙内，随后将器械向根尖推进到齿槽骨水平，并小心地环绕整颗牙齿操作(图 2-10)。

2. 剥离

选择偏小的牙挺，食指摆放在器械尖端。手掌稳定地抓握柄杆，将食指延伸置于距离尖端 1 cm 的地方，在器械滑脱时能提供最大的控制性，防止医源性创伤。将器械稳固而轻柔地插入牙周韧带间隙。插入时保持器械与牙齿成 10°～20°角，以避免打滑。一旦进入齿槽骨与牙齿之间的空间，就可以轻柔地扭转器械。维持该姿势 10～30 s，将器械重新放置在牙齿圆周更深入大约 1/8 的位置，然后重复上述步骤，环绕牙齿 360°，每次尽可能让牙根挺向根尖方向前进，从而疲劳并撕裂牙周韧带(图 2-11)。操作至牙齿在挖除的过程中至少出现略微移动，若牙齿没有移动，那么代表牙周韧带没有被破坏。

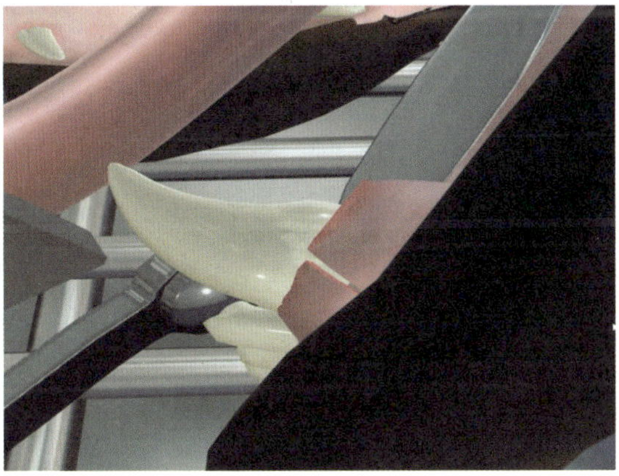

图 2-10　切断牙龈附连

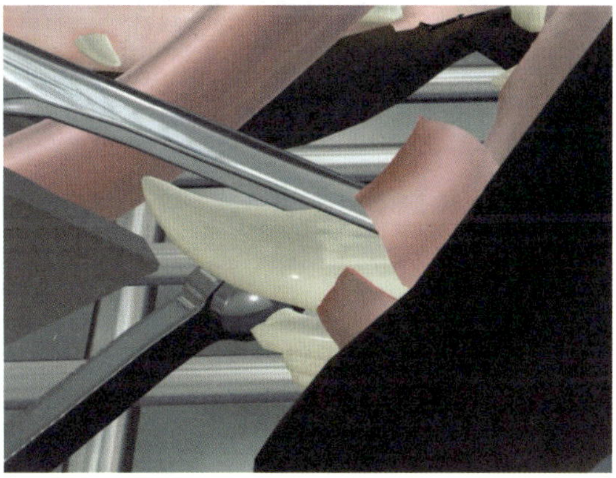

图 2-11　剥离

3. 拔牙

在牙齿非常松动之后尝试拔除牙齿(图 2-12)。使用拔牙钳夹住牙齿并从囊袋中轻轻拔出牙齿。如果牙根的横截面是圆形的，轻微扭转，维持 10 s 以上。如果牙齿不易拔出，需要进一步挖除，直到牙齿充分撬动足以轻松从齿槽骨中拔出为止。不要施加过大压力，否则可能导致牙根折断。

4. 齿槽整形术

用刮匙手动移除患病组织、骨骼或任何可能刺激牙龈并延迟愈合的粗糙骨性边缘。使用水冷高速气动手机搭配磨针或咬骨钳去除及平整骨组织(图 2-13)。

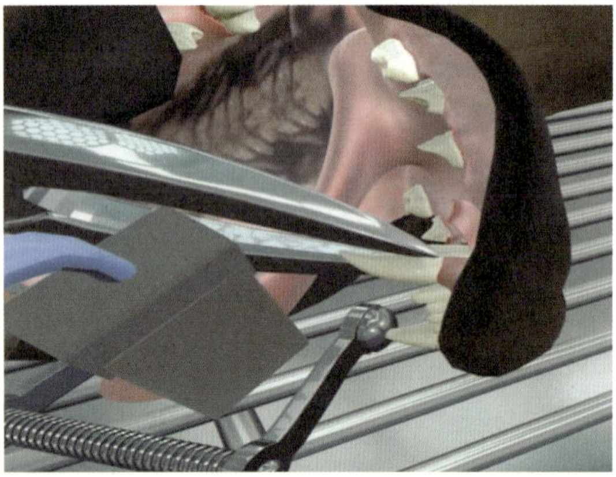

图 2-12 拔牙

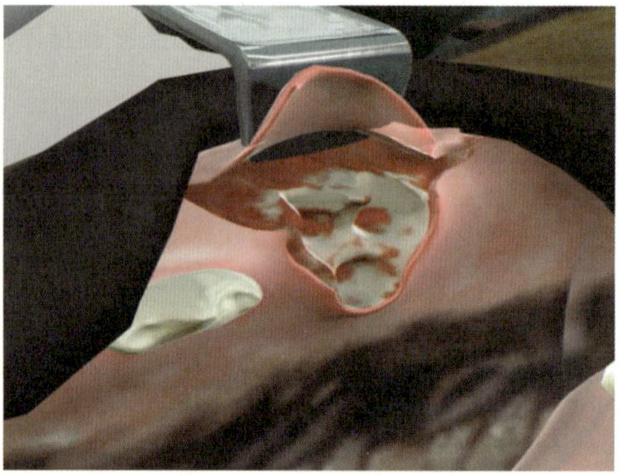

图 2-13 齿槽整形术

5. 术后牙科 X 线影像学验证

拔牙后拍摄牙科 X 片，确认完整移除牙齿(图 2-14)。残留的牙根可能发生感染或造成严重的发炎反应。

6. 缝合拔牙部位

通过缝合关闭拔牙部位来止血，且能改善术后舒适度及美观。使用反角针单股可吸收缝线进行简单间断缝合来完成，每个缝线间隔 2～3 mm(图 2-15)。

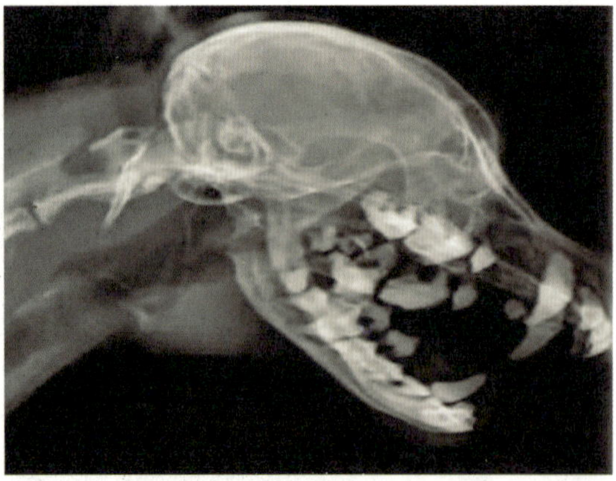

图 2-14 牙科 X 线影像学验证

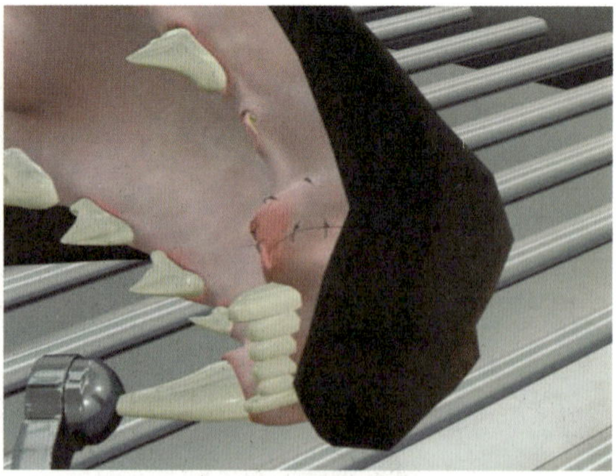

图 2-15 缝合拔牙部位

三、学习效果评价

序号	评价内容	评价标准	评价结果（是/否）
1	牙科器械准备	手术计划是否清晰可操作	
2		手术前器械、手术人员、手术宠物是否准备到位	
3		麻醉过程是否平稳，监测宠物体温、呼吸、脉搏	
4	洗牙手术过程	是否在术前对口腔进行消毒，使用海绵、医用纱布块等填塞咽部	
5		是否检查记录牙齿的状况及周围组织情况	
6		是否正确设置超声洁牙器工作尖及参数	
7		是否将牙周袋结石去除干净	
8		是否正确设置抛光参数并操作	
9		是否将牙齿清洁干净	
10	拔牙手术过程	是否在术前对口腔进行消毒，使用海绵、医用纱布块等填塞咽部	
11		是否完全切断牙龈附连	
12		拔牙过程牙根是否折断	
13		是否平整齿槽骨组织	
14		对拔牙过程出血是否充分止血	
15	术后护理	是否采取正确措施对宠物进行术后护理直至恢复健康	
16		术后护理是否出现感染	
17	职业素养	是否遵循无菌素养	
18		在手术过程中是否计划周密、科学严谨对待手术	
19		手术团队成员是否紧密配合完成手术	
20		是否能从容正确地应对术中突发情况	
21		是否小心操作，关爱患病宠物	

任务二　眼部手术

一、学习目标

知识目标

- 能描述眼部解剖结构。
- 能说出眼睑内翻矫正手术、眼睑外翻矫正手术和第三眼睑腺脱出包埋手术所需的器械。

技能目标

- 能制订眼睑内翻矫正手术计划并协助宠物医生完成手术。
- 能制订眼睑外翻矫正手术计划并协助宠物医生完成手术。
- 能制订第三眼睑腺脱出包埋手术计划并协助宠物医生完成手术。

素质目标

- 培养科学严谨的工作态度。

二、学习内容

眼睛决定视觉好坏，它是高度特化的光接收器，可将光能转换成神经冲动，视网膜上有两种感光细胞负责这项工作。眼球以视神经与中枢神经相连，外围有负责运动的肌肉组织，也有负责保护的解剖结构(图 2-16)。其中，负责保护的结构包括眼眶、眼睑(包括第三眼睑)和泪器三部分。眼球为一多层的膜性囊构造，包括多个不同性质的眼内构造。眼球最外层为纤维膜，包括巩膜及角膜。眼球中层为血管性膜(葡萄膜层)，为高度血管化结构，富含血管与色素，由虹膜、睫状体及脉络膜 3 种组织构成。眼球内层为神经性膜，包括视网膜及视神经。眼球内部有许多不同性质的透明结构，起光线的折射及调节作用，包括晶状体、玻璃体和房水等。眼球内腔为充满房水的腔状结构，可分为眼前房及眼后房。眼前房位于虹膜与角膜之间，后房位于晶状体与虹膜的间隙。眼内容物包括房水、晶状体和玻璃体，三者均透明而又有一定屈光指数，是光线进入眼内到达视网膜的通路，它们与角膜共同构成眼的屈光系统。

眼睑是指眼球前面的皮肤皱襞，分为上下眼睑，上下相对，其游离缘上下相对构成眼睑裂，而内外两端相接处构成内眦和外眦。眼睑内有睑板腺，可分泌含脂质的泪膜，具有润滑眼睑及角膜的功能

眼结膜是一种薄且透明的黏膜。表层为复层上皮组织，周缘与眼睑皮肤游离缘连接，覆盖于眼睑、第三眼睑内面，至巩膜前方翻转包覆于眼球的外表，形成结膜囊与上眼睑及巩膜交接处称为结膜穹。第三眼睑又称瞬膜，是位于内眦的可移动性结构，由结膜组织所覆盖，内有一个 T 形透明软骨及结缔组织。软骨底部有第三眼睑腺(副泪腺)，约有 1/3 的泪液由该腺体所产生。此腺体及软骨基部向下附着于巩膜及眶骨膜。

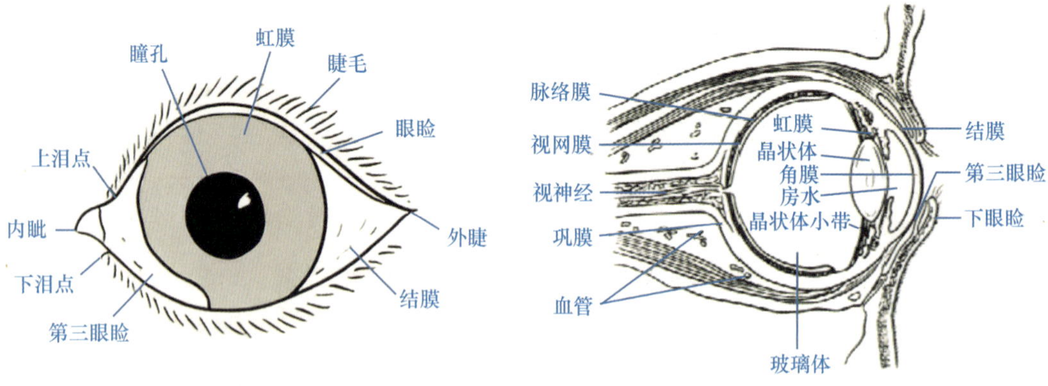

图 2-16　眼球解剖结构(引自董轶，2013)

情境一　眼睑内翻矫正手术

二维码 2-3　眼睑内翻矫正手术

眼睑内翻是指眼睑的边缘向眼球方向内卷的眼病。眼睑内翻发生在下眼睑的概率远大于发生在上眼睑。短头犬的眼睑内翻多发生于鼻侧，而对于大型犬或宽颅骨犬的眼睑内翻多发生于下眼睑的外侧或外眦处。眼

睑内翻会引起流泪、睑痉挛、眼球内陷、结膜炎、角膜炎、角膜溃疡、自我抓伤等。眼睑不断闭合或刺激引起角膜瘢痕等，造成视力下降乃至消失。结构发育性眼睑内翻是在临床最常见的眼睑内翻，常见的品种有松狮犬、英国斗牛犬、沙皮犬、大丹犬、藏獒、拉布拉多犬、金毛巡回犬等。痉挛性眼睑内翻是由眼睛其他问题引起的，如角膜溃疡、非溃疡性角膜炎、结膜炎或葡萄膜炎。眼睑内翻手术的主要目的是减轻眼睑及睫毛对角膜或结膜的刺激。

(一)器械准备

眼科剪，组织镊，持针器，15 号刀片，手术刀柄，不可吸收缝线，止血钳，纱布(图 2-17)。

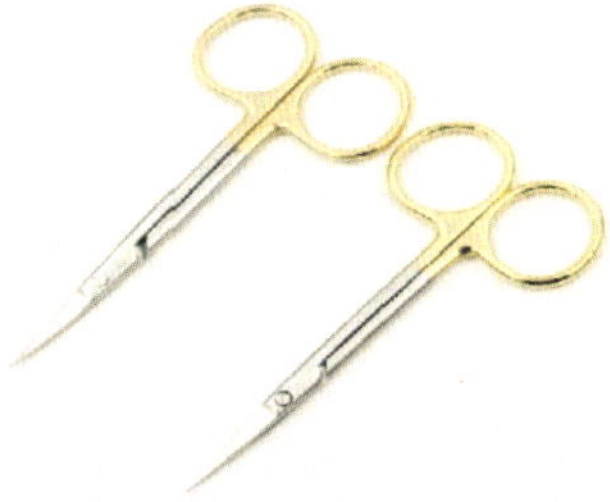

眼科剪

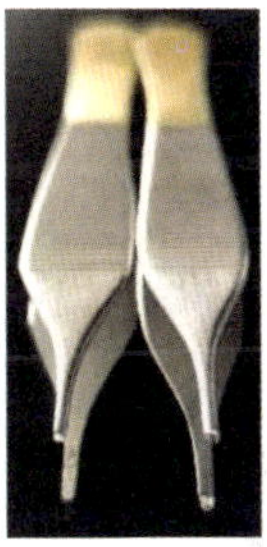

组织镊

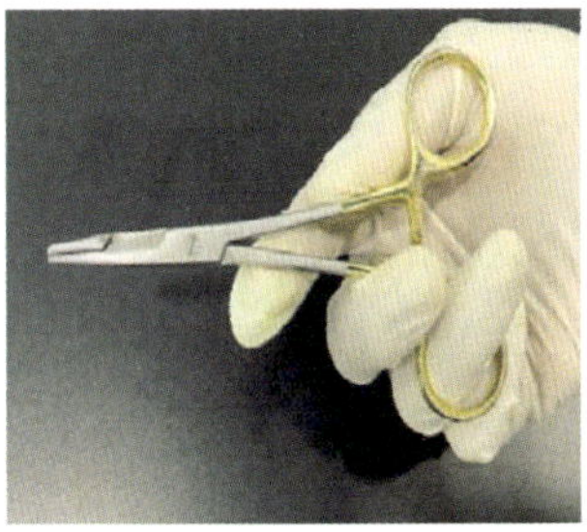

持针器

15 号刀片

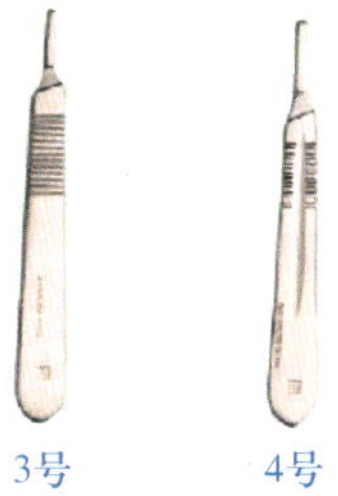

手术刀柄

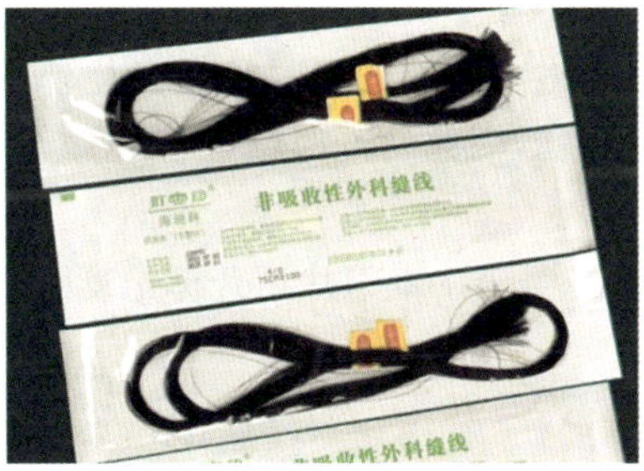

不可吸收缝线

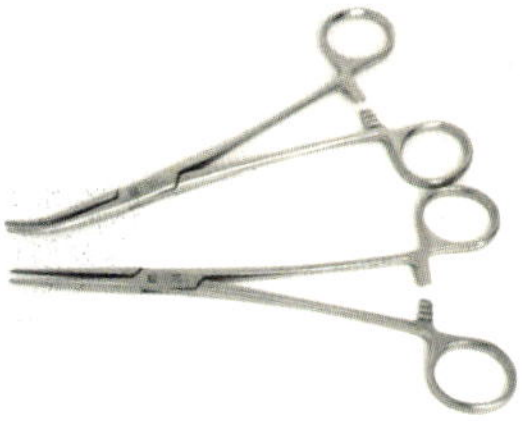

止血钳

纱布

图 2-17　眼睑内翻矫正手术器械

(二)术前评估

对宠物进行病史调查,确定患病宠物有无潜在疾病;检查宠物整体状态包括身体情况和精神状态,测量宠物体温、呼吸和心率等生理指标;根据患病宠物体格状态评定等级。患病宠物的体格状态越差,出现麻醉和手术并发症的风险就越大。如果宠物年龄超过5～7岁或存在明显全身症状时,需做血液生化检查,评估手术风险。

(三)宠物麻醉

诱导麻醉:6 mg/kg 丙泊酚(静脉注射)。

维持麻醉:异氟烷呼吸麻醉。

(四)宠物准备

成年宠物进行诱导麻醉前禁食6～12 h,幼龄宠物禁食4～6 h,排便和排空膀胱尿液;术部切口周边5 cm范围内剃毛,仰卧保定,碘伏、酒精3遍消毒,保证5 min接触时间。对患病宠物用毛毯覆盖身体或采用其他保温措施。

二维码 2-4 犬眼睑内翻矫正手术过程

(五)术前用药及治疗

术前稳定宠物病情,补充液体及纠正酸碱和电解质异常。注射阿托品(0.02～0.04 mg/kg,SC或IM),抑制唾液腺分泌及保护心脏;注射布托啡诺(0.2～0.4 mg/kg,IM),镇痛。

(六)手术人员准备

佩戴手套、口罩,穿手术服。

(七)手术过程

1. 确定切口

最初切口位置选择在眼睑边缘有毛和无毛交界的区域,并用标记笔做记号(图2-18)。切口位于距睑缘1～2 mm的位置,切口的长度取决于内翻部分眼睑的长度,长度判断标准为用拇指轻轻将内翻处的下眼睑慢慢往外翻,直到看到整个眼睑边缘。双眼手术需考虑术后美观、对称的问题,因此切开时需注意。

2. 切除皮肤

用15号小手术刀片切开标记皮肤(图2-19),然后使用"V"形的肌腱剪剪去多余的皮肤形成新月形。

3. 缝合切口

用5-0或6-0的尼龙线或丝线间断缝合伤口,先从切口中央开始缝,然后逐渐对称地缝合两侧,保证内翻最严重部位组织对合得最好(图2-20)。

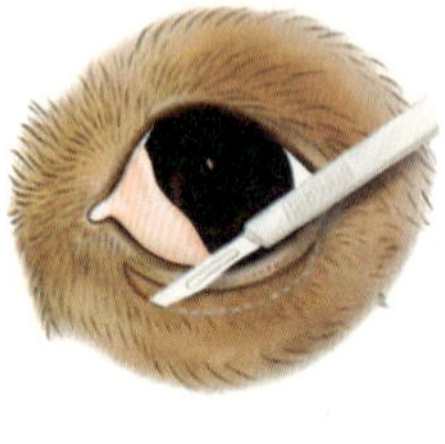

图 2-18 眼睑切口

(引自董轶,2013)

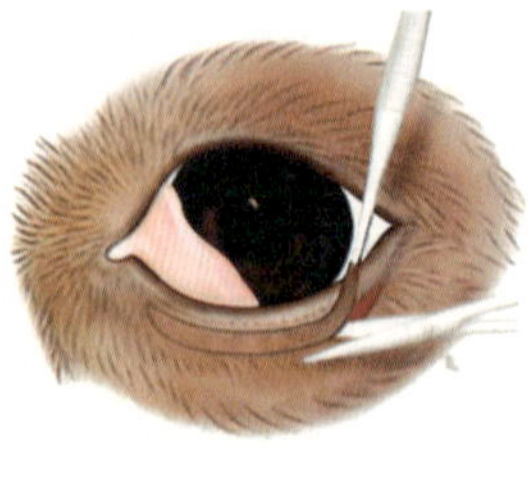

图 2-19 切除皮肤

(引自董轶,2013)

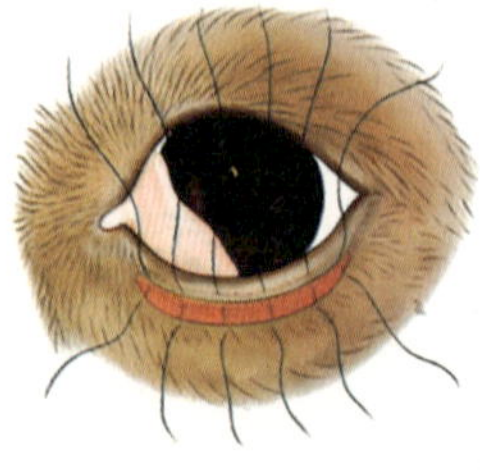

图 2-20 缝合切口

(引自董轶,2013)

4. 术后护理

佩戴伊丽莎白圈直到术后 2～3 d；手术后连续服用止疼药物 7～10 d；局部涂布抗生素软膏；伤口的缝线在 10 d 后拆除。

注意事项：

(1)最大限度地减少对组织的损伤。

(2)无须切除眼轮匝肌，以免造成大量出血，且会耽误时间、增加术后感染机会和加重术后水肿。

(3)若需要二次手术，可过度切除部分眼睑，造成暂时瘢痕化的眼睑外翻。

(4)避免切口位置距离睑缘过远，造成矫正内翻的程度不足。

情境二　眼睑外翻矫正手术

二维码 2-5　眼睑外翻矫正手术

眼睑外翻是指睑缘离开眼球，向外翻转，睑结膜不同程度地暴露在外，常伴有睑裂闭合不全。根据临床病例表明，上眼睑外翻发病率比眼睑内翻要低得多。眼睑外翻可能由遗传性因素或瘢痕化导致的。巡回犬、可卡犬和圣伯纳犬经常由于面部皮肤松弛而引起结构性眼睑外翻。眼睑外翻如果不治疗，有可能造成角膜和结膜的病变。

(一)器械准备

眼科剪，组织镊，持针器，15 号刀片，手术刀柄，不可吸收缝线，止血钳，纱布。(图 2-21)

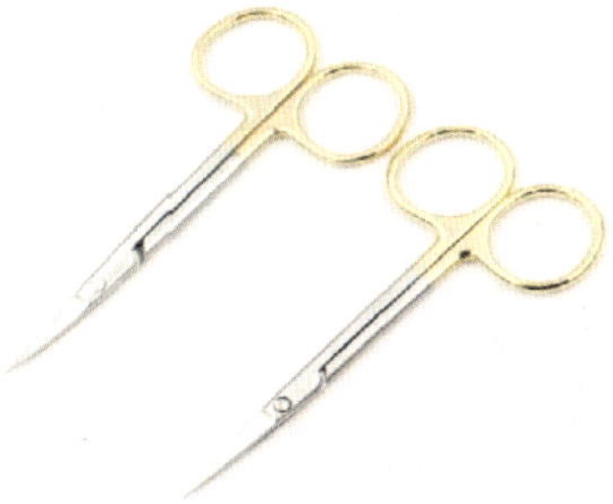

眼科剪

组织镊

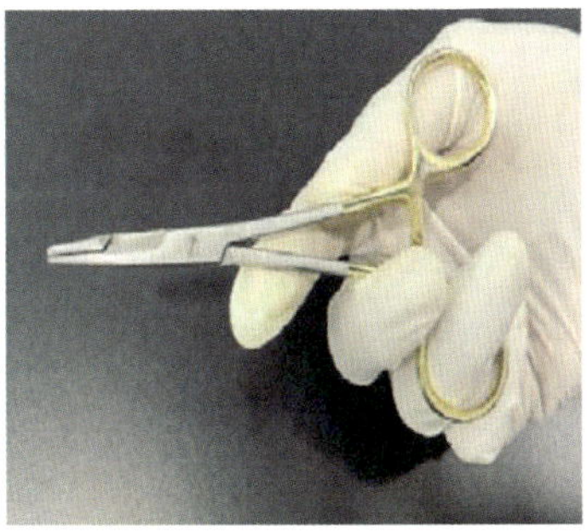

持针器

15 号刀片

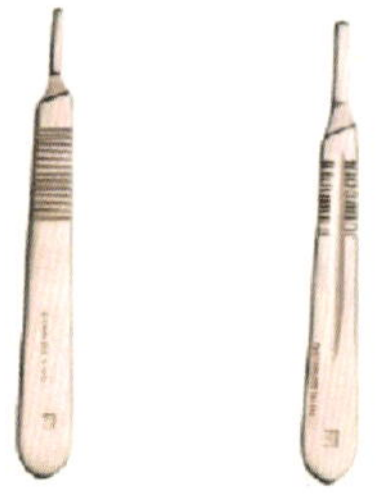

手术刀柄

不可吸收缝线

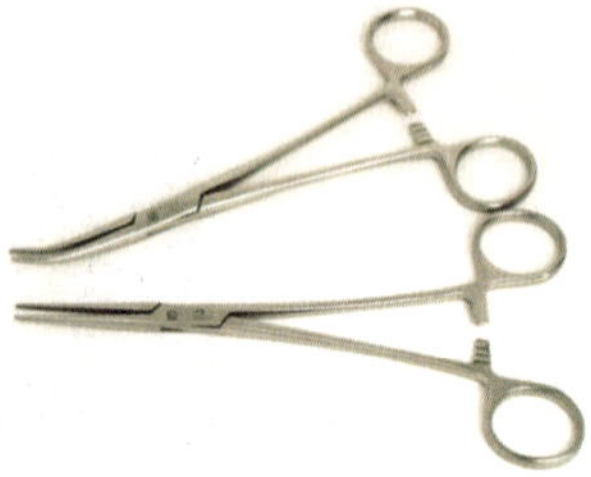

止血钳

纱布

图 2-21　眼睑外翻矫正手术器械

(二)术前评估

对宠物进行病史调查,确定患病宠物有无潜在疾病;检查宠物整体状态包括身体情况和精神状态,测量宠物体温、呼吸和心率等生理指标;根据患病宠物体格状态评定等级。患病宠物的体格状态越差,出现麻醉和手术并发症的风险就越大。如果宠物年龄超过 5～7 岁或存在明显全身症状时,需做血液生化检查,评估手术风险。

(三)宠物麻醉

诱导麻醉:6 mg/kg 丙泊酚(静脉注射)。

维持麻醉:异氟烷呼吸麻醉。

(四)宠物准备

成年宠物进行诱导麻醉前禁食 6～12 h,幼龄宠物禁食 4～6 h,排便和排空膀胱尿液;术部切口周边 5 cm 范围内剃毛,仰卧保定,碘伏、酒精 3 遍消毒,保证 5 min 接触时间。对患病宠物用毛毯覆盖身体或采用其他保温措施;眼部涂布眼膏。

(五)术前用药及治疗

术前稳定宠物病情,补充液体及纠正酸碱和电解质异常。注射阿托品(0.02～0.04 mg/kg,SC 或 IM),抑制唾液腺分泌及保护心脏,注射布托啡诺(0.2～0.4 mg/kg,IM),镇痛。

(六)手术人员准备

佩戴手套、口罩,穿手术服。

(七)手术过程

1.做皮瓣切口

距离睑缘 1 mm 的位置用 15 号刀片做"V"形切开皮肤,与外翻的眼睑等长且平行的三角形皮瓣,垂直部分的长度最好比所需的长度长 2～3 mm(图 2-22)。

2.分离皮瓣

以眼睑一侧为基底,从三角形的两个边将皮瓣与下面的瘢痕分离(图 2-23)。

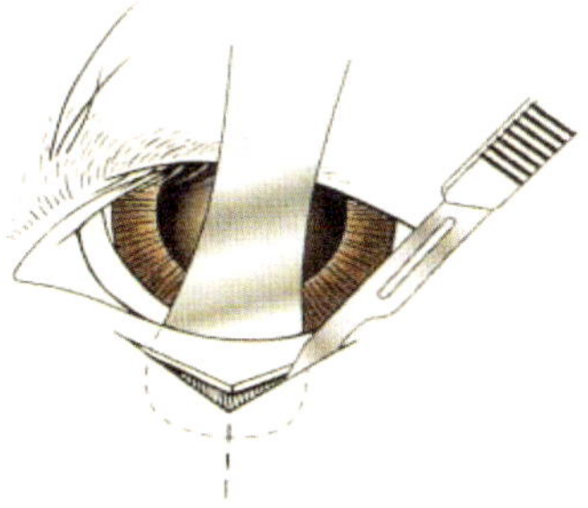

图 2-22　做皮瓣切口
(引自 Theresa Welch Fossum,Cheryl S Hedlund,Donald A Hulse,等,2008)

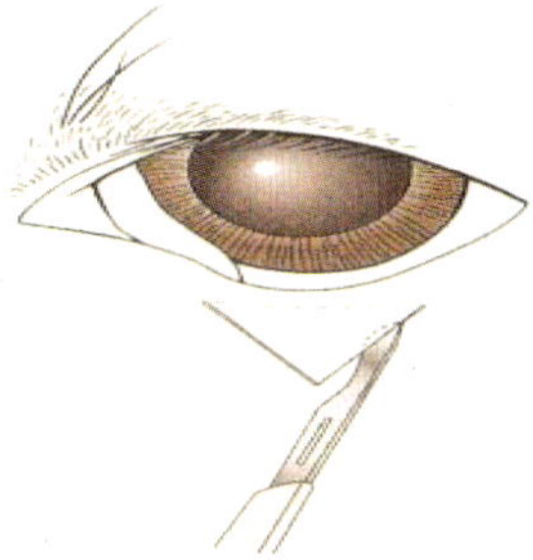

图 2-23　分离皮瓣
(引自 Theresa Welch Fossum,Cheryl S Hedlund,Donald A Hulse,等,2008)

3.切除瘢痕组织

将"V"形皮瓣与其下组织钝性游离,切除瘢痕组织(图 2-24)。

4.V-Y 缝合皮瓣

皮瓣用 4-0 至 6-0 的不可吸收缝线结节缝合成"Y"形,缝合的部分将眼睑向上顶,直到将眼睑恢复到正常位置时,停止缝合垂直部分的位置(图 2-25)。

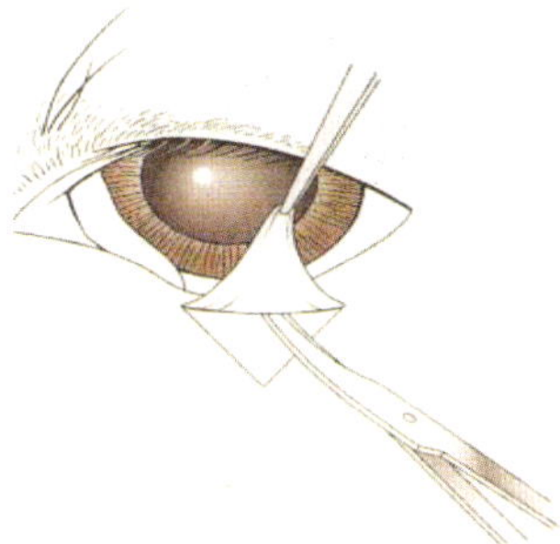

图 2-24　切除瘢痕组织
(引自 Theresa Welch Fossum,Cheryl S Hedlund,Donald A Hulse,等,2008)

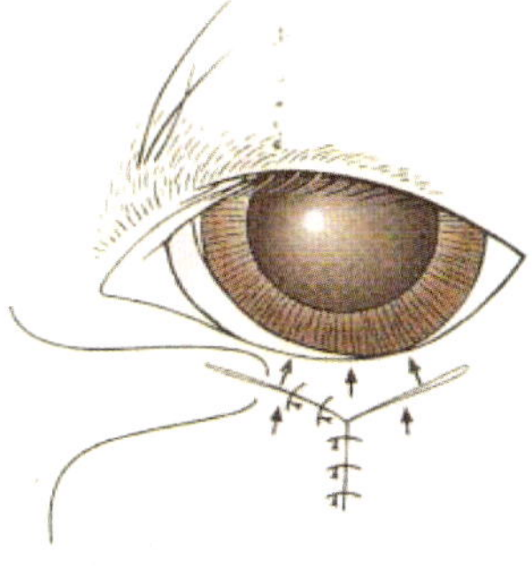

图 2-25　"V-Y"缝合皮瓣
(引自 Theresa Welch Fossum,Cheryl S Hedlund,Donald A Hulse,等,2008)

5.术后护理

佩戴伊丽莎白圈直到术后 2～3 d;手术后连续服用止疼药物 7～10 d;局部涂布抗生素软膏;伤口的缝线在 10 d 后拆除。

注意事项：

（1）只有当眼睑外翻导致结膜炎、角膜炎或溢泪导致脱落性眼睑炎，以及干眼病症状加重时，才有必要进行手术矫正。

（2）“V-Y”眼睑成形术主要适用于于单纯的、简单的眼睑外翻病例。

情境三　第三眼睑腺脱出包埋手术

二维码 2-6　第三睑腺复位手术

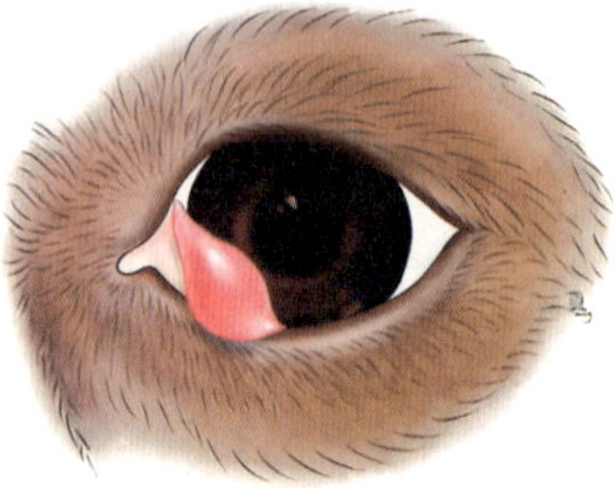

图 2-26 第三眼睑腺脱出
（引自董轶，2013）

第三眼睑腺脱出俗称“樱桃眼”（图 2-26），多见于犬，相对在猫少见。外观上可以发现从第三眼睑后面有红色的小肿块突出。暴露的腺体会因摩擦或干燥而导致发炎及肿胀。发生初期，有时会自行恢复，回到正常位置。北京犬、沙皮犬、可卡犬、比格犬常发生本病，以结膜炎、角膜炎甚至角膜溃疡为主要特征，需要进行手术治疗。

（一）器械准备

眼科剪，组织镊，持针器，15 号刀片，手术刀柄，可吸收缝线，止血钳，纱布（图 2-27）。

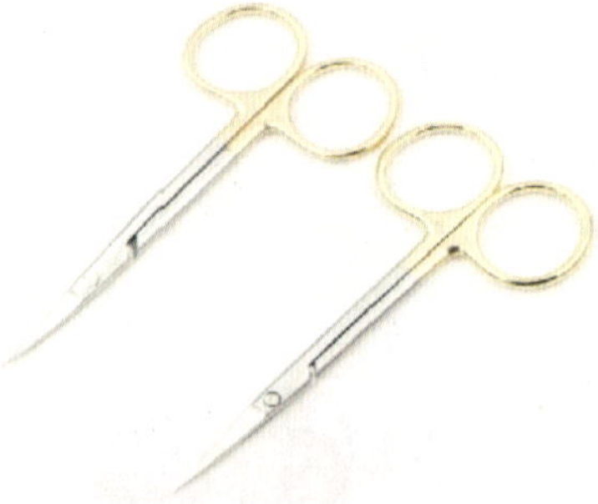

眼科剪

组织镊

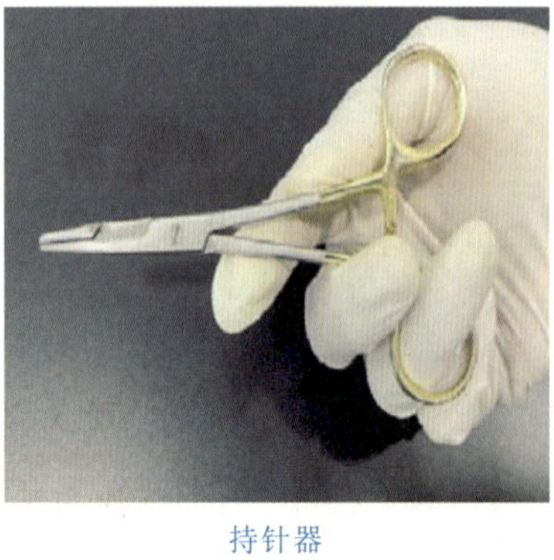

持针器

15号

15 号刀片

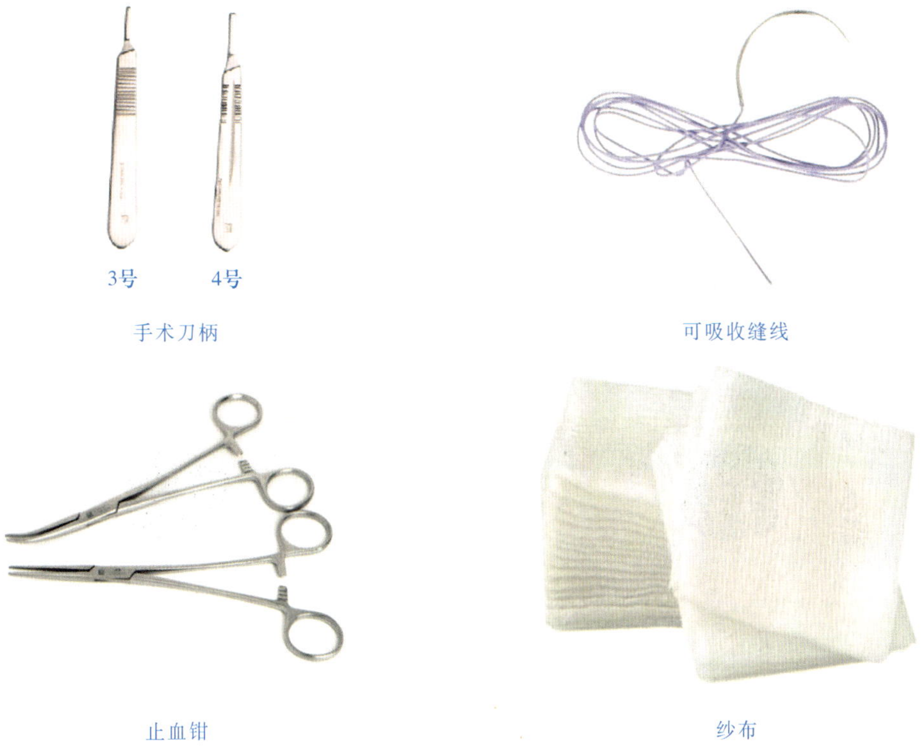

图 2-27　第三眼睑腺脱出包埋手术器械

(二)术前评估

对宠物进行病史调查,确定患病宠物有无潜在疾病;检查宠物整体状态包括身体情况和精神状态,测量宠物体温、呼吸和心率等生理指标;根据患病宠物体格状态评定等级。患病宠物的体格状态越差,出现麻醉和手术并发症的风险就越大。如果宠物年龄超过 5~7 岁或存在明显全身症状时,需做血液生化检查,评估手术风险。

(三)宠物麻醉

诱导麻醉:6 mg/kg 丙泊酚(静脉注射)。

维持麻醉:异氟烷呼吸麻醉。

(四)宠物准备

成年宠物进行诱导麻醉前禁食 6~12 h,幼龄宠物禁食 4~6 h,排便和排空膀胱尿液;术部切口周边 5 cm 范围内剃毛,仰卧保定,碘伏、酒精 3 遍消毒,保证 5 min 接触时间。对患病宠物用毛毯覆盖身体或采用其他保温措施;眼部涂布眼膏。

(五)术前用药及治疗

术前稳定动物病情,补充液体及纠正酸碱和电解质异常。注射阿托品(0.02~0.04 mg/kg,SC 或 IM),抑制唾液腺分泌及保护心脏;注射布托啡诺(0.2~0.4 mg/kg,IM),镇痛。

(六)手术人员准备

佩戴手套、口罩,穿手术服。

(七)手术过程

1. 做眼睑切口

分别在第三眼睑腺的上下平行于第三眼睑的边缘做两条弧形切口(图 2-28),第一个切口距第三眼睑边缘 2～3 mm,第二个切口距第三眼睑边缘 6～7 mm,切口的长度大约为 1 cm。形成可以使腺体复位的口袋。

2. 缝合口袋

用 5-0 或 6-0 的可吸收线做连续缝合,所有线结都不要刺激到角膜,起始和结束时打结都需位于第三眼睑的内侧(图 2-29)。

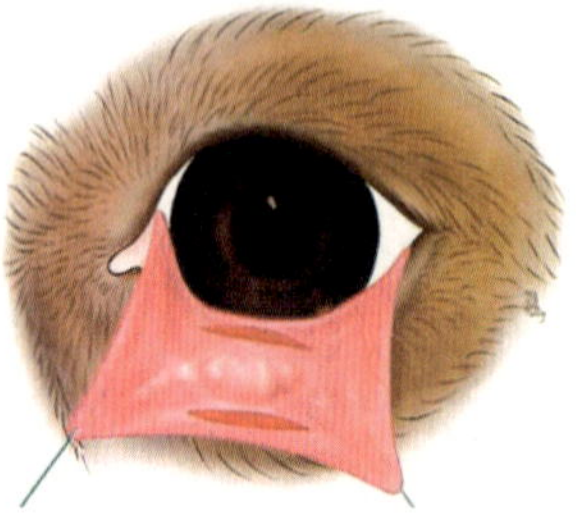

图 2-28　**做眼睑切口**(引自董铁,2013)

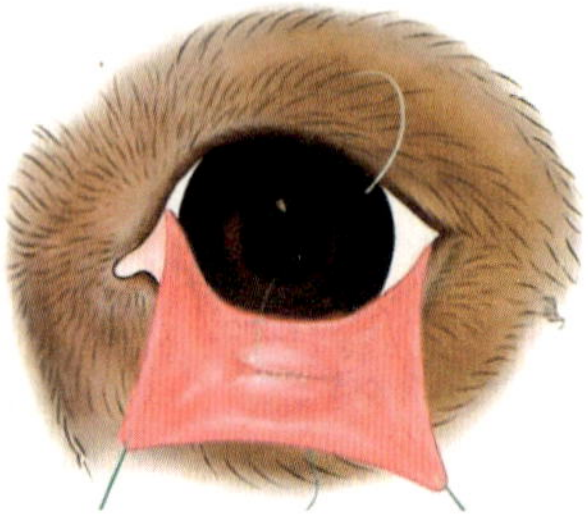

图 2-29　**缝合口袋**(引自董铁,2013)

3. 术后护理

佩戴伊丽莎白圈直到术后 2～3 d;手术后连续服用止痛药物 7～10 d;局部涂布抗生素软膏。

注意事项:

(1)瞬膜腺突出的腺体应保留,而不要将其切除,否则可能出现干眼症(30%的泪液由第三眼睑腺分泌)。

(2)如果腺体因为炎症而增大或结膜有感染,最好在手术前局部使用抗炎眼药膏控制炎症后再进行手术。

(3)如果第三眼睑腺脱出时间过长,T 形软骨会发生变形,则需要在眼睑侧将结膜切开暴露 T 形软骨,从而便于将腺体复位。

三、学习效果评价

序号	评价内容	评价标准	评价结果(是/否)
1	手术准备	手术前器械、手术人员、手术宠物是否准备到位	
2		麻醉过程是否平稳,监测宠物体温、呼吸、脉搏	

续表

序号	评价内容	评价标准	评价结果（是/否）
3	手术过程	眼睑内翻矫正手术、眼睑外翻矫正手术、第三眼睑腺脱出包埋手术的切口大小、位置是否正确	
4		对眼睑内翻矫正手术、眼睑外翻矫正手术是否出现过度矫正	
5		眼睑皮肤是否缝合美观	
6		手术过程中出血是否得到充分止血	
7		第三眼睑腺脱出包埋缝合线结是否刺激角膜	
8	术后护理	是否采取正确措施对宠物进行术后护理直至恢复健康	
9		术后护理是否出现感染	
10	职业素养	是否遵循无菌素养	
11		在手术过程中是否计划周密、科学严谨对待手术	
12		手术团队成员是否紧密配合完成手术	
13		是否能从容正确地应对术中突发情况	
14		是否小心操作，关爱患病宠物	

任务三　耳部手术

一、学习目标

知识目标

- 能描述耳部解剖结构。
- 能说出立耳、耳血肿和外耳道切除手术所需的器械。

技能目标

- 能制订立耳手术计划并协助宠物医生完成手术。
- 能制订耳血肿手术计划并协助宠物医生完成手术。
- 能制订外耳道切除手术计划并协助宠物医生完成手术。

素质目标

- 培养科学严谨工作态度。

二、学习内容

耳解剖结构包括外耳、中耳和内耳 3 部分（图 2-30）。

（1）外耳。由耳郭、外耳道和鼓膜组成。耳郭由耳郭软骨、皮肤和肌肉组成，耳郭基部有丰富的耳郭外肌和内肌，能使耳郭灵活运动，便于收集声波；外耳道是从耳郭基部到鼓膜的管道，分为外侧垂直耳道和内侧水平耳道。外侧耳道是软骨性外耳道，由环状软骨作支架，而内侧耳道是骨性外耳道，断面呈椭圆形，外口大，内口小；鼓膜位于外耳道底部，是介于外耳和中耳之间的卵圆形半透明膜。

（2）中耳。由鼓室、听小骨和咽鼓管组成。鼓室是颞骨岩部和鼓部内的腔体，内面被覆黏膜，位于鼓膜与内耳之间，分为背侧鼓室上隐窝、固有部和腹侧部；听小骨由锤骨、砧骨和镫骨，彼此借关节相连形成听骨链，当声波振动鼓膜时，三块听小骨连串运动，使镫骨底在前窗上来回摆动，将声波振动传入内耳；咽鼓管是连通鼓室与鼻咽部的窄裂缝样管，维持鼓膜内、外侧大气压力的平衡。

（3）内耳。内耳位于颞骨岩部内，在鼓室与内耳道之间，由骨迷路、膜迷路和内耳道组成。迷路是由构造复杂、形状不规则的管腔组成。骨迷路有致密骨构成，分为前庭、骨半规管和耳蜗三部分；膜迷路是套在骨迷路内的膜性管，管壁上有位觉和听觉感受器。

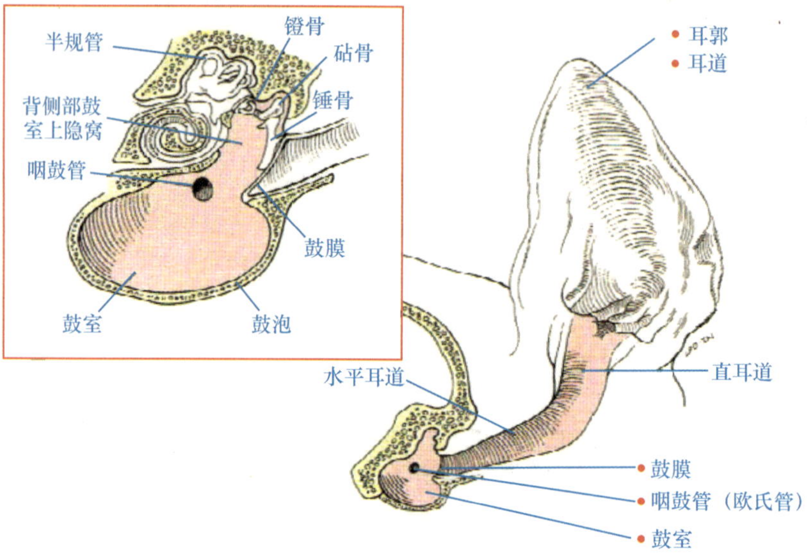

图 2-30　耳解剖结构

情境一　犬立耳手术

二维码 2-7　犬立耳术操作介绍

（一）器械准备

手术剪，组织镊，持针器，10 号刀片，手术刀柄，不可吸收缝线，止血钳，纱布，记号笔。（图 2-31）

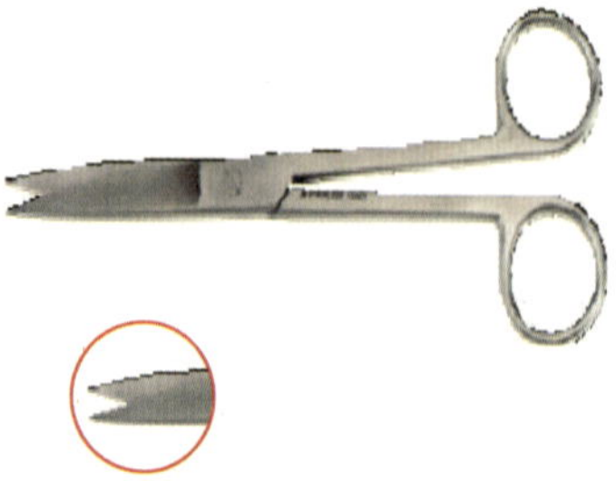

手术剪

组织镊

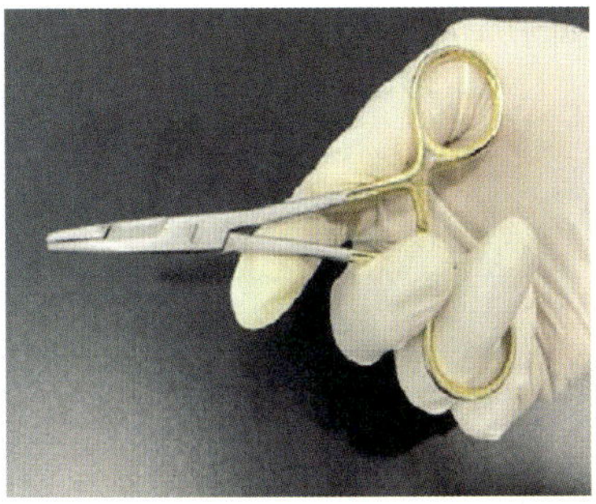

持针器

10号刀片

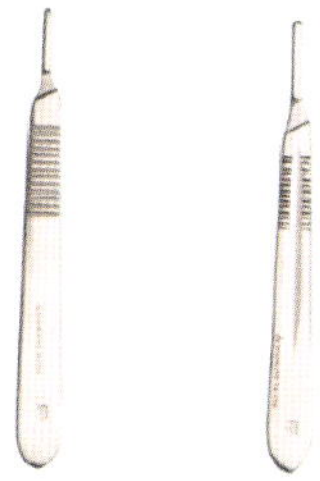

3号　4号

手术刀柄

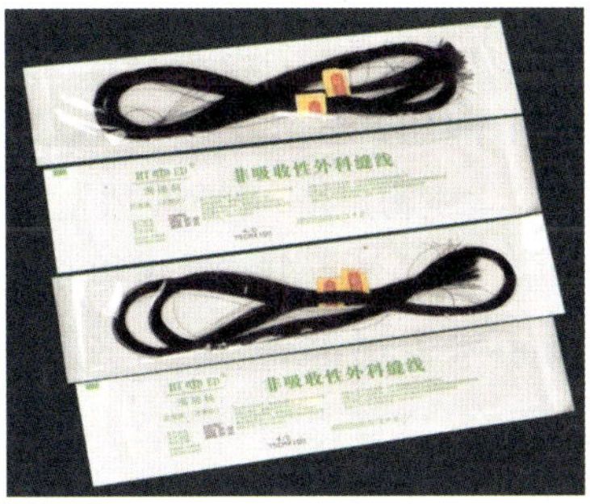

不可吸收缝线

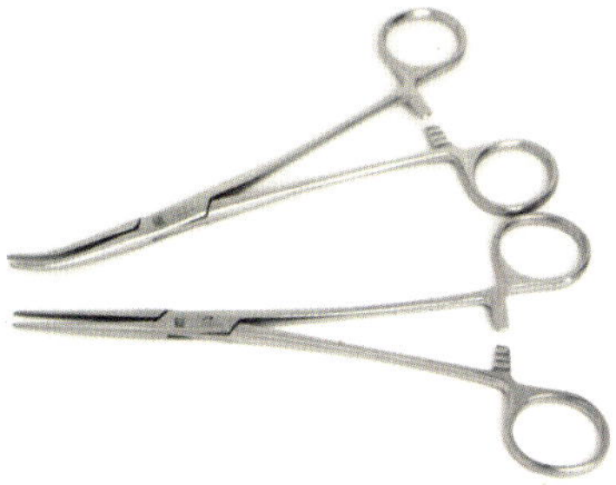

止血钳

纱布

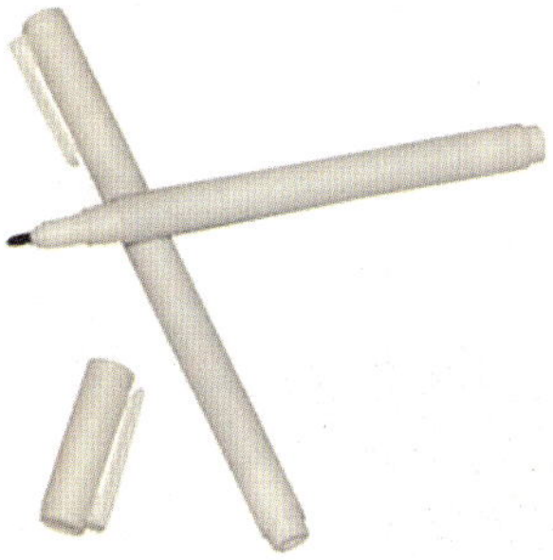

记号笔

图 2-31　**犬立耳手术器械**

(二)术前评估

对宠物进行病史调查,确定患病宠物有无潜在疾病;检查宠物整体状态包括身体情况和精神状态,测量宠物体温、呼吸和心率生理指标;根据患病宠物体格状态评定等级。患病宠物的体格状态越差，出现麻醉和手术并发症的风险就越大。如果宠物年龄超过 5～7 岁或存在明显全身症状时，需做血液生化检查，评估手术风险。

（三）宠物麻醉

诱导麻醉：6 mg/kg 丙泊酚（静脉注射）。

维持麻醉：异氟烷呼吸麻醉。

（四）宠物准备

成年宠物进行诱导麻醉前禁食 6～12 h，幼龄宠物禁食 4～6 h，排便和排空膀胱尿液；耳朵周边 5 cm 范围内剃毛，清洗外耳道，俯卧保定，碘伏、酒精 3 遍消毒，保证 5 min 接触时间。手术期间用棉花或者海绵堵塞外耳道；使用毛毯覆盖身体或采用其他保温措施；眼部涂布眼膏。

（五）术前用药及治疗

术前稳定宠物病情，补充液体及纠正酸碱和电解质异常。注射阿托品（0.02～0.04 mg/kg，SC 或 IM），抑制唾液腺分泌及保护心脏。

（六）手术人员准备

佩戴手套、口罩，穿手术服。

（七）手术过程

1. 铺设创巾

在犬耳周边切口铺设创巾，用创巾钳固定。

2. 耳线标记

检查耳部的外形，将下垂的耳尖向头顶方向拉紧伸展，从耳根部到耳尖用尺子测量所需耳的长度，把留下耳的长度用记号笔做上标记（图 2-32），将对侧的耳朵向头顶方向拉紧伸展，将两耳尖对合，用剪刀在对侧耳上剪一小口，以确实保证两耳保留同样的长度。

3. 剪切耳郭

用剪刀沿耳线把要剪除的部分依次剪下，剪切过程中要连续，尽可能不出现分叉，边剪边用止血钳钳住切口断端的血管进行钳压捻转止血或电凝止血，减少过度牵拉耳外侧皮肤。剪切到耳根部时，需要根据宠物品种决定是否剪掉耳屏切迹（图 2-33）。

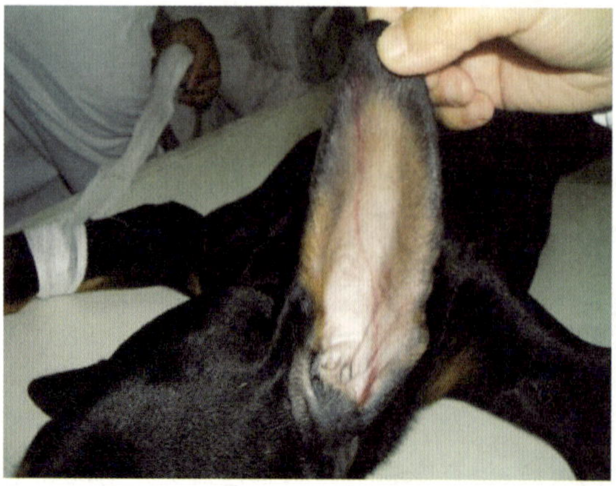

图 2-32　耳线标记

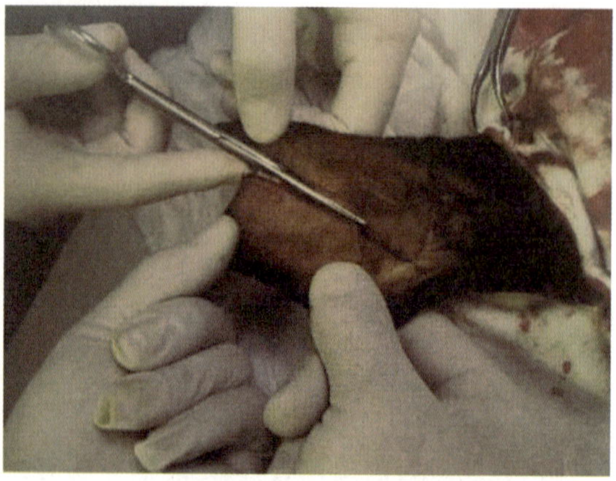

图 2-33　剪切耳郭

4. 分离耳尖软骨

用剪刀尖将耳内侧上 1/3 皮肤和软骨进行分离，方便缝合的时候将软骨包住（图 2-34）。

5. 创缘缝合

用可吸收线缝合，靠耳尖部上 1/3 部内侧皮肤和外侧皮肤用连续锁边缝合，但不缝合软骨；下 2/3 部用连续缝合，将软骨和内外侧皮肤缝合在一起，缝合时将外侧皮肤和内侧皮肤闭合严密（图 2-35）。

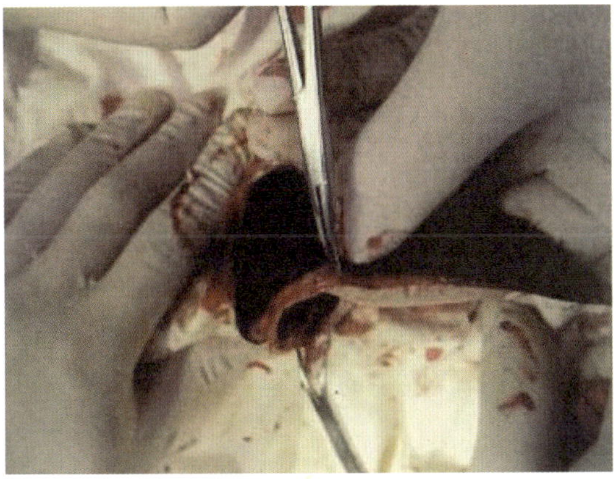

图 2-34　分离耳尖软骨

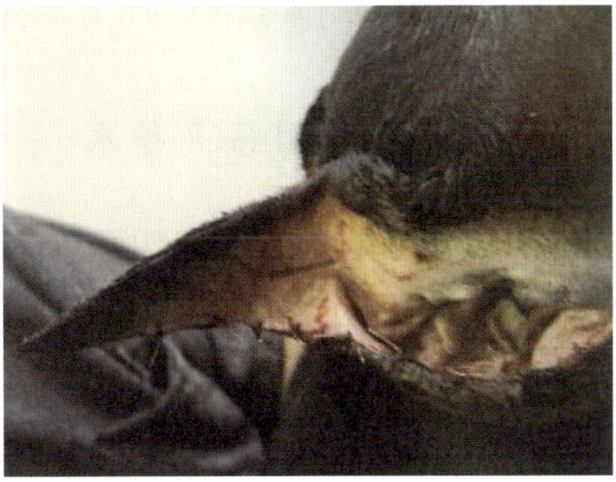

图 2-35　创缘缝合

6. 耳郭固定

用专用的耳矫形支架将双侧已完成手术的两耳固定在一起（图 2-36）。

图 2-36　耳郭固定

7. 术后护理

在缝合处涂抹一薄层油性抗生素软膏；连用镇痛药数日；佩戴伊丽莎白圈至少 7 d；术后 10～14 d 拆线。

注意事项:

(1)为使得两耳对称,将剪下的耳贴在对侧耳朵上,外侧边缘对合一致然后沿剪掉耳的内侧缘用记号笔画线。

(2)7～10 d 解除固定后,如果耳不能直立,可用绷带在耳基部包扎,也可用胶布将两耳粘在一起,促使耳直立。解除绷带,若仍不能直立,再包扎绷带,直至耳直立为止。

(3)保留的耳长度需要根据犬的年龄、性别以及耳软骨的发育情况确定。

(4)耳部包扎的时候,避免出现局部过紧压迫而出现压迫性坏死。

情境二　耳血肿修复手术

犬、猫发生血肿,表现为耳郭凹面上有波动充满液体的肿胀。血肿可占据全耳郭凹面或只占据部分的凹面。血肿可能是由于外耳炎疼痛或刺激引起患病宠物摇头或挠抓而导致血肿,打架或其他外伤可引起耳的撕裂,从而导致耳血肿。有些形成耳血肿的宠物不会并发耳病,有些小的耳血肿可以自行吸收,而有些耳血肿需通过手术方式来治疗。

二维码 2-8　耳血肿修复手术介绍

(一)器械准备

手术剪,组织镊,持针器,10 号刀片,手术刀柄,不可吸收缝线,止血钳,纱布,绷带,胶条。(图 2-37)

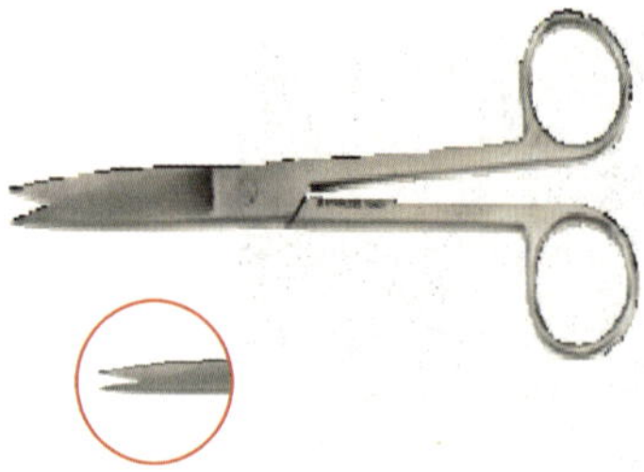

手术剪

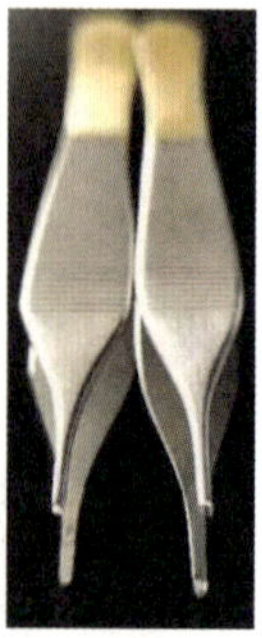

组织镊

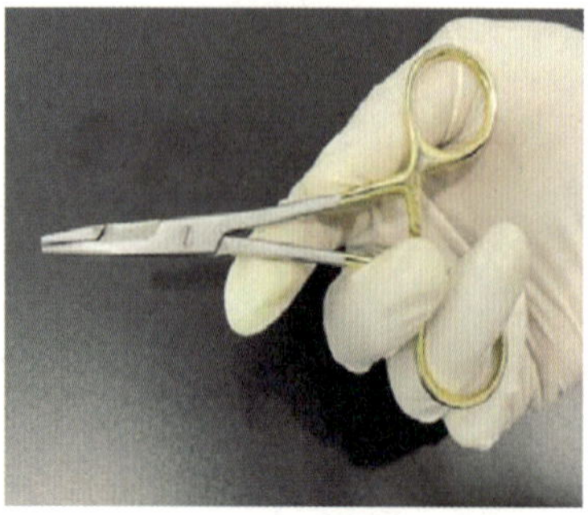

持针器

10 号刀片

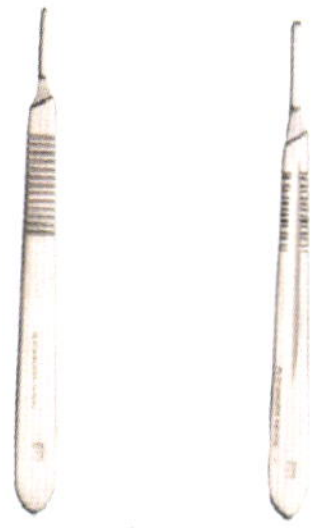

3号　　4号

手术刀柄

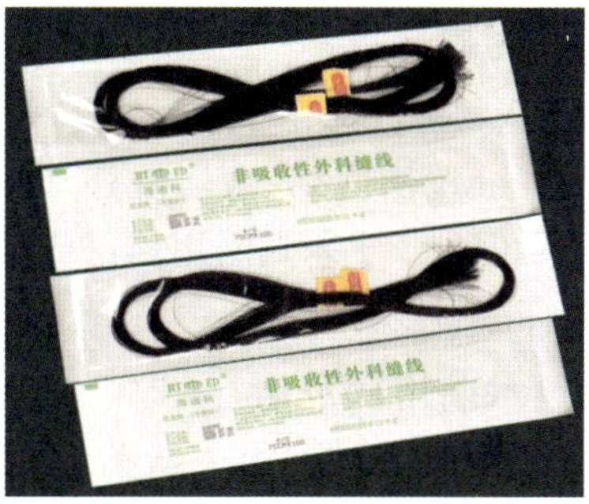

不可吸收缝线

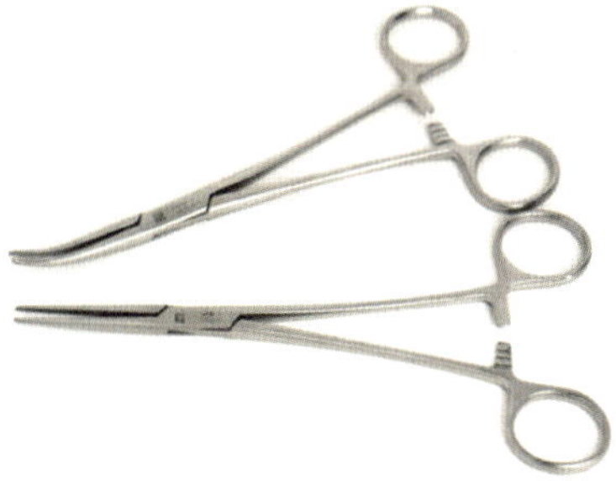

止血钳

纱布

绷带

胶条

图 2-37　**耳血肿手术器械**

(二)术前评估

对宠物进行病史调查,确定患病宠物有无潜在疾病;检查宠物整体状态包括身体情况和精神状态,测量宠物体温、呼吸和心率等生理指标;根据患病宠物体格状态评定等级。患病宠物的体格状态越差,出现麻醉和手术并发症的风险就越大。如果宠物年龄超过 5～7 岁或存在明显全身症状时,需做血液生化检查,评估手术风险。

(三)宠物麻醉

诱导麻醉:6 mg/kg 丙泊酚(静脉注射)。

维持麻醉:异氟烷呼吸麻醉。

(四)宠物准备

成年宠物进行诱导麻醉前禁食 6～12 h,幼龄宠物禁食 4～6 h,排便和排空膀胱尿液;耳朵周边 5 cm 范围内剃毛,清洗外耳道,取患耳朝上的侧卧保定,碘伏、酒精 3 遍消毒,保证 5 min 接触时间。手术期间用棉花或者海绵堵塞外耳道,使用毛毯覆盖身体或采用其他保温措施;眼部涂布眼膏。

(五)术前用药及治疗

术前稳定宠物病情,补充液体及纠正酸碱和电解质异常。注射阿托品(0.02～0.04 mg/kg,SC 或 IM),抑制唾液腺分泌及保护心脏。

(六)手术人员准备

佩戴手套、口罩,穿手术服。

(七)手术过程

1.铺设创巾

在犬耳周边切口铺设创巾,用创巾钳固定。

2.耳血肿切开

在耳的凹面做一个"S"形切口,切口从一端到另一端,暴露血肿及其内容物(图 2-38)。

3.清除血肿内容物

清除纤维蛋白凝块,然后冲洗空腔。

4.耳面缝合

用 0 至 3-0 号缝合线水平褥式缝合,缝针穿透耳部被血肿分离凹面皮肤及下面软骨,缝合针距为 0.75～1 cm,缝线平行于主要血管(图 2-39)。缝合软骨,但不要缝合耳凸面的皮肤。

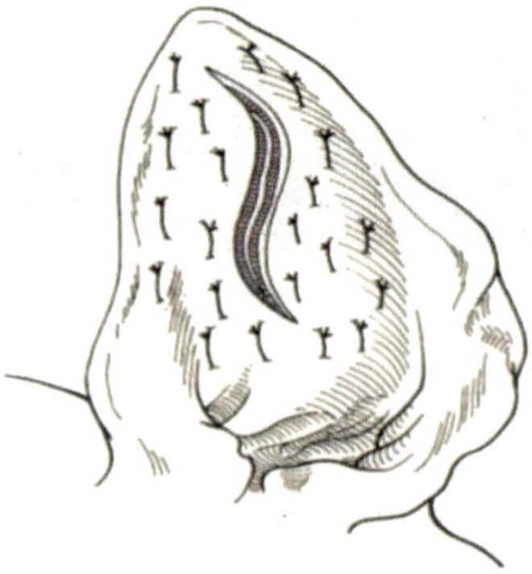

图 2-38　耳血肿切开

(引自 Theresa Welch Fossum,Cheryl S Hedlund,Donald A Hulse,等,2008)

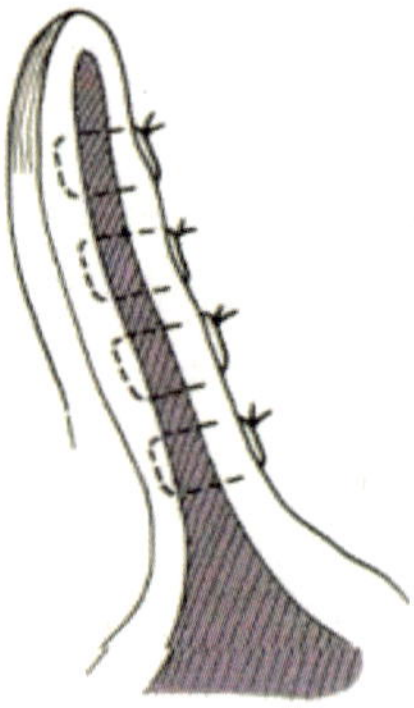

图 2-39　耳面缝合

(引自 Theresa Welch Fossum,Cheryl S Hedlund,Donald A Hulse,等,2008)

5.绷带包扎

在耳郭凸面的前侧缘和后侧缘放置短条胶带;展平胶带使其长度超过耳郭边缘。用长条胶带粘贴于耳郭的凹面,使耳部凹面的长条胶带在耳郭边缘与耳部凸面的短条胶带重叠;将耳朵放置于头顶,然后在切口上放置非粘贴衬垫;将衬垫置于耳朵上,然后绷带或松紧带置于外层(图 2-40)。

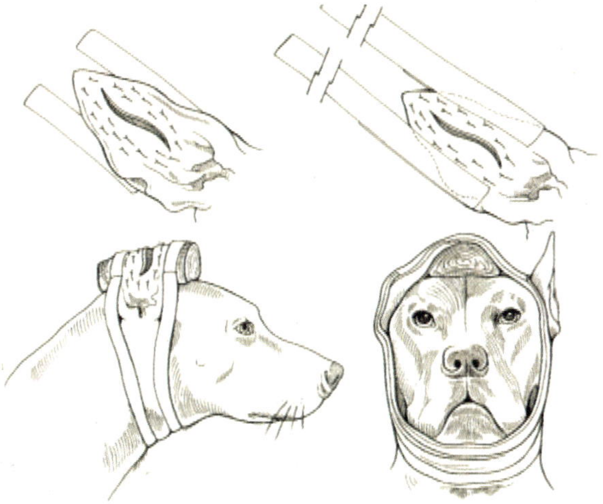

图 2-40 绷带包扎

6. 术后护理

在缝合处涂抹一薄层油性抗生素软膏；连用镇痛药数日；佩戴伊丽莎白圈至少 7 d；术后 10～14 d 拆线；每 3 d 换 1 次绷带，10～14 d 后除去绷带并拆除缝线。

注意事项：

(1) 犬耳紧密缝合，不留空腔，以免积聚液体。不要结扎耳凸面可见的耳主动脉的分支。不要缝合切口，留有小空隙从而持续引流。

(2) 定期检查绷带，保证绷带没有过紧并且未抑制犬的呼吸。

情境三 外耳道切除手术

宠物耳道上皮轻度增生或直耳道外侧出现瘤损伤，可施行外侧耳道切除手术。宠物患有水平耳道阻塞或狭窄，伴发中耳炎或宠物患有严重的上皮增生，则不应进行手术。外侧耳道切除术可促进引流，改善耳道的通气性，也便于水平耳道内放置局部治疗试剂。由于手术效果存在不可控因素，在实施外侧耳道切除手术前应咨询宠物主人。

(一) 器械准备

手术剪，组织镊，持针器，10 号刀片，手术刀柄，不可吸收缝线，止血钳，纱布。(图 2-41)

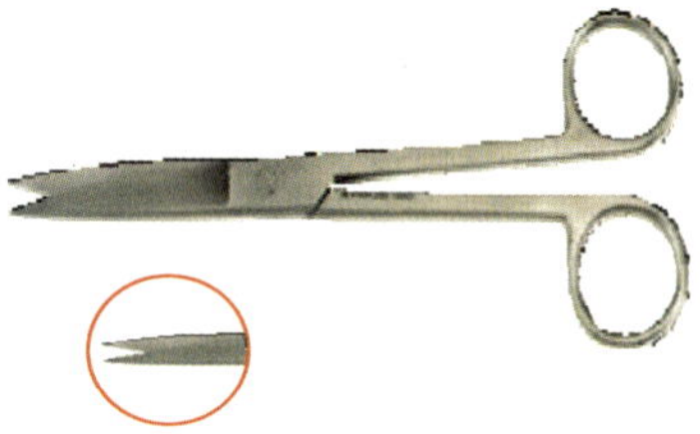

手术剪

组织镊

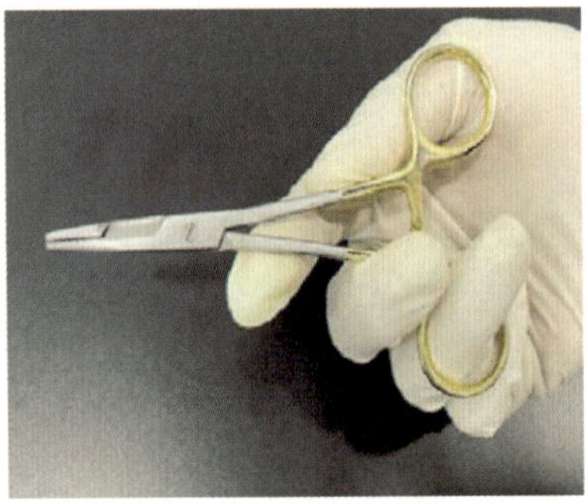

持针器

10 号刀片

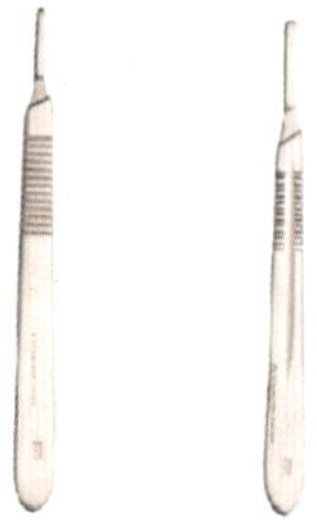

3号　　4号

手术刀柄

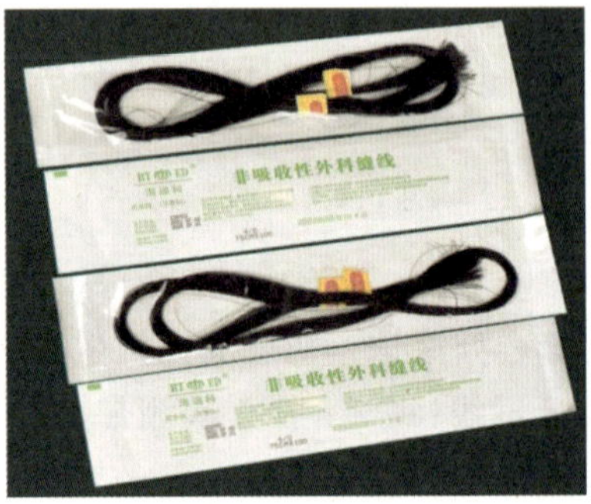

不可吸收缝线

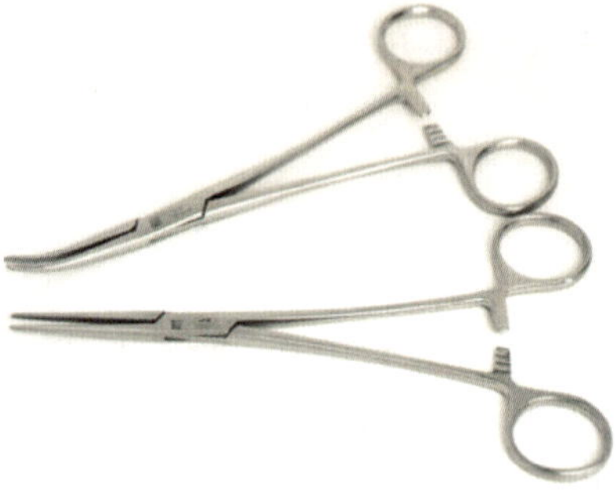

止血钳

纱布

图 2-41　外耳道切除器械

(二)术前评估

对宠物进行病史调查,确定患病宠物有无潜在疾病;检查宠物整体状态包括身体情况和精神状态,测量宠物体温、呼吸和心率等生理指标;根据患病宠物体格状态评定等级。患病动物的体格状态越差,出现麻醉和手术并发症的风险就越大。用耳镜和 X 线检查,查看水平耳道和直耳道病变程度以及是否存在肿瘤。如果宠物年龄超过 5～7 岁或存在明显全身症状时,需做血液生化检查,评估手术风险。

(三)宠物麻醉

诱导麻醉:6 mg/kg 丙泊酚(静脉注射)。

维持麻醉：异氟烷呼吸麻醉。

（四）宠物准备

成年宠物进行诱导麻醉前禁食 6～12 h，幼龄宠物禁食 4～6 h，排便和排空膀胱尿液；耳朵周边 5 cm 范围内剃毛，侧卧保定，碘伏、酒精 3 遍消毒，保证 5 min 接触时间，手术期间用棉花或者海绵堵塞外耳道，取患耳朝上的侧卧保定。对患病宠物用毛毯覆盖身体或采用其他保温措施；眼部涂布眼膏。

（五）术前用药及治疗

术前稳定宠物病情，补充液体和纠正酸碱、电解质异常，给予抗生素。注射阿托品（0.02～0.04 mg/kg，SC 或 IM），抑制唾液腺分泌及保护心脏。

（六）手术人员准备

佩戴手套、口罩，穿手术服。

二维码 2-9　犬外耳道切除手术过程

（七）手术过程

1. 标记切口

用探针插入外耳道探明垂直耳道的方向及深度。在水平耳道下方（垂直耳道一半）位置做标记（图 2-42）。

2. 做“U”形皮肤切口

用手术刀在垂直耳道外做“U”形皮肤切口，起于耳屏前切迹，止于屏间切迹（图 2-43）。腹侧最低点应位于可触及的垂直耳道最低点下方至少 1 cm 处。

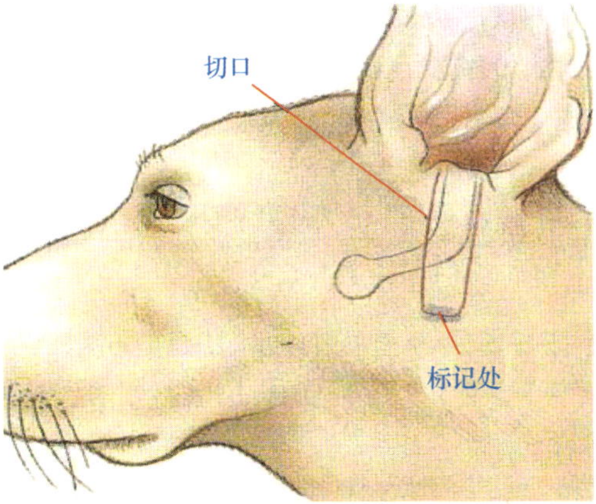

图 2-42　标记切口

（引自 Theresa Welch Fossum，Cheryl S Hedlund，Donald A Hulse，等，2008）

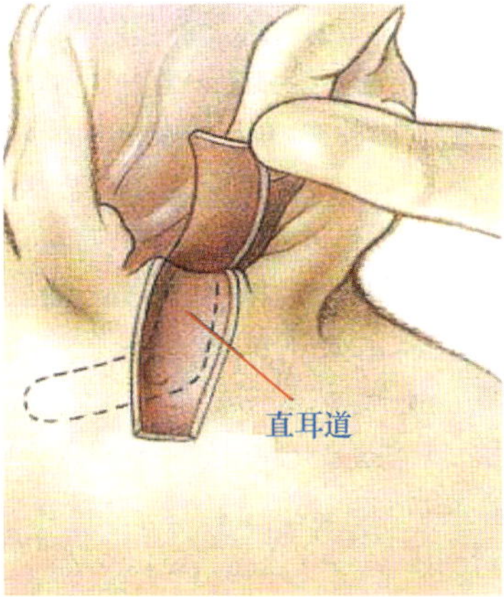

图 2-43　做“U”形皮肤切口

（引自 Theresa Welch Fossum，Cheryl S Hedlund，Donald A Hulse，等，2008）

3. 分离软组织

沿着软骨面仔细分离软骨与耳郭皮肤，分离至水平耳道处。

4. 做耳道壁平行切口

从耳屏前和屏间切迹开始在垂直耳道外壁做两道平行切口，切开耳道至直耳道与水平耳道交界处，从切迹处用组织剪以 30°角向腹侧剪开耳道（图 2-44）。

5. 制作排水板

切除外侧软骨瓣背侧(远端)的 1/2～2/3 及相连皮肤，在水平耳道开口的下方留 1～3 cm 作为引流板(图 2-45)。若软骨过厚导致耳道瓣无法展平。可用止血钳将将要翻转的软骨与其内侧的上皮分离，切除此处的软骨，只保留完整的上皮。

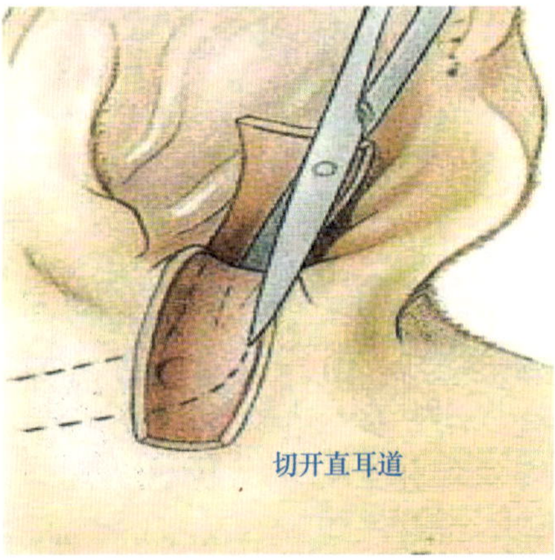

图 2-44 做耳道壁平行切口

(引自 Theresa Welch Fossum, Cheryl S Hedlund, Donald A Hulse, 等, 2008)

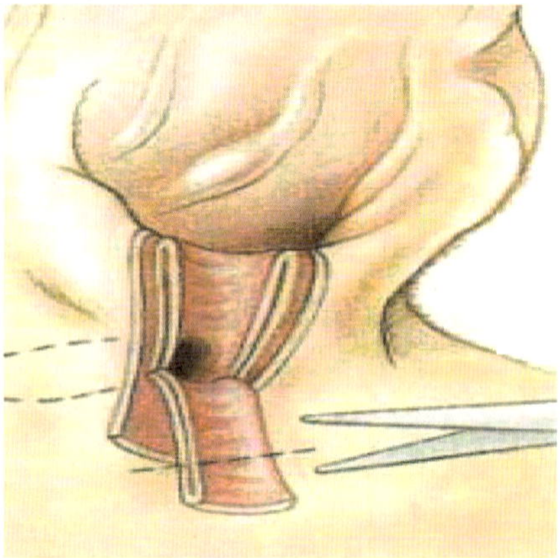

图 2-45 制作排水板

(引自 Theresa Welch Fossum, Cheryl S Hedlund, Donald A Hulse, 等, 2008)

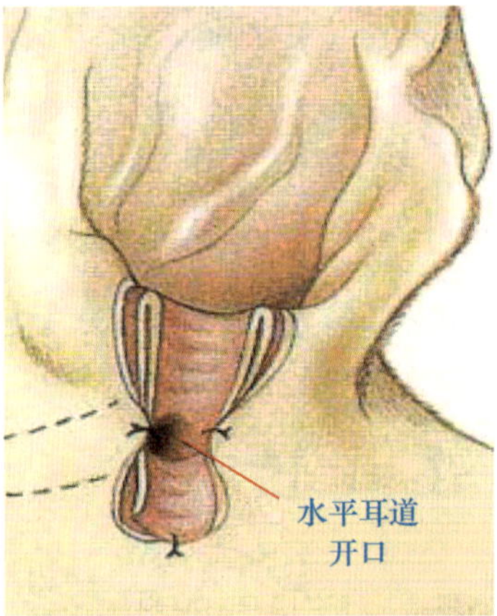

图 2-46 耳道缝合

(引自 Theresa Welch Fossum, Cheryl S Hedlund, Donald A Hulse, 等, 2008)

6. 耳道缝合

用 3-0 或 4-0 可吸收或不可吸收缝线，首先简单间断缝合皮瓣的两个角以及两侧的折转处，然后缝合“排水板”，最后缝合直耳道的前侧、后壁的内侧壁及其同侧的皮肤(图 2-46)。

7. 头部包扎

将耳郭紧贴头部包扎。前几天每天换药 1 次，待渗出减少后至为 2～3 d 换药 1 次。

8. 术后护理

在缝合处涂抹一薄层油性抗生素软膏；连用镇痛药数日；佩戴伊丽莎白圈至少 7 d；术后 10～14 d 拆线。

注意事项：

(1)分离耳道软组织时注意避免神经血管的损伤。

(2)切口不能向耳道的外侧面切开，否则会使“排水板”过窄。从水平耳道开始必须尽可能向远侧扩大切口。

(3)缝合的耳道皮肤稍稍外翻，避免愈合过程中出现耳道封闭的情况，术后一个月、半年左右时间需要进行病例追访。

三、学习效果评价

序号	评价内容	评价标准	评价结果（是/否）
1	手术准备	手术前器械、手术人员、手术宠物是否准备到位	
2		麻醉过程是否平稳，监测宠物体温、呼吸、脉搏	
3	立耳手术过程	剪耳后创缘缝合是否美观	
4		手术过程中出血是否得到充分止血	
5		立耳后的耳朵是否对称	
6	耳血肿手术过程	耳血肿切口大小、位置是否适宜	
7		耳血肿内容物是否完全清理干净	
8		耳面缝合是否紧实且未再次出现血肿	
9		手术过程中出血是否得到充分止血	
10	外耳道切除手术过程	垂直耳道“U”形皮肤切口位置、大小是否正确	
11		制作的排水板是否足够宽	
12		手术过程中出血是否得到充分止血	
13	术后护理	是否采取正确措施对宠物进行术后护理直至恢复健康	
14		术后护理是否出现感染	
15	职业素养	是否遵循无菌素养	
16		在手术过程中是否计划周密、科学严谨对待手术	
17		手术团队成员是否紧密配合完成手术	
18		是否能从容正确地应对术中突发情况	
19		是否小心操作，关爱患病宠物	

项目二 躯干手术

任务一 疝外科手术

一、学习目标

知识目标

- 能描述腹壁肌解剖结构。
- 能说出脐疝、阴囊疝外科手术所需的器械。

技能目标

- 能制订脐疝外科手术计划并协助宠物医生完成手术。
- 能制订阴囊疝外科手术计划并协助宠物医生完成手术。

素质目标

- 培养科学严谨工作态度。

二维码 2-10 疝的诊治技术

二、学习内容

腹壁肌由分布广泛、相对较薄的肌板构成。腹壁肌宽大的板状肌以腱膜的形式为终止点，腹白线为腹侧正中缝，延伸于剑状软骨和骨盆前缘之间的腱索，止于耻前腱。腹壁肌群是躯干动静态结构的重要组成部分，具有支撑腹腔内脏辅助呼气的作用。腹壁肌依据位置和结构可将腹肌分为腹外斜肌、腹内斜肌、腹横肌、腹直肌 4 块(图 2-47)。腹外斜肌为腹壁处的最浅层肌肉，表面仅由躯干深浅筋膜及腹壁皮肤所覆盖；腹内斜肌位于腹外斜肌的深层；腹横肌是四块腹壁肌中最小的一块，位于其他肌肉的深层；腹直肌仅分布于腹壁的腹侧区域，整块肌肉均位于腹直肌鞘内。

情境一 脐疝外科手术

(一)器械准备

手术剪，组织镊，组织剪，持针器，10 号刀片，手术刀柄，可吸收缝线，止血钳，纱布。(图 2-48)

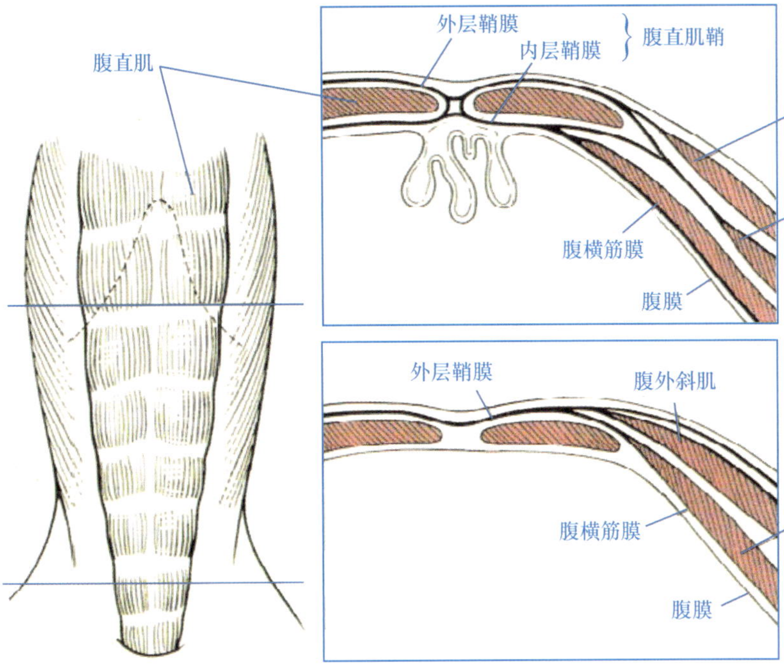

图 2-47　腹壁肌

（引自 Theresa Welch Fossum，Cheryl S Hedlund，Donald A Hulse，等，2008）

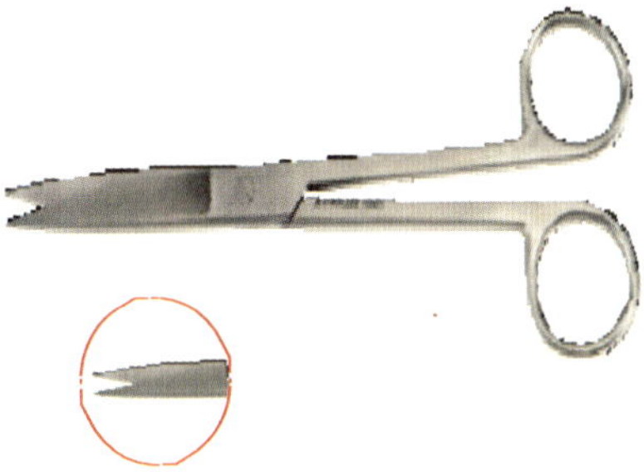

手术剪

组织镊

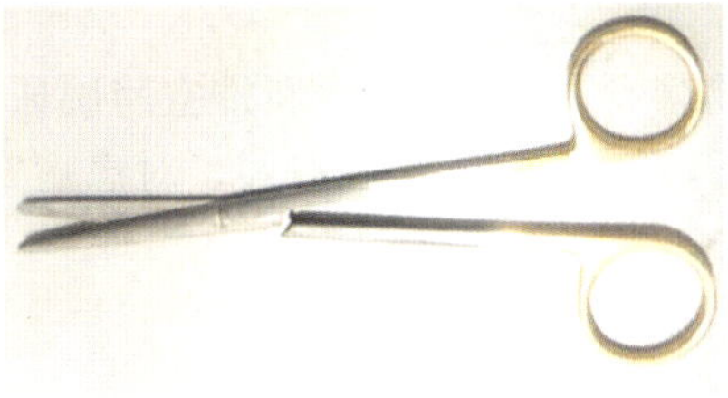

组织剪

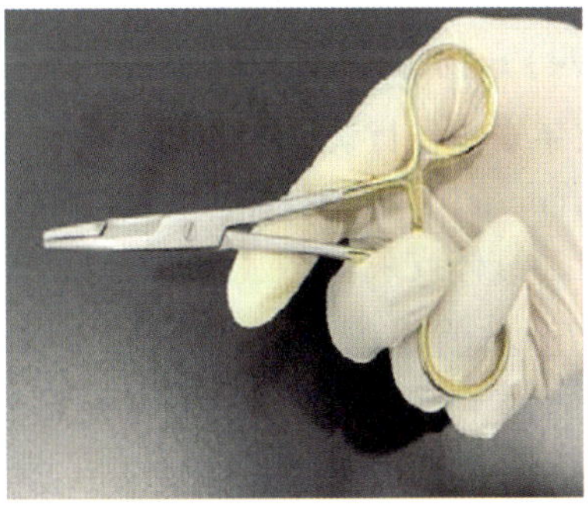

持针器

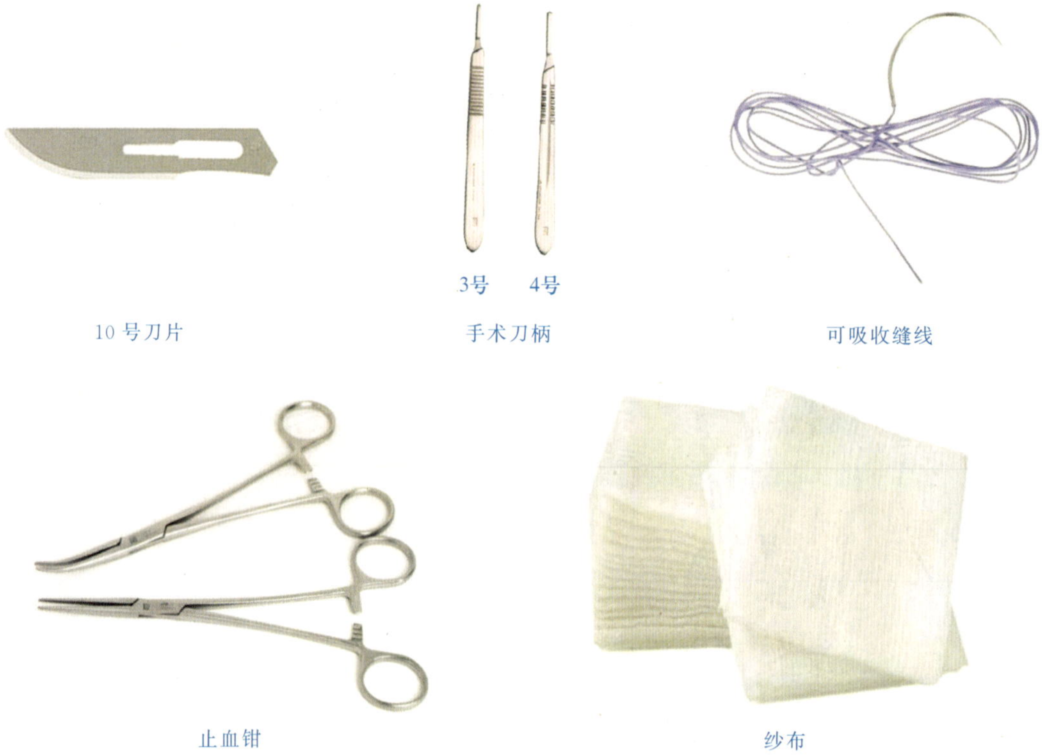

图 2-48 脐疝外科手术器械

(二)术前评估

对宠物进行病史调查,确定患病宠物有无潜在疾病;检查宠物整体状态包括身体情况和精神状态,测量宠物体温、呼吸和心率等生理指标;根据患病宠物体格状态评定等级。患病宠物X线检查显示腹部和胸部的相关损伤(如腹腔积液、膈疝);超声检查确定疝内容物的性质。患病宠物的体格状态越差,出现麻醉和手术并发症的风险就越大。如果宠物年龄超过 5～7 岁或存在明显全身症状时,需做血液生化检查,评估手术风险。

(三)宠物麻醉

诱导麻醉:6 mg/kg 丙泊酚(静脉注射)。

维持麻醉:异氟烷呼吸麻醉。

(四)宠物准备

成年宠物进行诱导麻醉前禁食 6～12 h,幼龄宠物禁食 4～6 h,排便和排空膀胱尿液;疝周边 5 cm 范围内剃毛,仰卧保定,碘伏、酒精 3 遍消毒,保证 5 min 接触时间。对患病宠物用毛毯覆盖身体或采用其他保温措施;眼部涂布眼膏。

(五)术前用药及治疗

术前稳定宠物病情,补充液体及纠正酸碱和电解质异常。注射阿托品 (0.02～0.04 mg/kg,SC 或 IM),抑制唾液腺分泌及保护心脏;注射布托啡诺(0.2～0.4 mg/kg,IM),镇痛。

(六)手术人员准备

佩戴手套、口罩,穿手术服。

(七)手术过程

1. 触诊疝环

仔细触诊疝环,观察其内容物能否被还纳。

2. 疝囊切开

若疝囊内容物能还纳腹腔,切开前将内容物还纳腹腔,在疝囊周围沿腹中线用手术刀做皮肤切开;若疝囊内容物不能还纳腹腔,发生嵌闭、肠道阻塞,用手术刀沿着疝的肿胀处做椭圆形的切口,在腹中线扩大切口,用直组织剪剪开腹膜,要避免伤到内容物(图 2-49)。

3. 疝囊处理

若疝内容物是一些脂肪和网膜,用缝合线直接结扎疝的柄部,然后用手术刀切除囊和内容物(图 2-50)。若疝囊是肠道等腹腔内容物,没有产生粘连或坏死,将内容物还纳到腹腔中后沿疝孔边缘切除暴露新鲜创口。若疝囊是肠道等腹腔内容物且产生粘连,内容物未发生坏死,将其还纳回腹腔;内容物发生坏死,必须切除肠管的坏死部分并将肠管对接缝合。

4. 疝囊缝合

根据患病宠物体形大小用 4-0 到 0 号合成可吸收性缝线单纯结节缝合疝环全层,用不可吸收缝合线缝合皮肤,闭合缺口(图 2-51)。

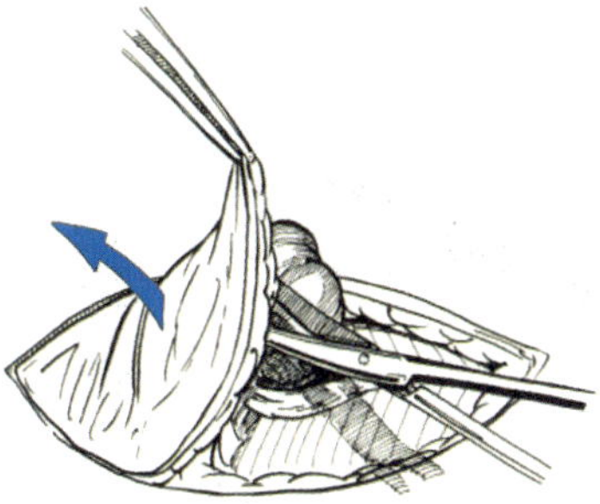

图 2-49 疝囊切开

(引自 Thomas David,2009)

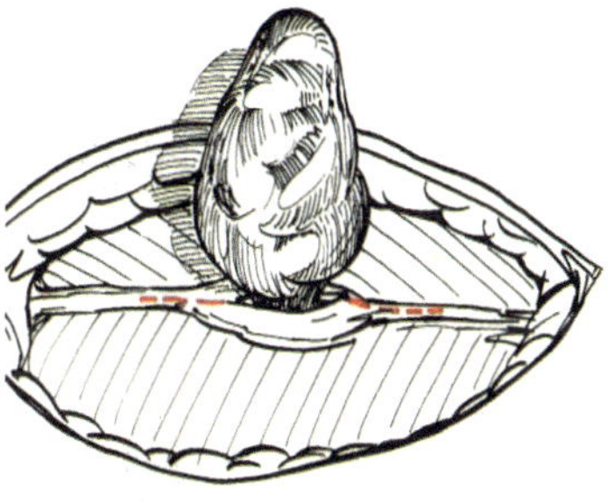

图 2-50 疝囊处理

(引自 Thomas David,2009)

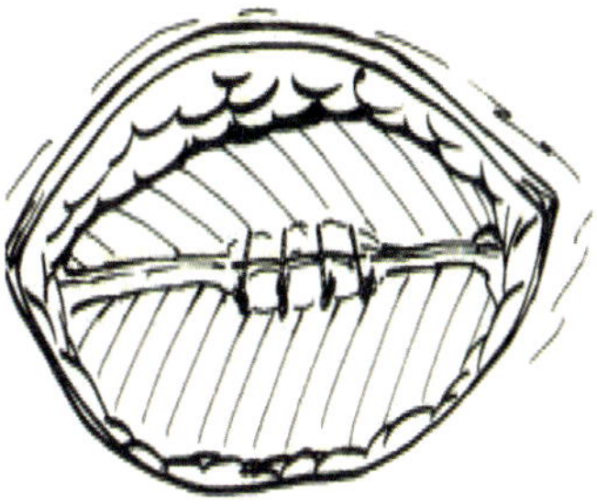

图 2-51 疝囊缝合

(引自 Thomas David,2009)

5. 术后护理

限制运动,保持安静;每天用碘伏消毒缝合创口 1 次;术后 10～14 d 拆线。

注意事项:

(1)缝合直肌时进针处距创缘太近、针距过大或未缝合直肌筋膜,脐疝可能复发。

(2)若是由于异常的纤维组织使得脐疝复发,需用合成网状材料覆盖疝孔增加修补强度。

情境二 阴囊疝外科手术

(一)器械准备

手术剪,组织镊,持针器,10 号刀片,手术刀柄,不可吸收缝线,止血钳,纱布。(图 2-52)

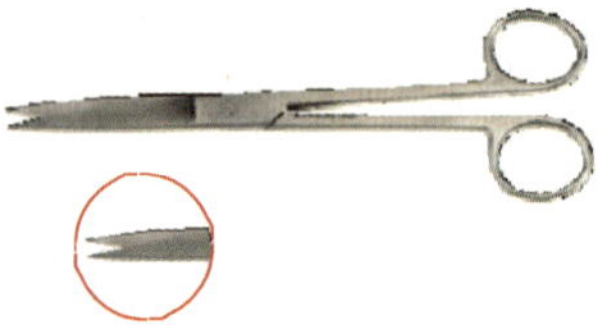

手术剪

组织镊

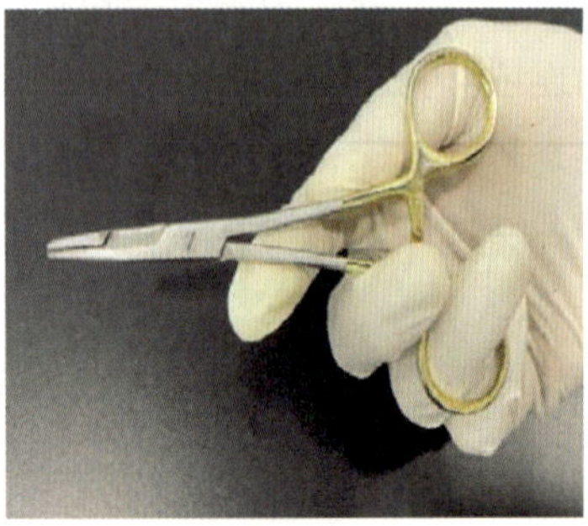

持针器

10 号刀片

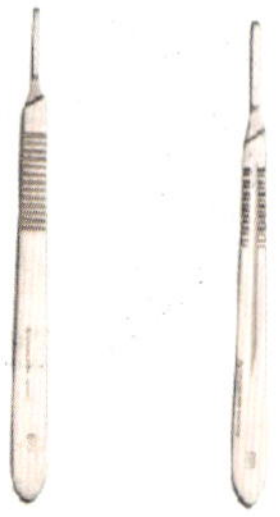

3号　　4号

手术刀柄

不可吸收缝线

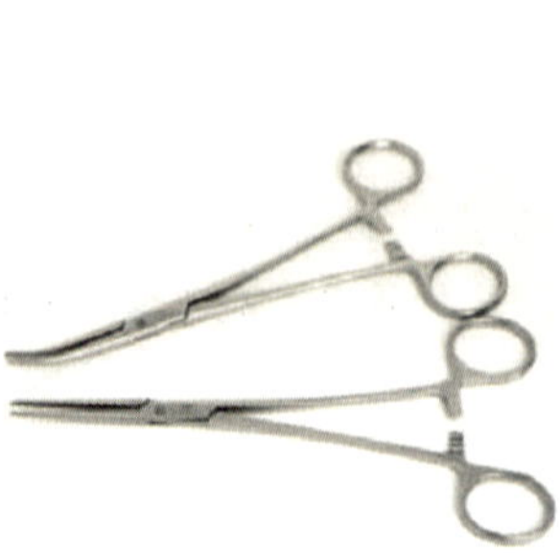

止血钳

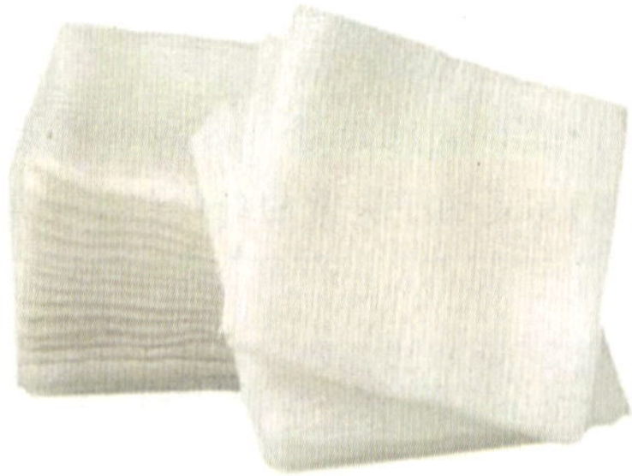

纱布

图 2-52　**阴囊疝外科手术器械**

（二）术前评估

对宠物进行病史调查，确定患病宠物有无潜在疾病；检查宠物身体情况和精神状态，测量宠物体温、呼吸和心率等生理指标；根据患病宠物体格状态评定等级。B超检查确定疝内容物的性质。患病宠物的体格状态越差，出现麻醉和手术并发症的风险就越大。如果宠物年龄超过5～7岁或存在明显全身症状时，需做血液生化检查，评估手术风险。

（三）宠物麻醉

诱导麻醉：6 mg/kg丙泊酚（静脉注射）。

维持麻醉：异氟烷呼吸麻醉。

（四）宠物准备

成年宠物进行诱导麻醉前禁食6～12 h，幼龄宠物禁食4～6 h，排便和排空膀胱尿液；阴囊疝周围区域5 cm范围内剃毛，侧卧保定，碘伏、酒精消毒3遍，保证5 min接触时间。对患病宠物采取保温措施；眼部涂布眼膏。

（五）术前用药及治疗

术前稳定宠物病情，补充液体及纠正酸碱和电解质异常。注射阿托品（0.02～0.04 mg/kg，SC或IM），抑制唾液腺分泌及保护心脏。

（六）手术人员准备

佩戴手套、口罩，穿手术服。

（七）手术过程

1.皮肤切开

用手术刀切开腹股沟管周边皮肤（图2-53）。

2.检查疝囊

用钝头外科手术剪剪开鞘状突起直至腹股沟管内。将疝内容物从阴囊中完全剥离下来，确认其是否坏死（图2-54）。

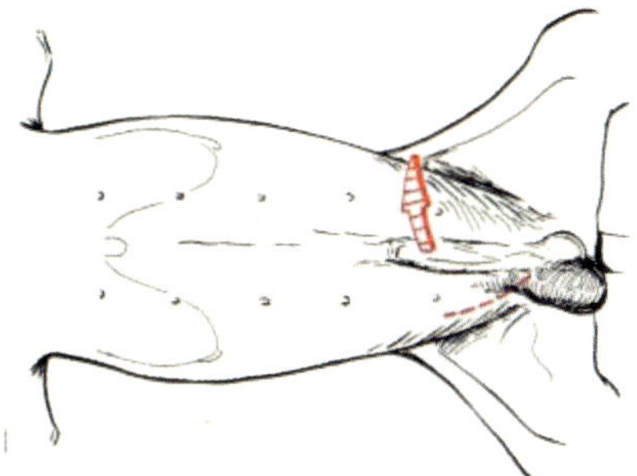

图2-53　皮肤切开

（引自Thomas David，2009）

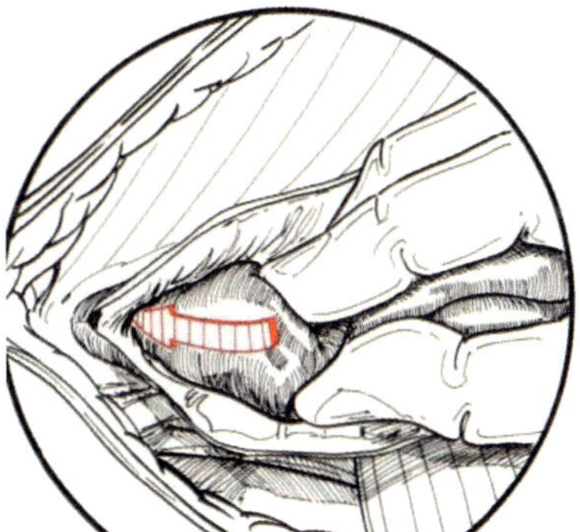

图2-54　检查疝囊

（引自Thomas David，2009）

3. 疝囊处理及缝合

疝内容物正常，通过腹股沟管用手将疝内容物还纳腹腔，在疝囊上做贯穿结扎或几个水平褥式缝合以缩小腹股沟管孔径；疝内容无法还纳，检查疝内容物，若发生坏死，打开腹腔，切除坏死部分，暴露腹股沟并修复疝（图 2-55）。用结节缝合闭合腹股沟外环、皮下和皮肤。

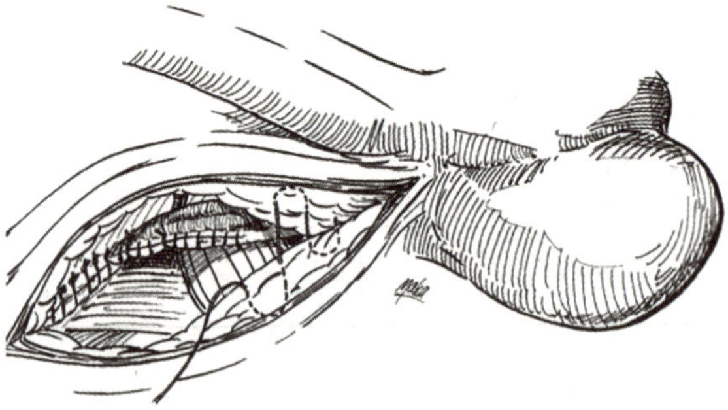

图 2-55　**疝囊缝合**（引自 Thomas David，2009）

4. 术后护理

佩戴伊丽莎白圈，限制运动，保持安静；每天用碘伏消毒缝合创口 1 次；术后 10～14 d 拆线。

注意事项：

不要损伤腹股沟环后中部的精索或脉管。

三、学习效果评价

序号	评价内容	评价标准	评价结果（是/否）
1	手术准备	手术前器械、手术人员、手术宠物是否准备到位	
2		麻醉过程是否平稳，监测宠物体温、呼吸、脉搏	
3	手术过程	手术切开位置、大小是否正确	
4		对切开过程出血是否充分止血	
5		对疝囊情况分类处理是否正确	
6		疝囊缝合是否紧实牢固	
7		缝合的创口是否整齐、美观	
8	术后护理	是否采取正确措施对宠物进行术后护理直至恢复健康	
9		术后护理是否出现感染	
10	职业素养	是否遵循无菌素养	
11		在手术过程中是否计划周密、科学严谨对待手术	
12		手术团队成员是否紧密配合完成手术	
13		是否能从容正确地应对术中突发情况	
14		是否小心操作，关爱患病宠物	

任务二　消化系统手术

一、学习目标

知识目标

- 能描述胃、肠道和肛门腺的解剖结构及血管分布。
- 能阐述胃切开、肠内异物取出、巨结肠切除和肛门腺感染摘除的手术流程。

技能目标

- 能正确准备胃、肠道和肛门腺手术所需的器械。
- 能制订胃切开手术计划并协助宠物医生完成手术。
- 能制订肠内异物取出手术计划并协助宠物医生完成手术。
- 能制订巨结肠切除手术计划并协助宠物医生完成手术。
- 能制订肛门腺感染摘除手术计划并协助宠物医生完成手术。

素质目标

- 培养科学严谨的工作态度。
- 培养手术过程无菌素养。
- 培养团队协作精神。

二、学习内容

情境一　胃切开手术

(一)基础知识

犬猫的胃是单室胃，位于食管和小肠之间。可以分为贲门、胃底、胃体、幽门窦、幽门管和幽门口(图 2-56)。犬胃排空后或部分填充胃的形状像一个“C”，凸面朝后腹侧和左侧。漏斗状贲门口很宽，这与犬易呕吐有关，胃扭转的发病率较高，特别是大型品种的犬更高。猫胃也是“C”状的，但与犬相比，胃腔更窄。犬猫的血液主要由来自胃左动脉、肝动脉、脾动脉 3 条腹腔动脉供给。胃左、右动脉沿胃小弯伸延，胃网膜左、右动脉沿胃大弯伸延。因而这两个胃弯处血液供给充足，壁面和脏面中部的血液供给较少，在进行胃切开手术时要考虑到这点。胃部有大网膜和小网膜，大网膜起于胃背侧系膜，而小网膜来自胃腹侧系膜。除胃网膜外，在胃与邻近的器官间还有数个双层腹膜褶，也来自胃背侧系膜和胃腹侧系膜。

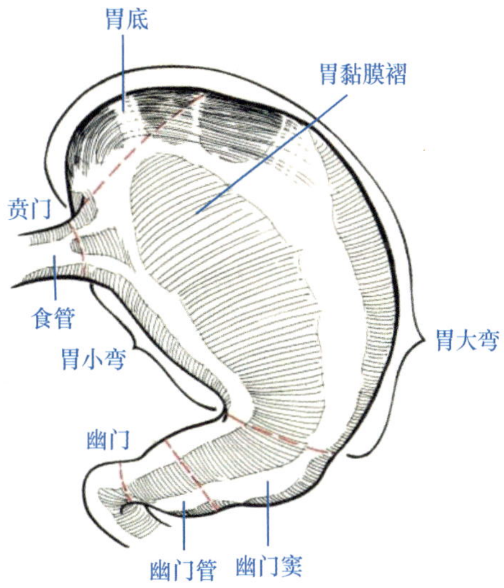

图 2-56　胃解剖结构(引自 Thomas David,2009)

(二)器械准备

手术剪,组织镊,持针器,10 号刀片,手术刀柄,可吸收缝线,止血钳,纱布。(图 2-57)

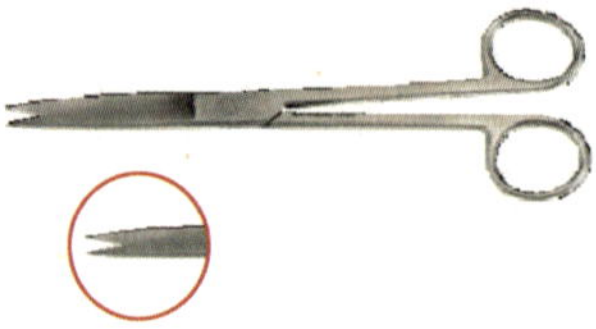

手术剪

组织镊

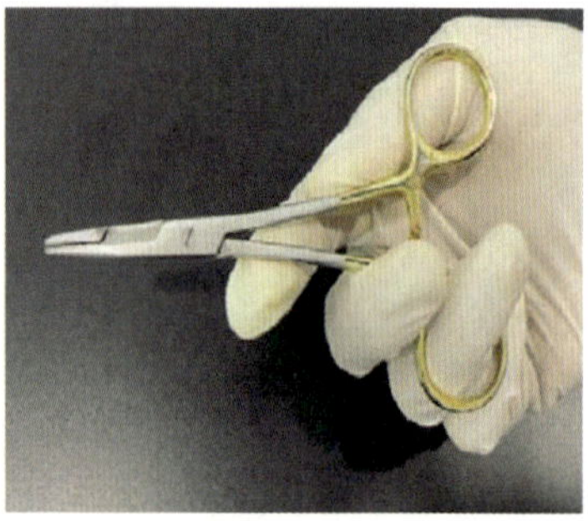

持针器

10 号刀片

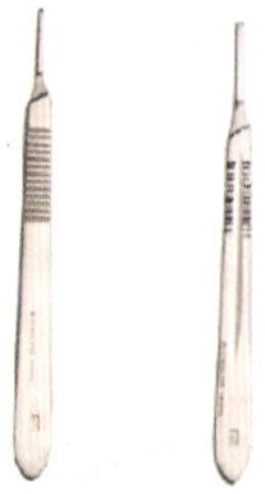

3号　4号

手术刀柄

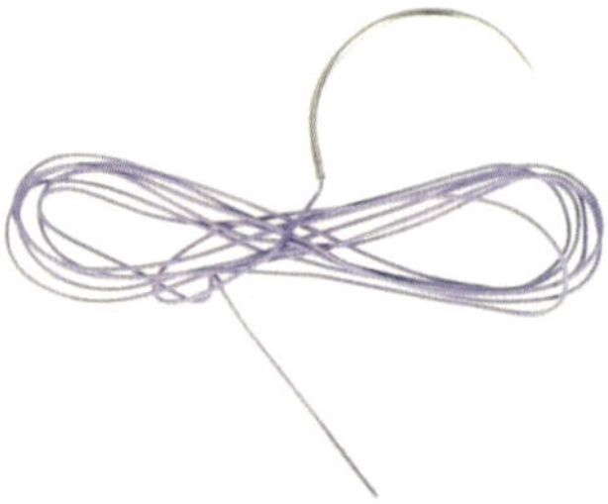

可吸收缝线

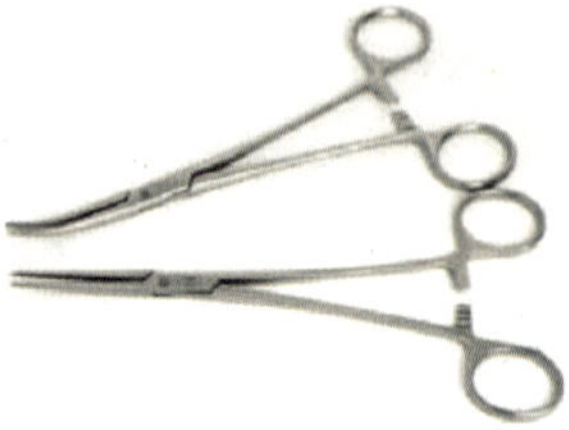

止血钳

纱布

图 2-57　胃切开手术器械

(三)术前评估

对宠物进行病史调查,确定患病宠物有无潜在疾病;检查宠物整体状态包括身体情况和精神状态,测量宠物体温、呼吸和心率等生理指标;根据患病宠物体格状态评定等级。呕吐的宠物常出现脱水和低钾血症,胃液丢失可引起碱中毒,有时也可引起代谢性酸中毒。呕吐的宠物会引起吸入性肺炎或食管炎,胃手术诱导麻醉前应治疗严重的吸入性肺炎。患病宠物的体格状态越差,出现麻醉和手术并发症的风险就越大。如果宠物年龄超过5～7岁或存在明显全身症状时,需做血液生化检查,评估手术风险。

(四)宠物麻醉

诱导麻醉:6 mg/kg 丙泊酚(静脉注射)。

维持麻醉:异氟烷呼吸麻醉。

(五)宠物准备

成年宠物进行诱导麻醉前禁食12～18 h,幼龄宠物禁食4～6 h,排便和排空膀胱尿液;在切口周边5 cm范围内剃毛,仰卧保定,碘伏、酒精3遍消毒,保证5 min接触时间。对患病宠物采取保温措施;眼部涂布眼膏。

(六)术前用药及治疗

术前稳定宠物病情,补充液体及纠正酸碱和电解质异常,诱导麻醉期静脉注射头孢唑林(22 mg/kg,间隔90 min至2 h重复给药1～2次)。注射阿托品(0.02～0.04 mg/kg,SC或IM),抑制唾液腺分泌及保护心脏。

(七)手术人员准备

佩戴手套、口罩,穿手术服。

二维码 2-11 犬胃切开手术过程

(八)手术过程

1.铺设创巾

在腹部预定切口铺设创巾,用创巾钳固定。

2.暴露腹腔

用手术刀从剑状软骨至脐部腹侧正中线紧张切开皮肤,镊子提起腹白线并用反挑式切开腹白线和腹膜。用腹壁牵开器牵引切开腹壁,充分暴露胃肠道。

3.隔离术部

切开胃之前探查整个腹腔内容物。用生理盐水浸湿的剖腹纱布把胃与其他腹腔内容物隔离开。放置牵引线帮助胃切开手术操作并防止胃内容物溢出。

4.胃部切开

助手牵拉牵引线,在大弯和小弯之间胃腹侧血管较少的位置做切口(图2-58)。用手术刀在切口部分刺一小切口进入胃腔,然后用组织剪扩大切口。用抽吸装置抽取胃内容物以减少溢出。

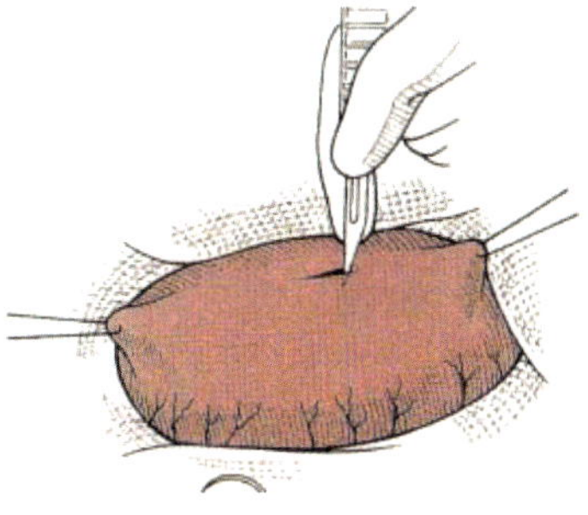

图 2-58 胃部切开

(引自 Theresa Welch Fossum,Cheryl S Hedlund,Donald A Hulse,等,2008)

5.检查清除异物

清除胃内异物后，检查整个肠道，防止其他异物发生肠道阻塞。

6.胃壁缝合

用2-0或3-0可吸收缝合材料，使用2层的浆肌层内翻缝合法缝合胃壁(图2-59)。第一层包括浆膜肌层和黏膜下层，使用简单连续缝合。第二层使用伦勃特缝合法或库兴氏缝合法缝合浆膜和肌层。

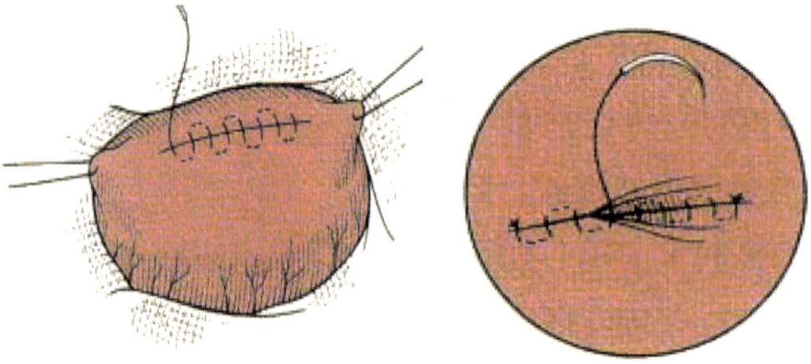

图2-59 胃壁缝合

(引自 Theresa Welch Fossum，Cheryl S Hedlund，Donald A Hulse，等，2008)

7.腹壁缝合

用可吸收缝合线采取连续缝合法关闭腹白线，皮下组织较厚用可吸收线结节缝合或连续缝合，结节缝合皮肤。缝合结束后用碘伏涂擦创口。

8.术后护理

佩戴伊丽莎白圈，连续使用抗生素5 d；监测电解质尤其是钾，根据需要给予镇痛药；静脉输液直至动物能够适量饮水。未发生呕吐，术后12 h可饲喂食物。术后10～14 d拆线。

注意事项：

(1)切口不要靠近幽门，否则缝合切口时可能使大量组织包在胃腔内而引起流出口阻塞。

(2)胃壁缝合第一层缝合结束后需更换所有手术器械，包括手套。

情境二 肠内异物取出手术

(一)基础知识

犬的肠(图2-60)几乎是体长的五倍，80%是小肠。小肠包括十二指肠、空肠和回肠。十二指肠自胃的幽门伸向右腹壁，折转向后行至骨盆入口，向内移行绕过肠系膜前根，再向前伸延至空肠，空肠位于十二指肠和回肠之间，是小肠中最长的一段。由于在腹腔顶壁悬吊空肠和回肠的空肠系膜很长，所以它也是消化管中活动性最大的游离部位。空肠系膜向后延续为回肠系膜，呈大的扇形悬吊于腹腔顶壁，卷曲的空肠和回肠位于其游离缘。回肠是小肠末段，空肠和回肠通过回盲褶区分。腹部和肠系膜动脉的分支供应小肠，肠系膜淋巴结沿肠系膜的血管分布，肠系膜的根部连接空肠和回肠达到背侧体壁。小肠壁分为黏膜层、黏膜下层、肌层和浆膜层。黏膜层是分离肠腔和腹腔的一层重要屏障。黏膜健康和血液供应良好对于肠的正常分泌和吸收有重要作用，黏膜下层有大量的血管、淋巴管和神经。浆膜层对于在损伤或切口处形成快速封闭起重要的作用。

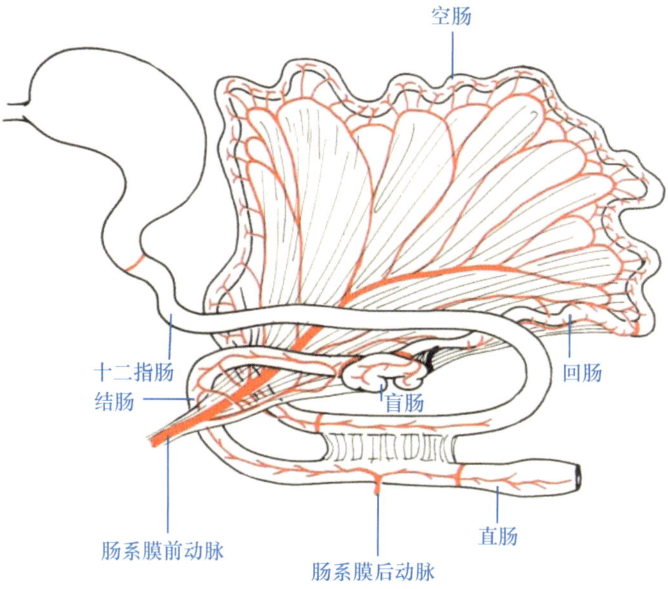

图 2-60　小肠解剖结构(引自 Thomas David,2009)

(二)器械准备

手术剪，组织镊，持针器，10 号刀片，手术刀柄，可吸收缝线，止血钳，纱布，肠钳。(图 2-61)

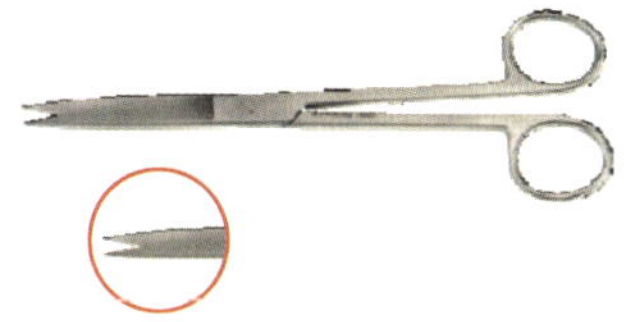

手术剪

组织镊

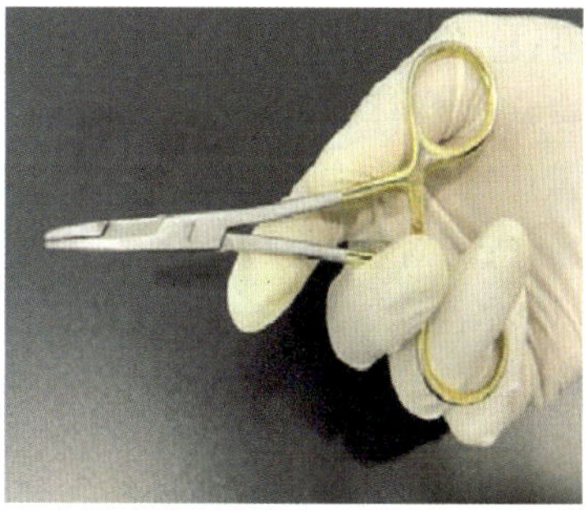

持针器

10 号刀片

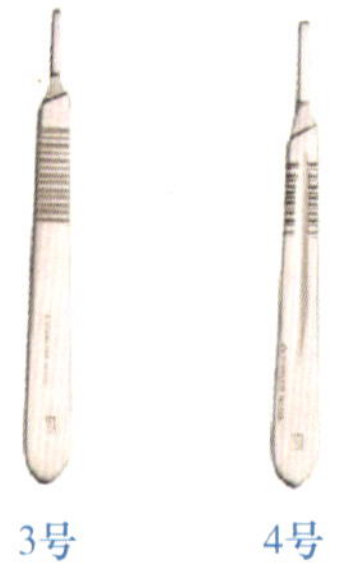

手术刀柄

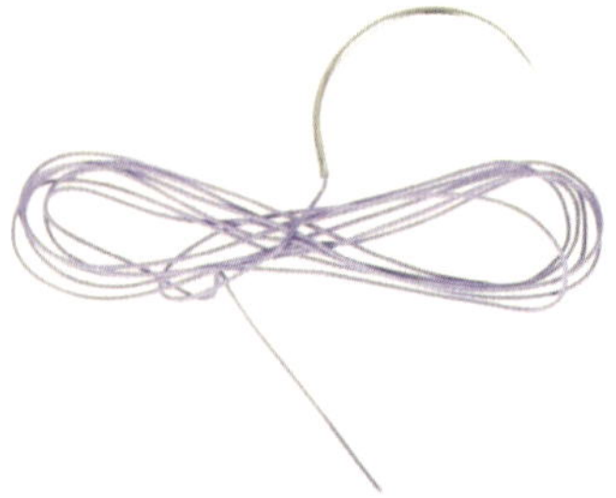

可吸收缝线

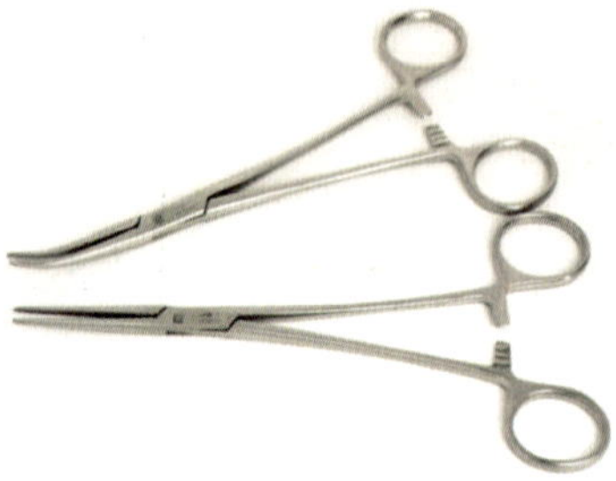

止血钳

纱布

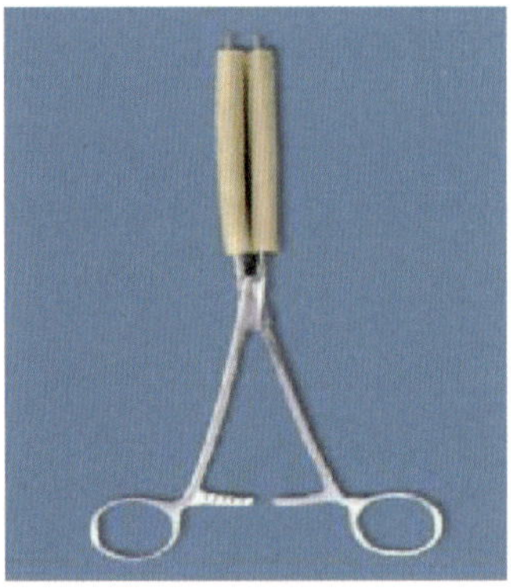

肠钳

图 2-61　肠内异物取出手术器械

(三)术前评估

对宠物进行病史调查,确定患病宠物有无潜在疾病;向宠物主人了解患病宠物的饮食、给药方法、应激和既往治疗的反应,了解宠物是否呕吐、腹泻;检查宠物整体状态包括身体情况和精神状态,测量宠物体温、呼吸和心率等生理指标;根据患病宠物体格状态评定等级。对患病宠物进行侧卧位及腹背侧位 X 线检查,若怀疑小肠穿孔,使用碘化钾造影剂造影。用 B 超检查确诊肠和其他腹部肿瘤,检测肠壁的厚度、不同壁层的形态和对称性、蠕动次数、肠内容物的类型、损伤位置和疾病范围。如果宠物年龄超过 5～7 岁或存在明显全身症状时,需做血液生化检查,评估手术风险。患病宠物的体格状态越差,出现麻醉和手术并发症的风险就越大。

(四)宠物麻醉

诱导麻醉:6 mg/kg 丙泊酚(静脉注射)。

维持麻醉：异氟烷呼吸麻醉。

（五）宠物准备

成年宠物进行诱导麻醉前禁食 12～18 h，幼龄宠物禁食 4～6 h，排便和排空膀胱尿液；术部切口周边 5 cm 范围内剃毛，仰卧保定，碘伏、酒精 3 遍消毒，保证 5 min 接触时间。对患病宠物采取保温措施；眼部涂布眼膏。

（六）术前用药及治疗

术前稳定宠物病情，补充液体及纠正酸碱和电解质异常，诱导麻醉期静脉注射头孢唑林，（22 mg/kg，间隔 90 min 至 2 h 重复给药 1～2 次）。注射阿托品（0.02～0.04 mg/kg，SC 或 IM），抑制唾液腺分泌及保护心脏。

（七）手术人员准备

佩戴手套、口罩，穿手术服。

二维码 2-12　小肠切除手术过程

（八）手术过程

1. 铺设创巾

在腹部预定切口铺设创巾，用创巾钳固定。

2. 暴露腹腔

根据异物位置，用手术刀在脐前或后方沿腹侧正中线紧张切开皮肤，镊子提起腹白线并用反挑式切开腹白线和腹膜。用腹壁牵开器牵引切开腹壁，充分暴露胃肠道（图 2-62）。

3. 探查异物

将腹腔所看到的大网膜尽量向腹腔头侧移动。从幽门开始探查全部肠管，确定异物所处肠段（图 2-63）。

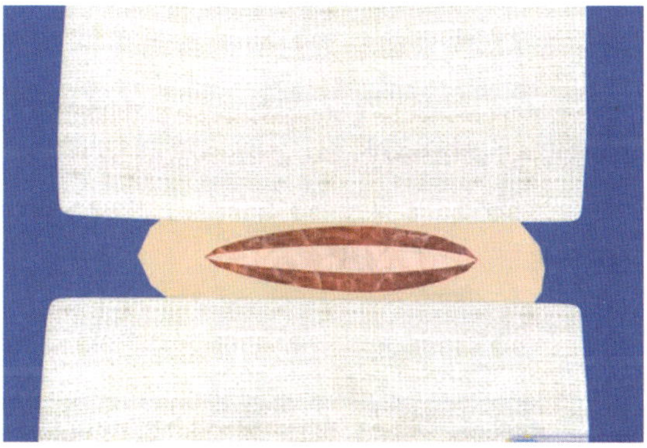

图 2-62　暴露腹腔

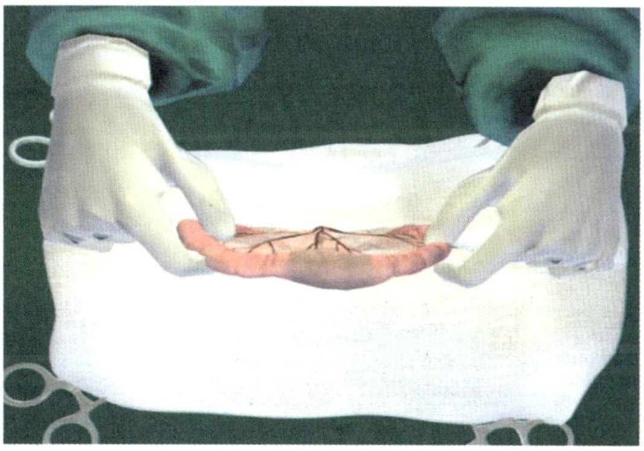

图 2-63　探查异物

4. 隔离术部

用生理盐水浸湿的剖腹纱布把有异物肠段拉至腹腔外与其他腹腔内容物隔离开（图 2-64）。

5. 判定肠管活性

检查异物所在部位肠管的活性，决定是否有必要切除该段肠管。在温生理盐水中，水浴肠管帮助其恢复正常的颜色和蠕动。正常的肠管在挤压之后会快速恢复。若这段肠管还有活力，用简单间断缝合或简单连续缝合肠创口。若为失去活力或病变的肠段，要进行肠管切除，通过端端吻合重新建立完整的肠管连接。

6. 结扎切除肠段血供(肠管发生坏死)

在小肠坏死肠段末端横断,双重结扎肠系膜上的弓形血管和直小血管(图 2-65)。小心将肠管内食糜向两端挤压,助手用手或肠钳夹住肠管两末端,防止食糜泄漏。

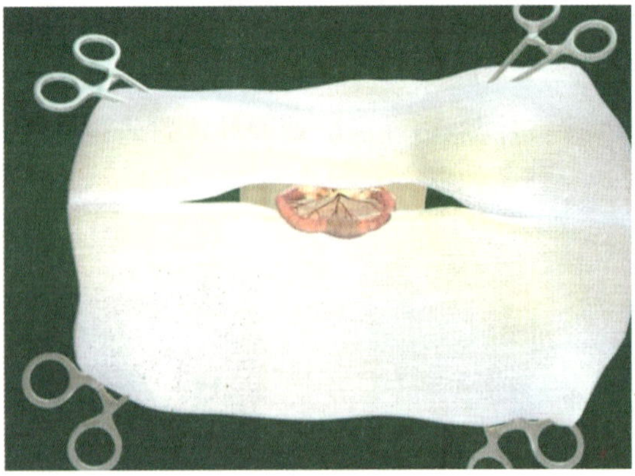

图 2-64　隔离术部

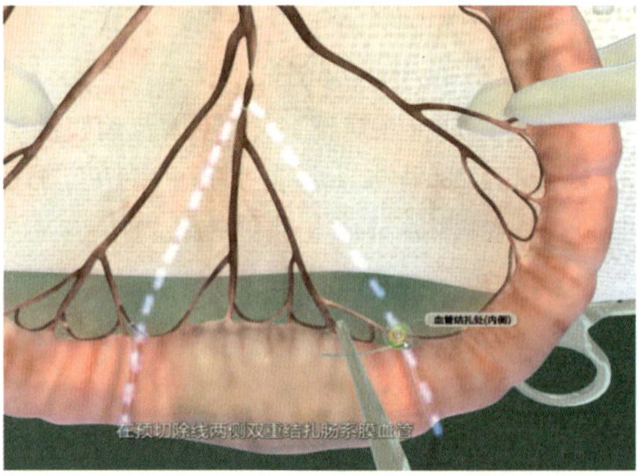

图 2-65　结扎切除肠段血供

7. 切除坏死肠段

用钳子交叉夹住病变肠段,用手术刀或手术剪沿肠钳外部横断肠管(图 2-66)。垂直或倾斜于长轴切开肠道。如果两端肠腔的直径一致,则可以垂直切开(75°～90°);如果两端肠腔的直径不一致,在直径大的肠段上垂直切开,而在肠腔直径小的肠段上倾斜切开(45°～60°),修整肠腔的直径使它们一致。对肠端进行抽吸,清除黏附在切口缘上的碎片。在肠端端吻合之前,用手术剪修整外翻的黏膜层。

8. 肠壁缝合

用 4-0 或 3-0 可吸收缝线对接缝合肠断端(图 2-67)。首先在肠系膜缘进行简单间断缝合,然后肠系膜对缘作第二道缝合。若两断端直径相一致,在最初的两缝线之间进行缝合,缝线距断端缘 2 mm,间距 2～3 mm。通过调整切口的角度和缝线的间距,不能调节肠腔的差异时,可以在管径小的肠的肠系膜对缘剪下一块(1～2 cm 长,1～3 mm 宽)的小楔形体,以扩大吻合口的周长,使管腔的圆周呈椭圆形。

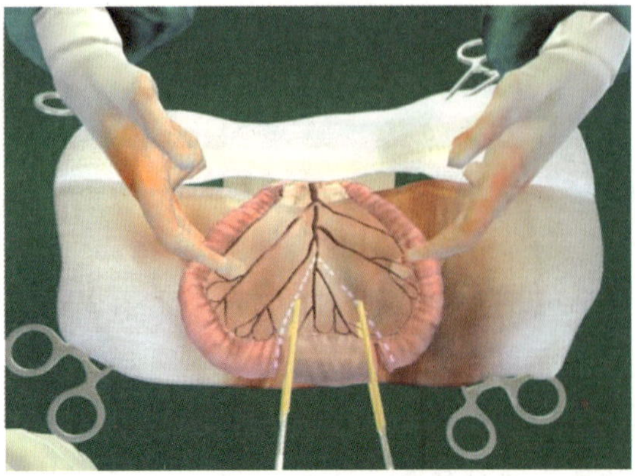

图 2-66　切除坏死肠段

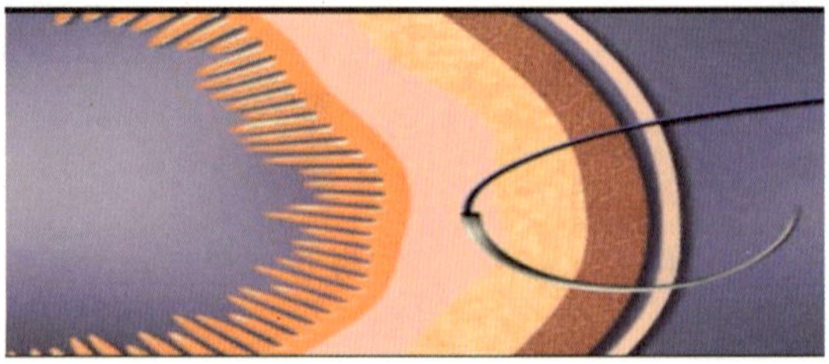

图 2-67　肠壁缝合

9. 肠壁验漏及处理

缝合后，检查端端吻合好后的肠道有无渗漏（图 2-68）。在靠近肠吻合处闭塞肠管，然后注射无菌生理盐水适度地扩张肠管，轻轻地指压肠管，检查缝线处和针孔处有无渗漏。若在缝线处发生渗漏可以再次进行缝合。使用 4-0 可吸收缝合线间断缝合肠系膜缺损。如果腹腔已经污染，要对隔离的肠管和整个腹腔进行冲洗。在关闭腹腔前用网膜包裹肠吻合处。

10. 腹壁缝合

用可吸收缝线连续缝合腹白线，若皮下组织较厚，用可吸收缝线结节或连续缝合，结节缝合皮肤，缝合结束后用碘伏涂擦创口（图 2-69）。

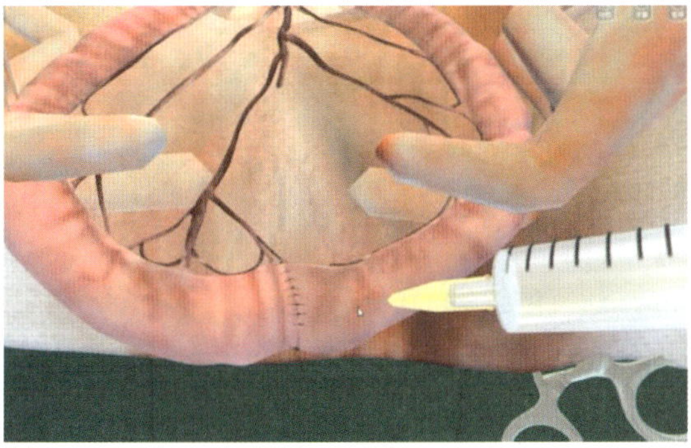

图 2-68　肠壁验漏及处理

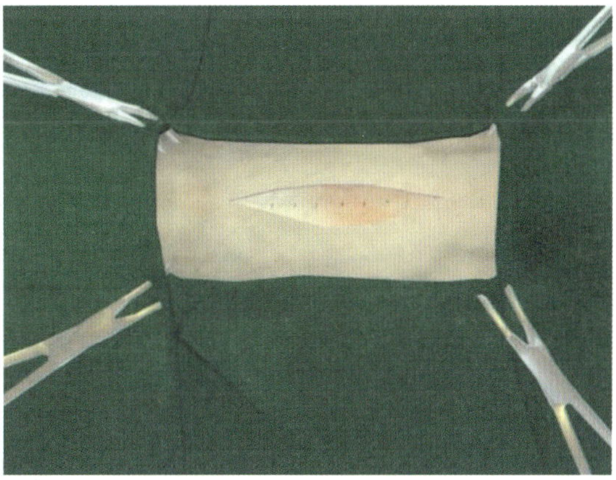

图 2-69　腹壁缝合

11. 术后护理

佩戴伊丽莎白圈，继续纠正酸碱平衡和电解质代谢紊乱及补充体液；给予美洛昔康镇痛。若发生腹膜炎或感染，应持续给予抗生素。若不发生呕吐，在术后 8～12 h 可饮水，术后 12～24 h 允许进食，小心监视患病宠物是否发生肠道泄露和腹膜炎。

注意事项：

（1）当去除线状异物（线、羊毛等）时，这种异物多附挂在肠内壁上。必须根据异物长度将肠管做几个切口，分几段去除异物。去除线状异物时很可能切穿肠壁，不能从一个切口强行拉出线状异物。

（2）缝合时不要穿透或损伤缺损部位的血管。

情境三　猫巨结肠切除手术

（一）基础知识

大肠包括盲肠、升结肠、横结肠、降结肠和直肠。犬各段结肠长度为：升结肠 3～9 cm，横结肠 6～8 cm，降结肠 10～16 cm；猫各段结肠长度为：升结肠 1～2 cm，横结肠 2～4 cm，降结肠 10～16 cm。升结肠和盲肠在回肠的终止处。犬的盲肠是“S”形，盲端在肠系膜根部的右侧；猫的盲肠是一个短的、直的盲端。盲肠在右肾的腹侧，小肠的背侧，十二指肠降支的中间部分。升结肠与回肠通过回结肠口相连，与盲肠通过盲结肠口相连（距回结肠口约 1 cm）。在结肠右系带（肝系带）处短的升结肠从右向左转即为横结肠开始，穿越头部到肠系膜根部。在左侧系带（脾系带）处向后转，开始降结肠。它从左侧开始，在小肠的背侧，然后行到达盆骨入口。大肠从穿过盆骨通道到肛门这一段为直肠。

大肠的血液供应主要来自回结肠动脉、肠系膜前动脉和肠系膜后动脉（图 2-70）。这些分支平行分布在肠管上，再分出短的直肠血管，然后进入肠管。回结肠动脉和结肠左动脉吻合。回结肠动脉为回肠、盲肠、升结肠和横结肠提供血液。由它再分出结肠中部动脉和结肠右动脉。结肠右动脉为盲肠、升结肠和一部分横结肠提供血液供应。结肠中动脉作为另一部分横结肠和一半降结肠的血液供应，它与结肠左动脉相吻合，作为降结肠末端的血液供应。结肠左动脉和直肠前动脉都是肠系膜后动脉的分支。直肠前动脉首先为直肠前端供应血液，然后分出直小动脉为结肠末端的一段肠管供应血液。

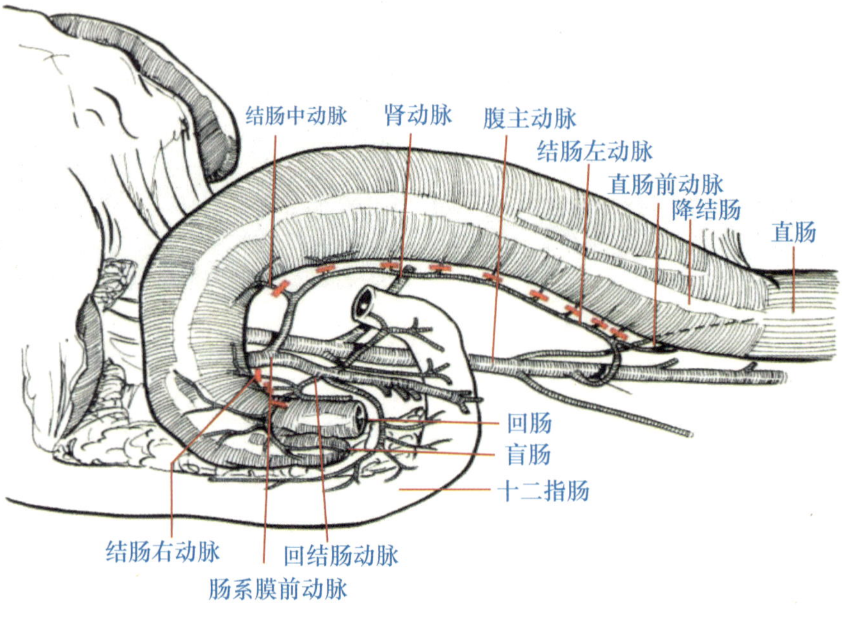

图 2-70 **大肠的血液供应**（引自 Thomas David，2009）

（二）器械准备

手术剪，组织镊，持针器，10 号刀片，手术刀柄，可吸收缝线，止血钳，纱布，肠钳。（图 2-71）

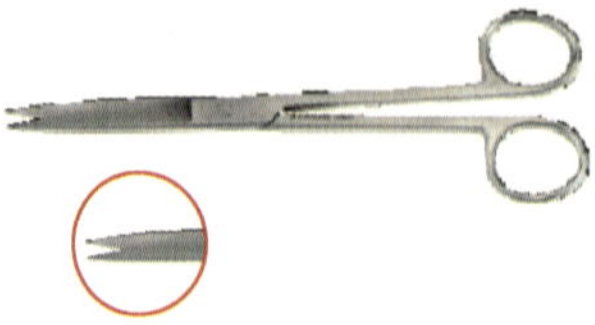

手术剪

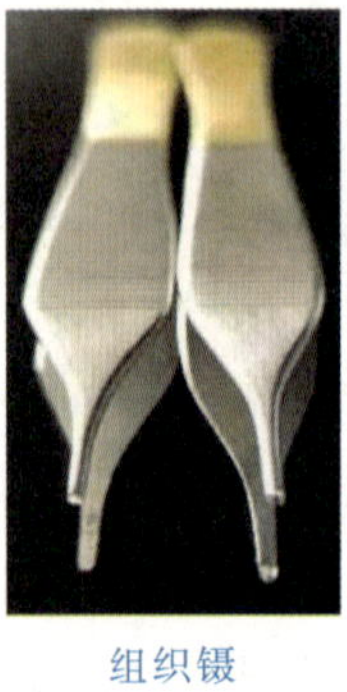

组织镊

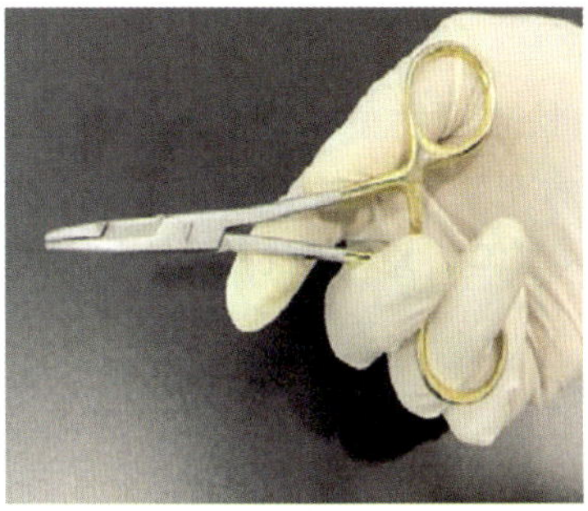

持针器

10 号刀片

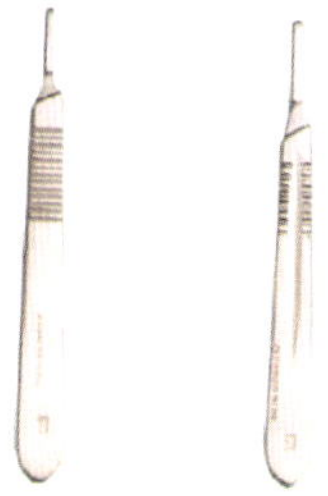

3号　　4号

手术刀柄

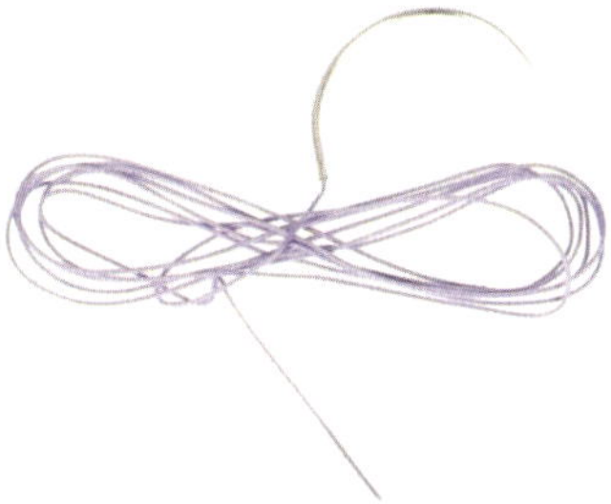

可吸收缝线

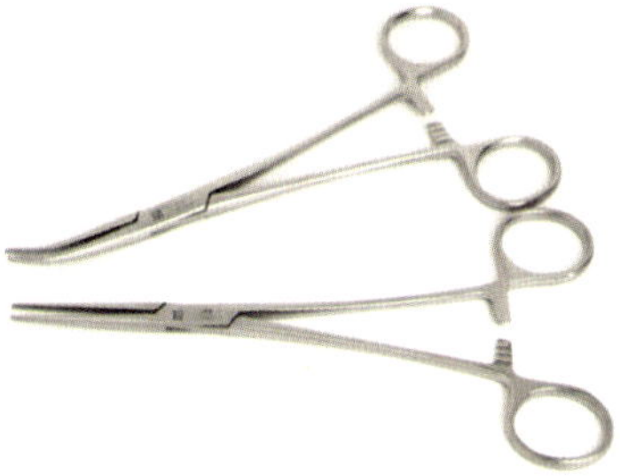

止血钳

纱布

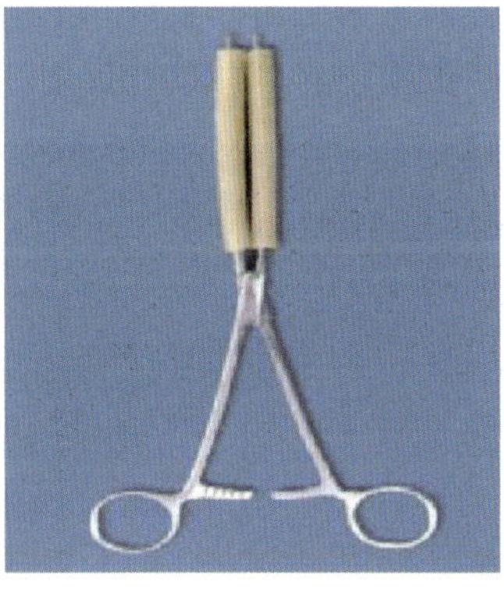

肠钳

图 2-71　猫巨结肠切除手术器械

（三）术前评估

对宠物进行病史调查，确定患病宠物有无潜在疾病；检查宠物整体状态包括身体情况和精神状态，测量宠物体温、呼吸和心率等生理指标；根据患病宠物体格状态评定等级。患病宠物腹部X线检查结肠扩张程度；做血液生化检查，评估手术风险。患病宠物的体格状态越差，出现麻醉和手术并发症的风险就越大。

（四）宠物麻醉

诱导麻醉：6 mg/kg 丙泊酚（静脉注射）。

维持麻醉：异氟烷呼吸麻醉。

（五）宠物准备

在手术前2～3 d喂食无须消化营养液，成年宠物进行诱导麻醉前禁食24 h，自由饮水，术前排便和排空膀胱尿液；在手术前1 d用导泻药（电解质溶液）清理结肠，术前3 h灌肠给予10%聚维酮碘。在脐后腹中线至耻骨周边5 cm范围内剃毛，仰卧保定，碘伏、酒精3遍消毒，保证5 min接触时间。对患病宠物采取保温措施；眼部涂布眼膏。

（六）术前用药及治疗

术前稳定宠物病情，补充液体及纠正酸碱和电解质异常，术前预防感染24 h用药：甲硝唑（10 mg/kg，IV或PO，3次/d）、头孢唑啉（20 mg/kg，IV或PO）。注射阿托品（0.02～0.04 mg/kg，SC或IM），抑制唾液腺分泌及保护心脏；注射布托啡诺（0.2～0.4 mg/kg，IM），镇痛。

（七）手术人员准备

佩戴手套、口罩，穿手术服。

（八）手术过程

1. 铺设创巾

在腹部预定切口铺设创巾，用创巾钳固定。

2. 暴露腹腔

用手术刀从脐后腹中线至耻骨前方紧张切开皮肤，镊子提起腹白线并用反挑式切开腹白线和腹膜。用腹壁牵开器牵引切开腹壁，充分暴露肠道（图2-72）。

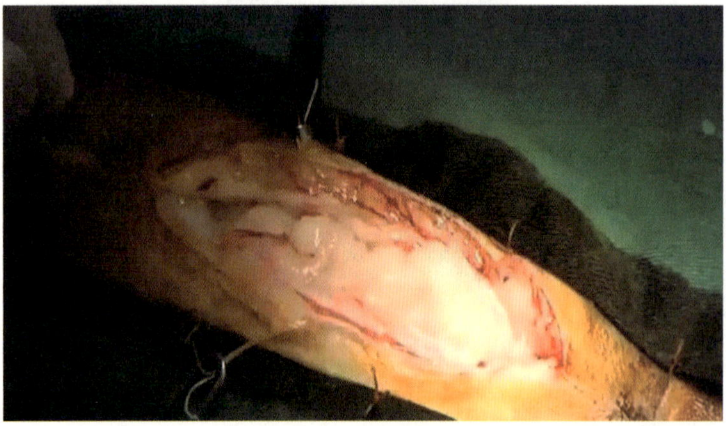

图2-72 暴露腹腔

3.隔离术部

将大网膜和小肠移向头侧，病变的部分结肠移至腹壁创口处，在腹壁和腹内脏器官盖上浸有温生理盐水的纱布（图 2-73）。

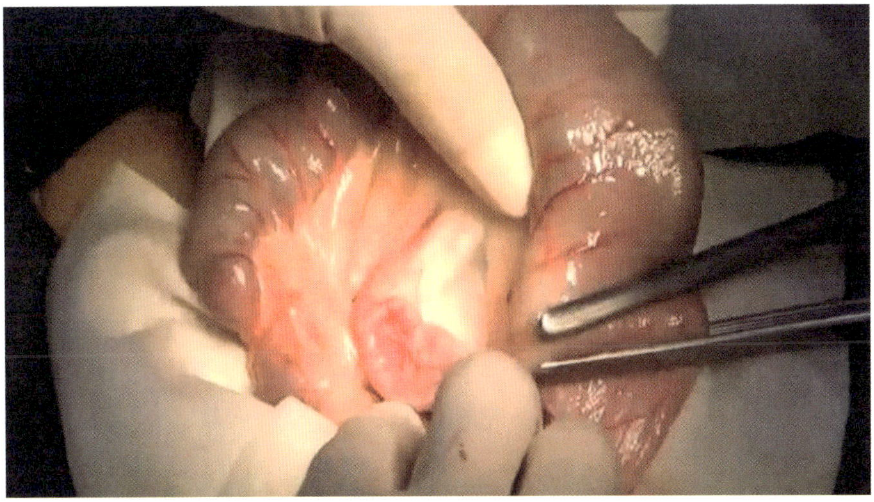

图 2-73　隔离术部

4.截除肠段隔离

把要切除肠管内的粪便小心地挤向两端。在病变肠管两侧分别用两把非损伤性肠钳夹持，把预定切除肠段肠系膜侧血管进行双重结扎，结扎后用手术剪或手术刀彻底分离肠系膜和血管（图 2-74）。

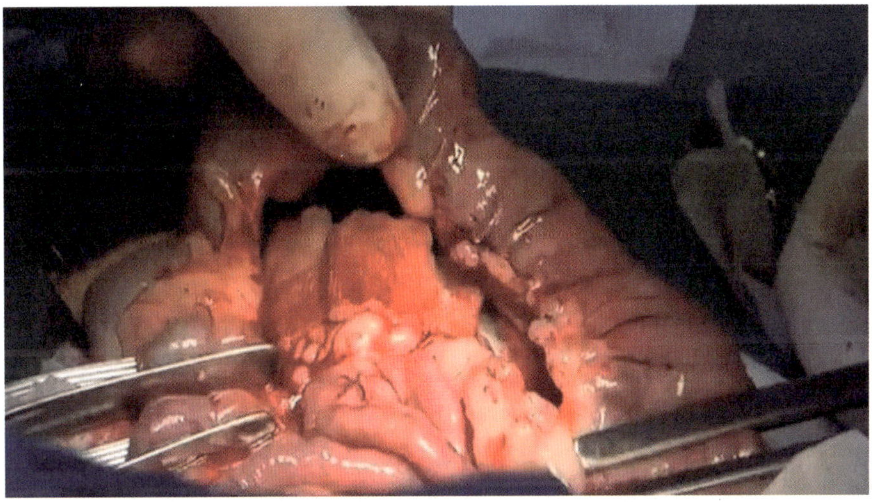

图 2-74　截除肠段隔离

5.肠管截断

切除肠段的前方临近回肠用手术刀或手术剪实施斜面切断（45°～60°）。在结肠临近直肠的位置实施与肠道纵轴垂直切开。用湿润的带纱布的海绵吸取小肠末端的液体，移走切口边缘的碎屑。

6.缝合肠壁

将断端肠管缝合，在肠管两侧各设一个牵引线，用 4-0 至 3-0 合成可吸收性缝线单纯结节缝合，浆膜缘缝线的边距稍稍长于黏膜，使黏膜外翻入肠腔（图 2-75）。把肠系膜也进行结节缝合。若肠末端直径相同，在前两个缝合之间做附加缝线，距边缘约 2 mm，每个间距 2～3 mm。若两肠管的直径稍有差别，可以把缝线距大肠管的边缘稍远于缝线距小肠管边缘的距离。

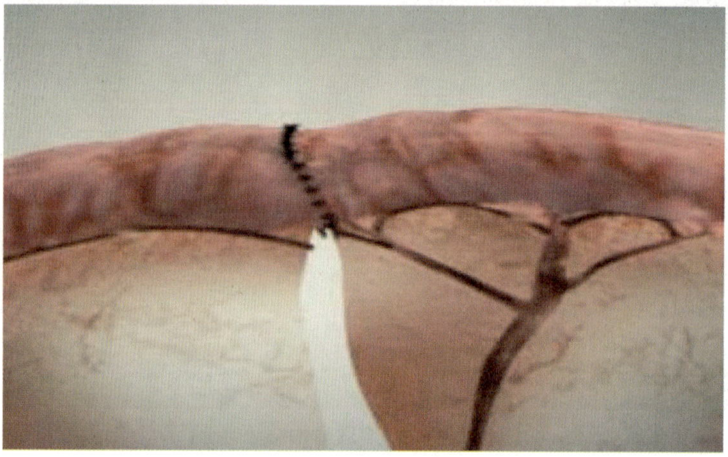

图 2-75　缝合肠壁

7.肠管验漏

缝合结束后，将游离的大网膜用组织缠绕在吻合部，并用缝合线固定。缝合后，检查肠的端端吻合有无渗漏。在靠近肠吻合处闭塞肠管，然后注射无菌生理盐水适度地扩张肠管，轻轻地指压肠管，检查缝线处和针孔处有无渗漏（图 2-76）。若在缝线处发生渗漏则再次进行缝合。使用 4-0 可吸收缝线，间断缝合肠系膜缺损。将手术部位洗净消毒后，去除纱布，将肠管还纳腹腔。

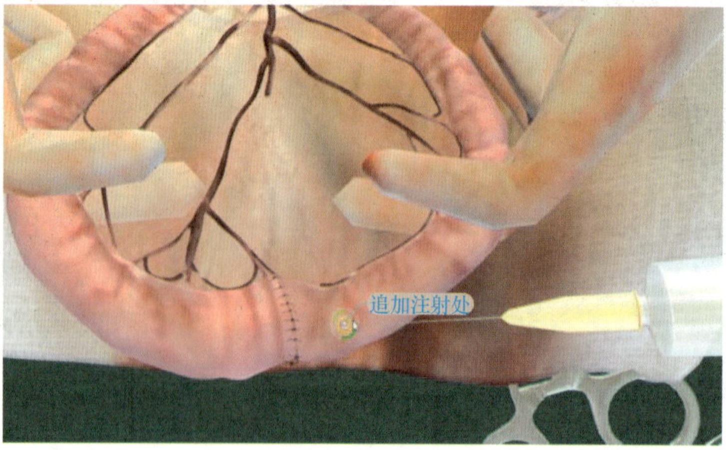

图 2-76　肠管验漏

8.腹壁缝合

用可吸收缝线连续缝合腹白线，用可吸收缝线结节缝合或连续缝合皮下组织，结节缝合皮肤，缝合结束后用碘伏涂擦创口（图 2-77）。

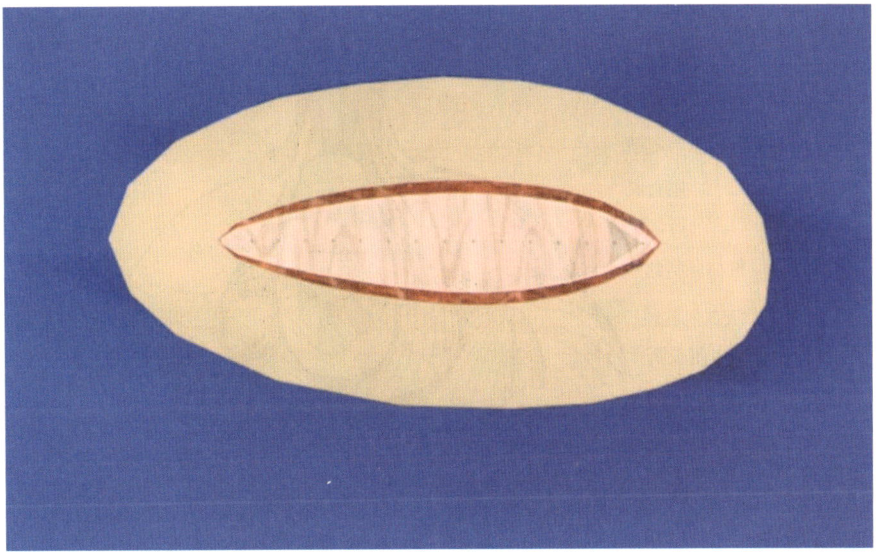

图 2-77　腹壁缝合

9. 术后护理

佩戴伊丽莎白圈；静脉输液直到宠物可以正常进食、饮水；术后间隔 2～4 h 连续给予抗生素；术后 8～12 h，可给予少量的饮水；对于没有呕吐症状的宠物，术后 12～24 h 开始，饲喂少量的食物。温的低脂肪的食品都可以，每天饲喂 3～4 次；从术后 48～72 h 开始，逐渐增加地给予常规食物，宠物开始进食时，给予粪便软化剂或缓泻药。

注意事项：

(1)宠物在恢复期观察是否有呕吐或反胃现象，防止肺炎的发生。

(2)如果腹腔已经污染，要对隔离的肠管和整个腹腔进行冲洗。

(3)缝合肠道后需更换全套手术器械，防止污染。

情境四　犬肛门腺感染摘除手术

(一)基础知识

肛门腺在肛门两侧，内外括约肌之间，肛门囊是皮肤的憩室，处于微腺体旁，肛门囊的排出管开口于皮肤，在 4～5 点、7～8 点位置处(图 2-78)。猫肛门囊相连的排出孔比犬的开口更偏向肛门皮肤线的侧面。正常的收缩时期，可在肛门侧面见到。

油脂分泌腺和顶质分泌腺的分泌物积聚在肛门腺中，在排便或肛门括约肌的挤压过程中通过管道排出。

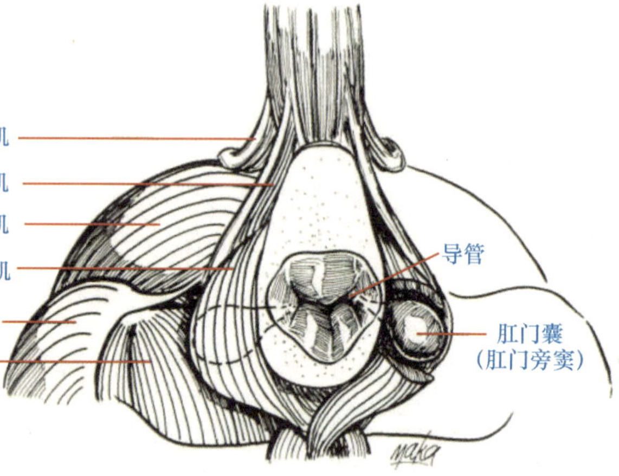

图 2-78　**肛门囊解剖结构**(引自 Thomas David,2009)

(二)器械准备

手术剪,组织镊,持针器,10 号刀片,手术刀柄,可吸收缝线,止血钳,纱布。(图 2-79)

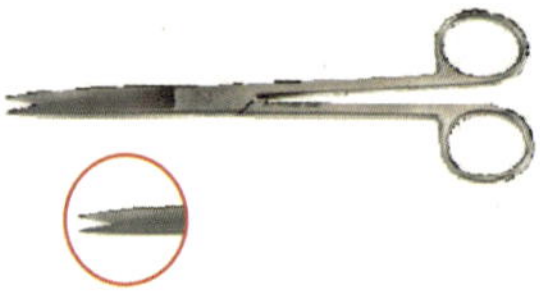

手术剪

组织镊

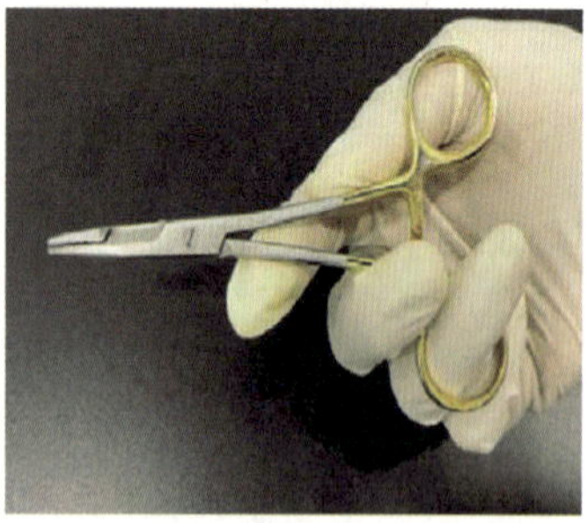

持针器

10 号刀片

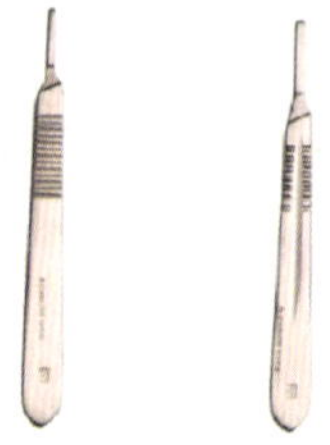

手术刀柄

可吸收缝线

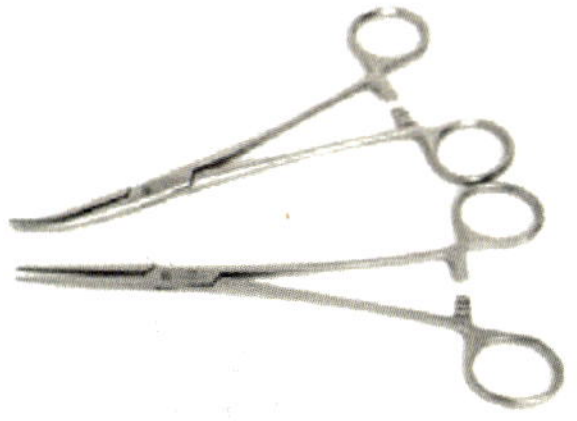

止血钳

纱布

图 2-79　肛门腺感染摘除手术器械

(三)术前评估

对宠物进行病史调查,确定患病宠物有无潜在疾病;检查宠物整体状态包括身体情况和精神状态,测量宠物体温、呼吸和心率等生理指标;根据患病宠物体格状态评定等级。对患病宠物肛门腺分泌物检查和常规触诊,X 线检查及 B 超检查排除肿瘤发生;对肛门腺分泌物进行细胞学检查,培养分泌物和药敏试验筛选敏感药物;做血液生化检查,评估手术风险。患病宠物的体格状态越差,出现麻醉和手术并发症的风险就越大。

(四)宠物麻醉

诱导麻醉:6 mg/kg 丙泊酚(静脉注射)。

维持麻醉:异氟烷呼吸麻醉。

(五)宠物准备

手术前 2～3 d 喂食消化营养液,成年宠物诱导麻醉前禁食 24 h,自由饮水,术前排便和排空膀胱尿液。肛门周边范围内剃毛,俯卧保定,尾巴固定在背部。后肢置于手术台下,腹部垫上沙袋或毛巾等物品予以支持,碘伏、酒精 3 遍消毒,每遍保证 5 min 接触时间。对患病宠物用毛毯覆盖身体或采用其他保温措施;眼部涂布眼膏。

(六)术前用药及治疗

术前稳定宠物病情,补充液体及纠正酸碱和电解质异常,术前预防感染 24 h 用药:甲硝唑(10 mg/kg,IV 或 PO,3 次/d)、头孢唑啉(20 mg/kg,IV 或 PO)。注射阿托品(0.02～0.04 mg/kg,SC 或 IM),抑制唾液腺分泌及保护心脏;注射布托啡诺(0.2～0.4 mg/kg,IM),镇痛。

(七)手术人员准备

佩戴手套、口罩,穿手术服。

(八)手术过程

1. 铺设创巾

在肛周预定切口铺设创巾,用创巾钳固定。

2. 暴露肛门腺

在肛门腺导管的口端插入止血钳或尖头胶囊导管(图 2-80A)。用手术刀在肛门的 4 点和 8 点位置做曲线切开皮肤,用精细手术剪在肛门腺的外表面分离内、外肛门括约肌纤维

(图 2-80B)。避免切断肌纤维或与导管相连的远心端直肠动脉。在肛门末端,分离肛门腺和导管与黏膜皮肤的连接(图 2-80C)。

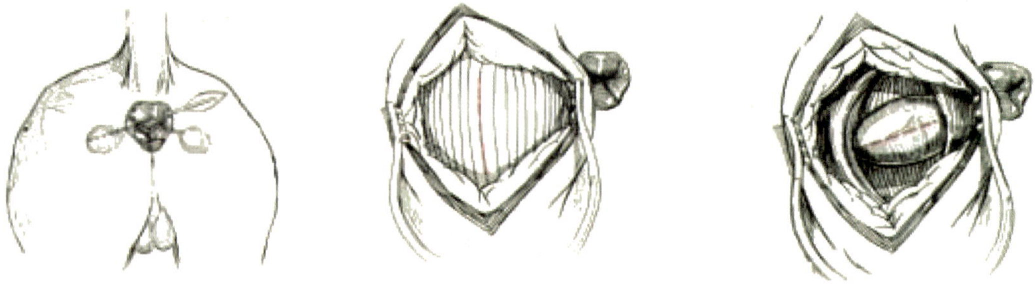

(A) (B) (C)

图 2-80 暴露肛门腺

(引自 Thomas David,2009)

3. 摘除肛门腺

在导管周围黏膜皮肤夹上两把止血钳,用 4-0 可吸收缝线结扎。切除肛门腺和导管,然后检查是否彻底切除(图 2-81)。用结扎法、电凝法或压迫法控制创腔出血,用生理盐水彻底冲洗组织。

4. 创口缝合

用可吸收单丝线间断缝合皮下组织,用 3-0 或 4-0 不可吸收单丝线对皮肤进行缝合(图 2-82)。

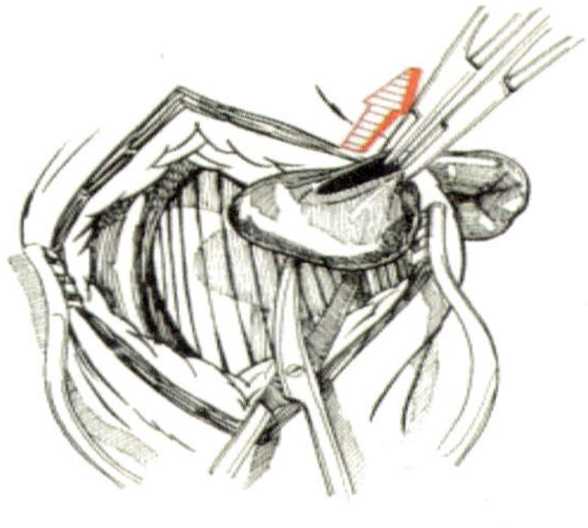

图 2-81 摘除肛门腺

(引自 Thomas David,2009)

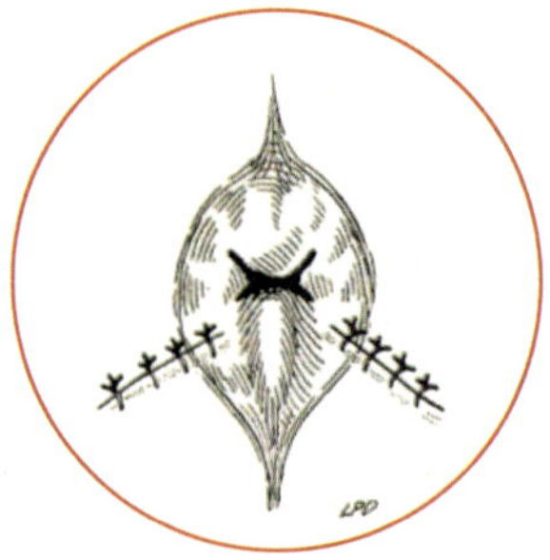

图 2-82 创口缝合

(引自 Thomas David,2009)

5. 术后护理

佩戴伊丽莎白圈;使用全身性镇痛药,应保持肛门周围干净;若术后 8～12 h 不出现呕吐,可以给予水和食物;在 2～3 周内,可以在食物内添加粪便软化剂;观察手术部位有无感染、泄漏的症状,预防感染使用甲硝唑(10 mg/kg,IV 或 PO,3 次/d)、头孢唑啉(20 mg/kg,IV 或 PO),在 7～10 d 拆除缝线时,要触诊宠物直肠和肛周组织,看是否有狭窄发生。

注意事项:

在进行肛门腺分离时,可能发生破溃,污染周边组织。

三、学习效果评价

序号	评价内容	评价标准	评价结果（是/否）
1	手术准备	手术前器械、手术人员、手术宠物是否准备到位	
2		麻醉过程是否平稳，监测宠物体温、呼吸、脉搏	
3	胃肠手术过程	手术切开位置大小是否合适	
4		对切开过程出血是否充分止血	
5		是否出现胃肠内容物污染手术区域	
6		是否对胃肠完整检查并清除异物	
7		胃肠道手术第一层和第二层操作是否更换器械	
8		胃肠道两层缝合后是否出现泄露	
9	犬肛门腺感染摘除手术过程	切开暴露肛门腺的位置是否合适正确	
10		是否彻底将肛门腺摘除	
11		对手术过程出血是否充分止血	
12	术后护理	是否采取正确措施对宠物进行术后护理直至恢复健康	
13		术后护理是否出现感染	
14	职业素养	是否遵循无菌素养	
15		在手术过程中是否计划周密、科学严谨对待手术	
16		手术团队成员是否紧密配合完成手术	
17		是否能从容正确地应对术中突发情况	
18		是否小心操作，关爱患病宠物	

任务三　断尾术

一、学习目标

知识目标

- 能说出常见品种犬断尾保留长度。
- 能说出幼犬和成年犬断尾流程。

技能目标

- 能在团队配合下正确对幼犬进行断尾操作。
- 能制订成年犬断尾手术计划并在团队配合下完成手术。

素质目标

- 培养团队协作精神。
- 培养爱护组织意识。

二、学习内容

（一）器械准备

手术剪，组织镊，持针器，10 号刀片，手术刀柄，不可吸收缝线，止血钳，纱布。（图 2-83）

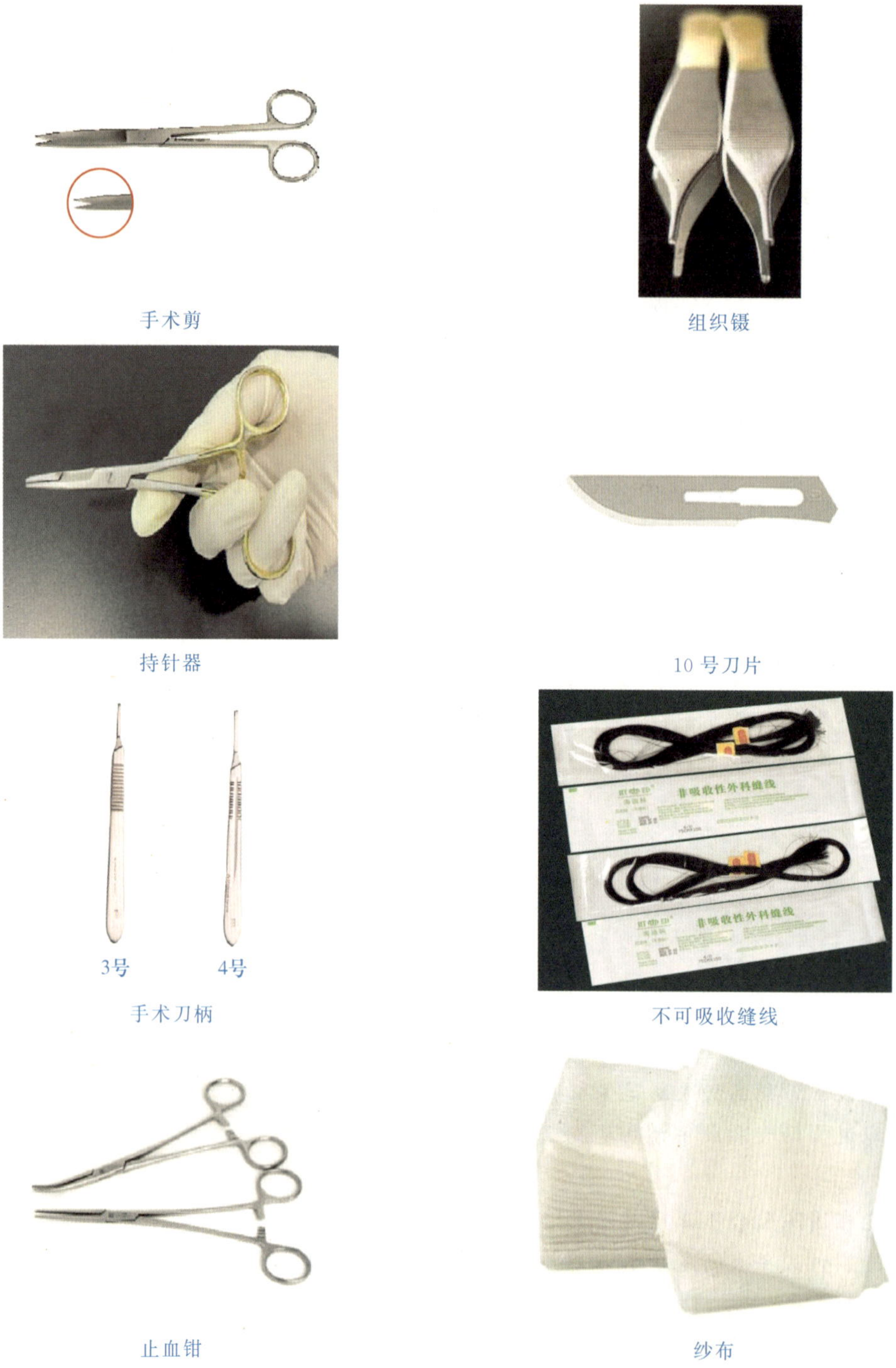

图 2-83　犬断尾术器械

(二)常见品种犬断尾保留长度

常见品种犬断尾长度见表 2-1。

表 2-1 常见品种犬断尾保留长度

序号	品种	长度	序号	品种	长度
1	可卡犬	留下长度的 1/3	7	标准型雪那瑞	留下 2 椎骨
2	柯基犬	留下 1 椎骨(靠近尾根)	8	巨型雪那瑞	留下 3 椎骨
3	罗威纳	留下 1 椎骨(靠近尾根)	9	迷你雪那瑞	留下长度的 1/2～2/3
4	拳师犬	留下 2 椎骨	10	玩具贵宾犬	留下长度的 1/2～2/3
5	杜宾犬	留下 2 椎骨	11	迷你贵宾犬	留下长度的 1/2～2/3
6	约克夏犬	留下长度的 1/3	12	标准贵宾犬	留下长度的 1/2～2/3

(三)幼犬手术过程

1.尾部消毒

3～7 日龄断尾,由助手保定幼犬,用碘伏消毒尾部。

2.回缩尾部皮肤

从尾根部回缩尾部皮肤,用拇指和中指固定尾巴,压迫止血,触诊要横断的部分(图 2-84)。

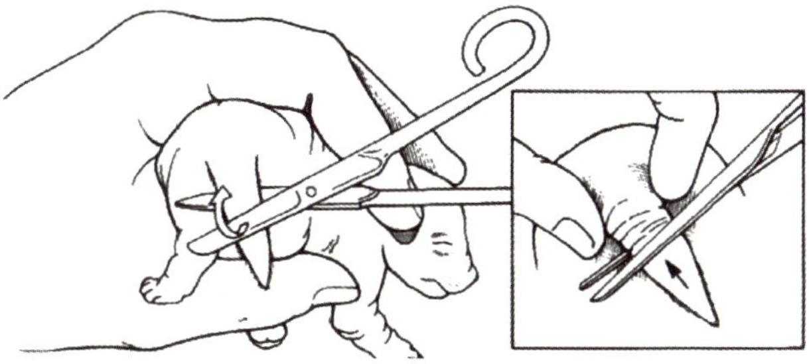

图 2-84 回缩尾部皮肤

(引自 Theresa Welch Fossum,Cheryl S Hedlund,Donald A Hulse,等,2008)

3.尾部切除

用手术刀片或尾截断器在两尾椎连接处横断预定位置(图 2-85)。用剪刀帮助剪开皮肤。在要横断的位置放置下侧剪刀片。在距一斜角较远处固定上侧剪刀片。将剪刀牢固地接触皮肤并前推皮肤。使剪刀始终保持在这个位置,垂直该部位旋转刀片经椎间空隙横断尾,压迫或电凝法止血。延伸残留尾上收缩的皮肤,修剪保留适宜长度尾部皮肤。对皮肤边缘进行 2～3 道对接缝合。

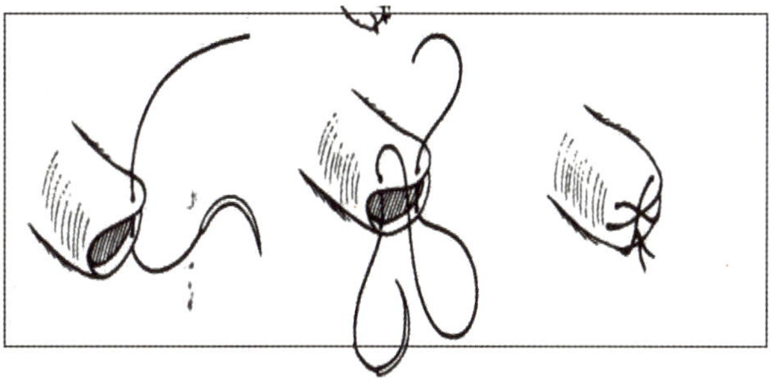

图 2-85 尾部切除

(引自 Theresa Welch Fossum,Cheryl S Hedlund,Donald A Hulse,等,2008)

4.尾根消毒

碘伏消毒切除幼犬尾部断端。

注意事项:

根据犬品种保留合适长度的尾。

(四)成年犬手术过程

二维码 2-13　犬断尾术

1.全身麻醉

详见麻醉技术。

2.尾部消毒隔离

会阴部向上或侧卧保定动物。用纱布包住尾的远端或套入检查手套,并用带子固定其上的覆盖物。修剪接近切断的部位,用酒精碘伏消毒3遍。在要切断部位的近端结扎止血带并向尾根收缩皮肤。

3.皮肤做双"V"形切口

在预期的椎间横断部位末端的皮肤做双"V"形切口(图2-86)。定位"V"形切口,制造背侧和腹侧皮瓣,皮肤长度超过预期的尾的长度。辨别并结扎前部到横断位置的中尾动静脉和侧尾动静脉。

4.尾部切除

用手术刀片轻轻切开要横断的椎间隙末端的软组织,并且使尾远端的关节脱落。如果出血,环绕剩余尾的远末端做环形结扎或重新结扎尾部血管。

5.缝合尾部

用可吸收缝线对接缝合暴露椎骨上的皮下组织和肌肉。修剪腹侧皮瓣,使皮肤对接缝合时没有张力,缝合时皮肤皮瓣需覆盖尾椎骨固定(图2-87)。

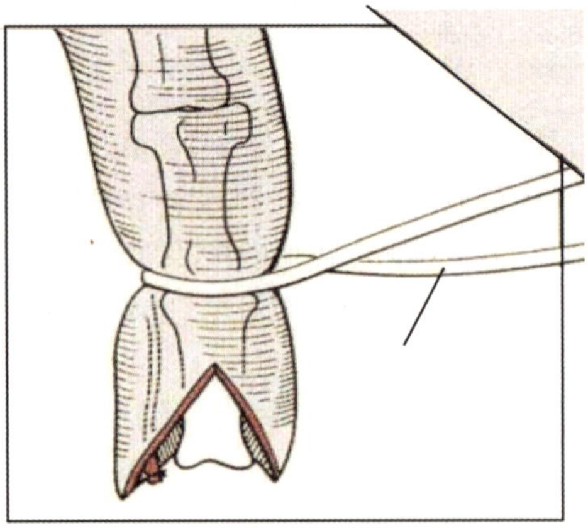

图2-86　皮肤做双"V"形切口

(引自 Theresa Welch Fossum,Cheryl S Hedlund,Donald A Hulse,等,2008)

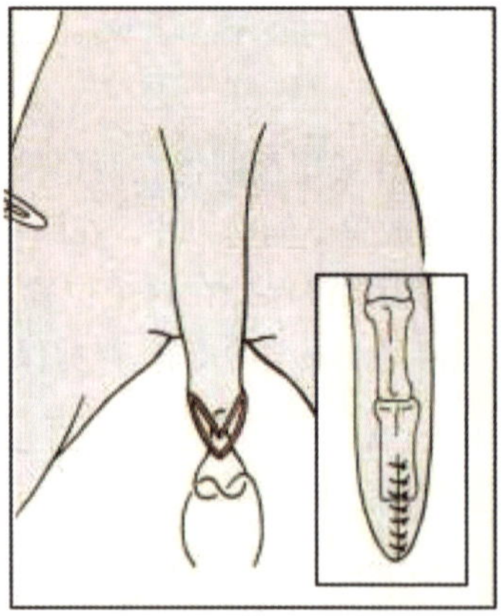

图2-87　缝合尾部

6.术后护理

患病宠物佩戴伊丽莎白圈保护术部,每天术部消毒1次。

三、学习效果评价

序号	评价内容	评价标准	评价结果（是/否）
1	手术准备	手术前器械、手术人员、手术宠物是否准备到位	
2		麻醉过程是否平稳，及时监护宠物体温、呼吸、脉搏	
3		手术计划是否清晰可操作，并有备用手术方案	
4	手术过程	断尾术后剩余长度是否符合品种需要	
5		实施断尾术是否充分止血	
6		断尾后尾部缝合皮肤是否完全覆盖尾椎	
7	术后护理	是否采取正确措施对宠物进行术后护理直至恢复健康	
8		术后护理是否出现感染	
9	职业素养	是否遵循无菌素养	
10		在手术过程中是否计划周密、科学严谨对待手术	
11		手术团队成员是否紧密配合完成手术	
12		是否能从容正确地应对术中突发情况	
13		是否小心操作，关爱患病宠物	

项目三　泌尿生殖手术

任务一　犬猫绝育手术

一、学习目标

知识目标

- 能描述犬猫生殖系统解剖结构。
- 能阐述公犬(猫)、母犬(猫)的绝育手术流程。

技能目标

- 能正确准备公犬(猫)、母犬(猫)绝育手术所需的器械。
- 能制订公犬(猫)绝育手术计划并协助宠物医生完成手术。
- 能制订母犬(猫)绝育手术计划并协助宠物医生完成手术。

育人目标

- 培养科学严谨的工作态度。
- 培养团队协作精神。

二、学习内容

情境一　公犬(猫)绝育手术

(一)基本知识

雄性生殖系统由成对的睾丸、附睾管、输精管、尿生殖道及副性腺组成(图 2-88)。睾丸是产生精子和雄性激素的器官,精子产生后,进入附睾贮存并成熟,然后进入输精管和尿生殖道。睾丸下降对于家畜的精子发生至关重要,因为阴囊的温度比体温低。若一侧或两侧睾丸没有降入阴囊称为隐睾,此病有一定遗传性,所以有隐睾的宠物不宜留做种用。

睾丸有多个附属器官组成(图 2-89),附睾紧密附着于睾丸边缘,由睾丸输出管盘绕而成,结缔组织将其连结到一起。输精管由附睾管直接延续而成,起自附睾尾,开始时弯曲,在沿睾丸内缘伸延途中逐渐变直。输精管在精索内上行,穿过腹股沟管进入腹腔。睾丸被膜不仅覆盖睾丸、附睾和部分精索,同时也围绕这些器官形成了一些结构。睾丸被膜的分层与腹壁是对应的,分为阴囊、鞘突。外表的皮肤、皮下肉膜和精索外筋膜形成阴囊。精索内筋膜和鞘膜壁层形成鞘突,为腹膜腔在阴囊内的延续。鞘突是由横筋膜和腹膜形成,为腹膜腔通过腹股沟管向外翻出的部分,它围成鞘膜腔,在胚胎期睾丸下降前形成。睾丸动脉直接由腹主动脉分出,沿腹壁伸延,与睾丸静脉共同悬吊于脉管皱襞内。

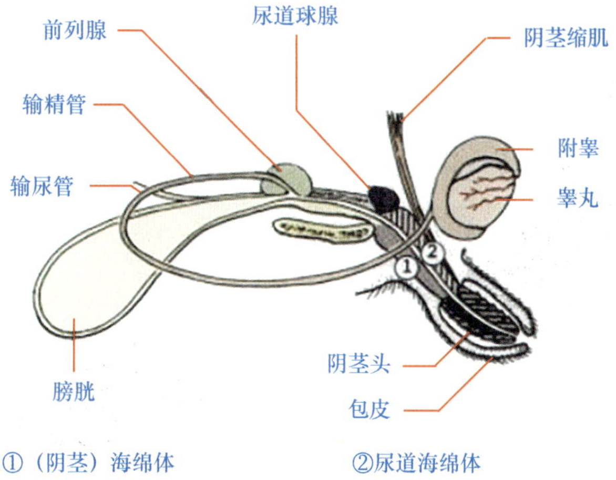

图 2-88　犬雄性生殖系统解剖结构(引自 Horst Erich Konig, Hans-Georg Liebich, 2009)

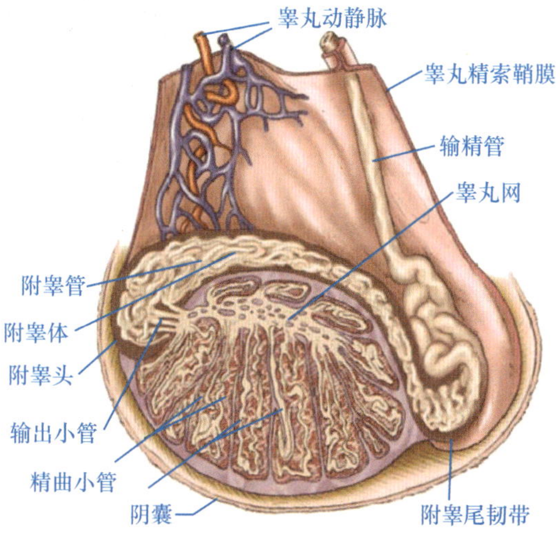

图 2-89　睾丸解剖结构(引自 Horst Erich Konig, Hans-Georg Liebich, 2009)

(二)器械准备

手术剪,组织镊,持针器,10 号刀片,手术刀柄,可吸收缝线,止血钳,纱布(图 2-90)。

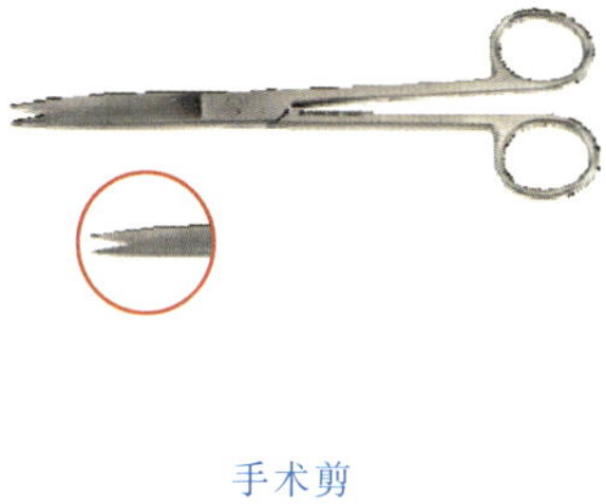

手术剪

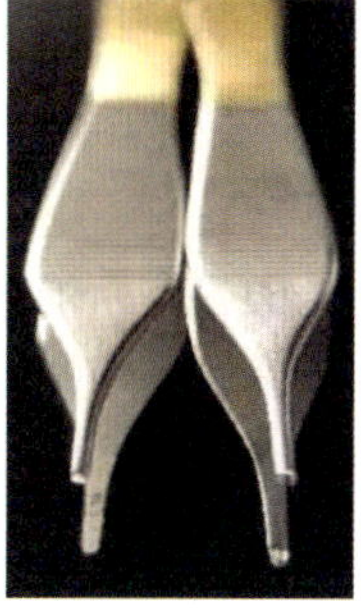

组织镊

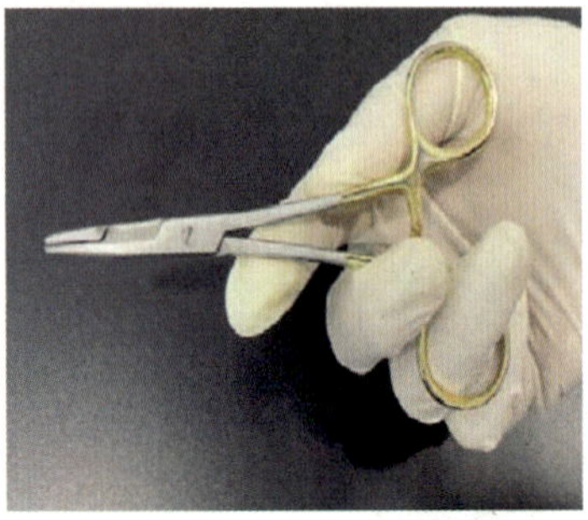

持针器

10 号刀片

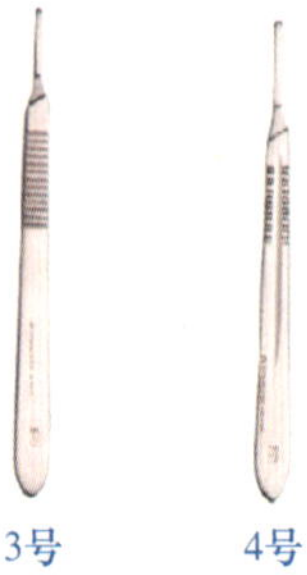

手术刀柄

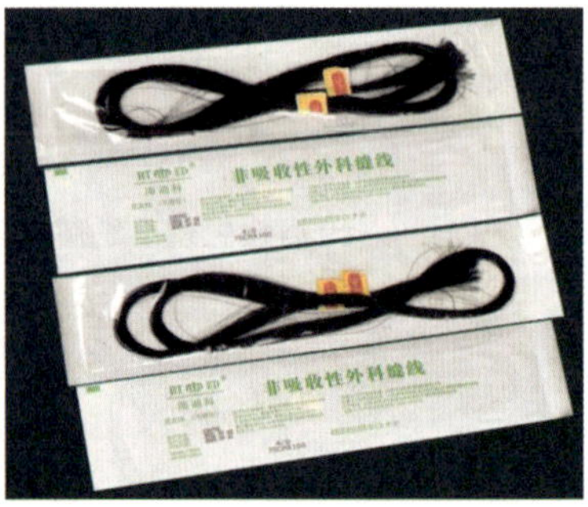

不可吸收缝线

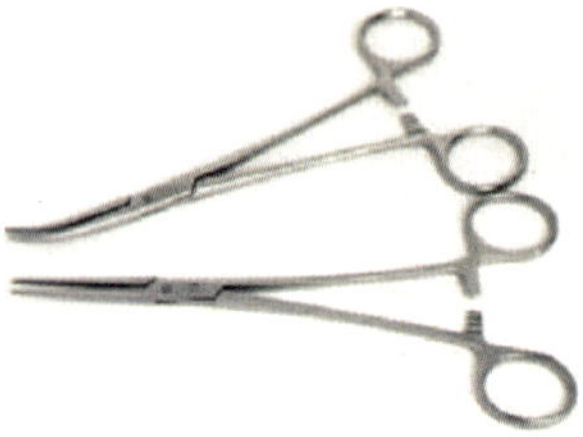

止血钳

纱布

图 2-90　公犬(猫)绝育手术器械

(三)术前评估

对宠物病史调查,确定患病宠物有无潜在疾病;检查宠物整体状态包括身体情况和精神状态,测量宠物体温、呼吸和心率等生理指标;根据患病宠物体格状态评定等级。如果宠物年龄超过 5～7 岁或存在明显全身症状时,需做血液生化检查,评估手术风险。患病宠物的体格状态越差,出现麻醉和手术并发症的风险就越大。

(四)宠物麻醉

诱导麻醉:6 mg/kg 丙泊酚(静脉注射)。

维持麻醉:异氟烷呼吸麻醉。

(五)宠物准备

成年宠物进行诱导麻醉前禁食 6～12 h,幼龄宠物禁食 4～6 h,排便和排空膀胱尿液;术部切口周边剃毛,仰卧保定,碘伏、酒精 3 遍消毒,保证 5 min 接触时间。对患病宠物用毛毯覆盖身体或采用其他保温措施;眼部涂布眼膏。

(六)术前用药及治疗

术前稳定宠物病情，补充液体及纠正酸碱和电解质异常。注射阿托品(0.02～0.04 mg/kg，SC 或 IM)，抑制唾液腺分泌及保护心脏；注射布托啡诺(0.2～0.4 mg/kg，IM)，镇痛。

(七)手术人员准备

佩戴手套、口罩，穿手术服。

(八)公犬绝育手术过程

二维码 2-14　公犬绝育手术过程

1. 铺设创巾

在腹部预定切口铺设创巾，用创巾钳固定(图 2-91)。

2. 移行固定睾丸

用大拇指、食指和中指挤压阴囊使睾丸移行至阴囊前端位置(图 2-92)。

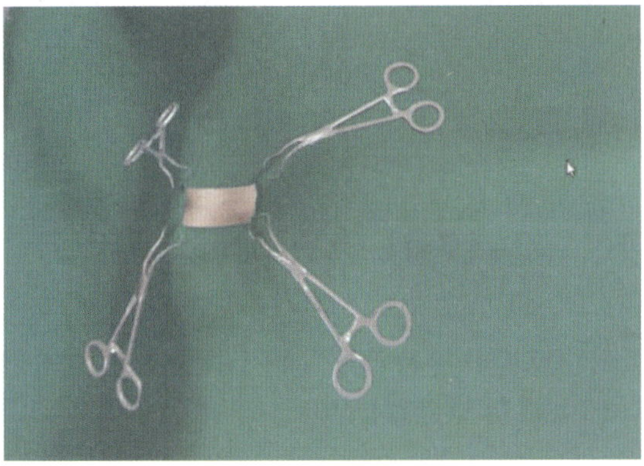

图 2-91　铺设创巾

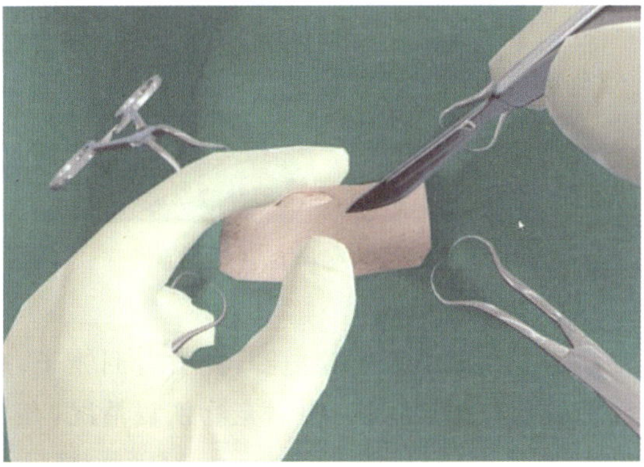

图 2-92　移行固定睾丸

3. 暴露睾丸

用手术刀沿睾丸凸起的中轴线切开皮肤和总鞘膜，暴露血管、精索和睾丸(图 2-93)。

4. 结扎血管和输精管

用止血钳夹住附睾鞘膜后分离附睾尾，在血管、输精管和睾丸中夹两把止血钳，用 2-0 或 3-0 可吸收缝线靠近腹股沟双重结扎输精管和血管(图 2-94)。

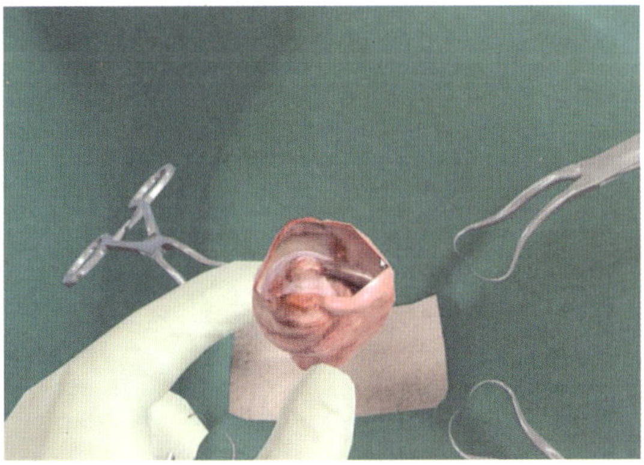

图 2-93　暴露睾丸

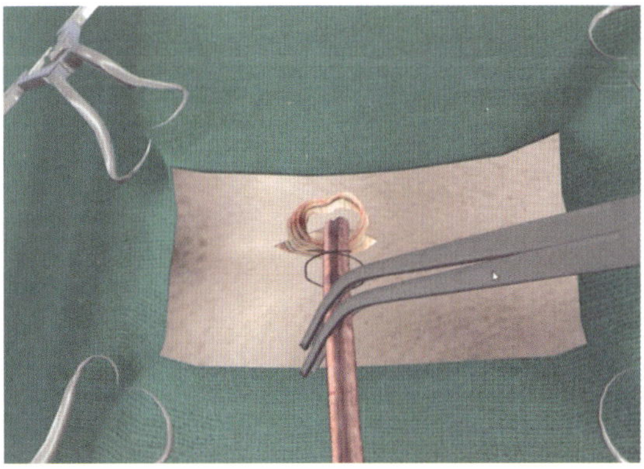

图 2-94　结扎血管和输精管

5.切断血管和输精管

结扎结束后再将两把止血钳之间切断，用镊子夹住残端，用纱布检查是否出血，在确定没有出血后还纳腹腔(图 2-95)。

6.另一侧睾丸摘除

将另一侧睾丸移行至切口，睾丸摘除方式同上。

7.缝合皮肤

使用间断缝合皮下组织和皮肤，用碘伏消毒创口(图 2-96)。

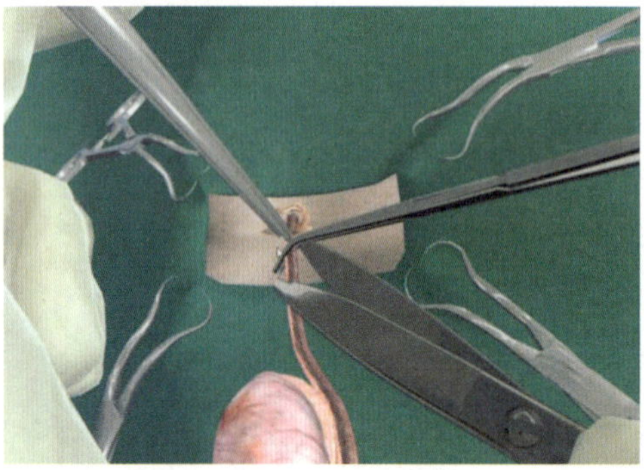

图 2-95 切断血管和输精管

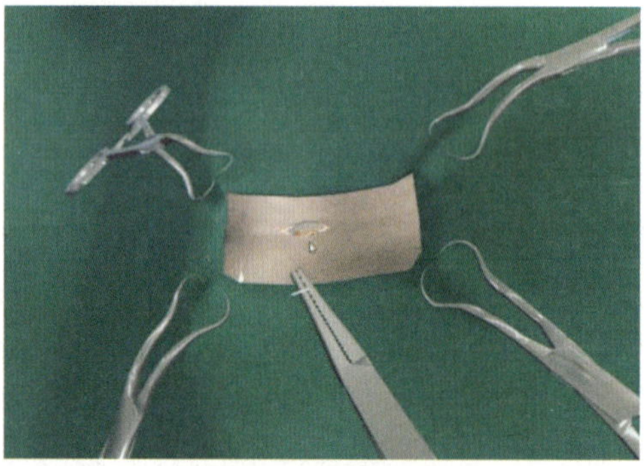

图 2-96 缝合皮肤

8.术后护理

为宠物戴上伊丽莎白圈，并放置回笼子，观察宠物反应并等待苏醒。给宠物每天早晚用碘伏消毒切口皮肤 1 次，根据宠物恢复情况，在 10～12 d 后拆除缝线。

注意事项：

(1)直径大于 5 mm 的精索至少做 1 道贯穿/环绕结扎。

(2)幼犬阴囊切口不需要闭合。

(九)公猫绝育手术过程

1.铺设创巾

在腹部预定切口铺设创巾，用创巾钳固定。

2.固定睾丸并切开

用拇指和食指捏紧阴囊基部使睾丸紧贴皮肤(图 2-97)。

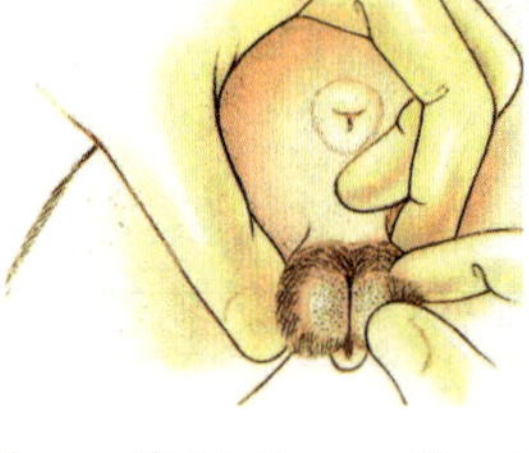

图 2-97 固定睾丸并切开(引自 Theresa Welch Fossum，Cheryl S Hedlund，Donald A Hulse，等，2008)

3.暴露睾丸

在阴囊末端由头侧至尾侧，在睾丸的上方做 0.5～1 cm 切口中，暴露鞘膜包裹的睾丸（图 2-98）。

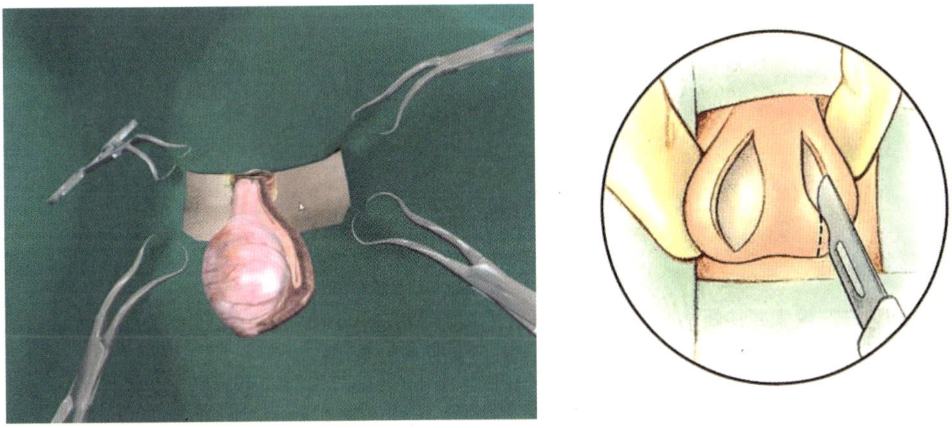

图 2-98　暴露睾丸

4.游离睾丸

用止血钳撕断附睾尾韧带与鞘膜连接（图 2-99）。

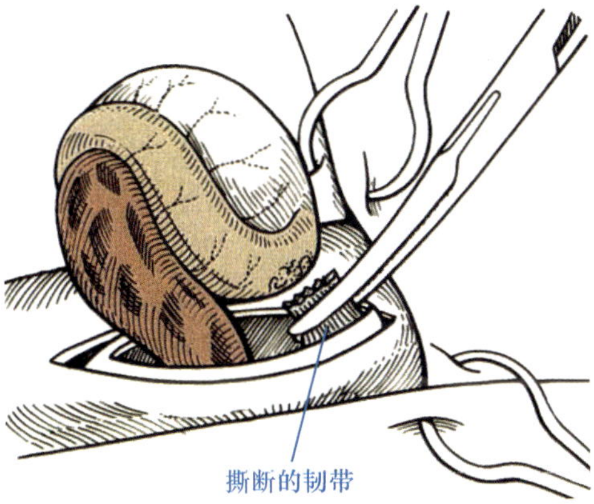

图 2-99　游离睾丸

5.打结精索并切断

将弯止血钳由下方插入，环绕 1 周，在精索上方将其夹住，保持钳尖向下。调整精索的位置使其环绕于止血钳并靠近钳尖。从钳夹远端 1～2 mm 处剪断精索，摘除睾丸（图 2-100）。

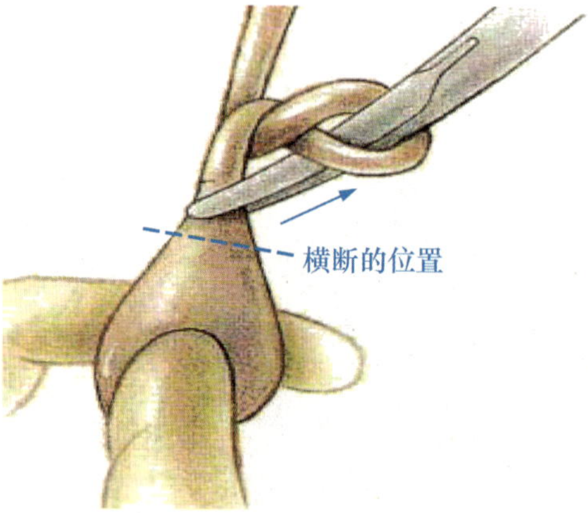

图 2-100 打结精索并切断(引自 Theresa Welch Fossum, Cheryl S Hedlund, Donald A Hulse, 等, 2008)

6. 拉紧精索结

用纱布或手指将精索从止血钳往下推打结，松开止血钳之前，将拇指指甲放在止血钳和结之间并向猫的方向推结，将精索的结打紧(图 2-101)。

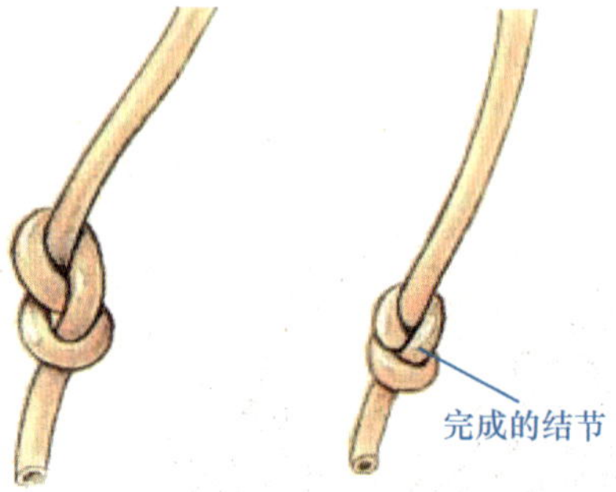

图 2-101 拉紧精索结(引自 Theresa Welch Fossum, Cheryl S Hedlund, Donald A Hulse, 等, 2008)

6. 摘除另一侧睾丸

在另一睾丸侧做切口后，摘除方法同上。

7. 开放切口

用拇指、食指和中指抓住阴囊并拉向尾侧使切口边缘对合，保持切口开放。

8. 术后护理

为宠物戴上伊丽莎白圈，并放置回笼子，观察宠物反应并等待苏醒。每天早晚用碘伏给宠物消毒切口皮肤 1 次，根据宠物恢复情况，在 10～12 d 后拆除缝线。

注意事项：

(1) 阴囊切口保持开放，所以通常推荐在术后 1 周使用纸质猫砂。去势猫容易发胖，如果发现有不健康的增重，应减少其能量摄入。

(2) 阴囊出血可能见于显露过程中睾丸血管撕裂或打结失败，可以通过扩大这一侧的阴囊切口来寻找松脱的血管。

情境二 母犬(猫)绝育手术

(一)基础知识

雌性生殖系统包括卵巢、输卵管、子宫、阴道、阴门和乳腺。卵巢位于薄壁的腹膜囊里;卵巢囊稍微向后,到达肾脏的尖部。输卵管穿过卵巢囊。右侧卵巢比左侧更靠前。右侧卵巢位于十二指肠降支的背侧,左侧卵巢位于降结肠的背部和脾的外侧。每个卵巢通过卵巢固有韧带与子宫角相连,并经悬韧带连于腹横筋膜内侧,最后止于最后一二肋骨。卵巢蒂(卵巢系膜)内包括悬韧带及其动静脉、卵巢动静脉及一些脂肪、结缔组织。卵巢动脉来自主动脉,左卵巢静脉汇入左肾静脉,右卵巢静脉进入后腔静脉。悬韧带粗糙,带白色的组织束,从卵巢穿出后分叉,与最后2根肋骨相连。阔韧带(子宫系膜)是腹膜褶,起悬吊子宫的作用。子宫颈是子宫后部收缩的部分,且子宫壁比子宫体和阴道的壁厚。阴道较长,与尿道入口处的阴道前庭相接。

(二)器械准备

手术剪,组织镊,持针器,10 号刀片,手术刀柄,可吸收缝线,止血钳,纱布。(图 2-102)

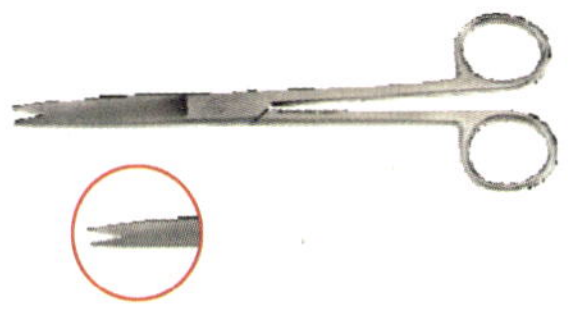

手术剪

组织镊

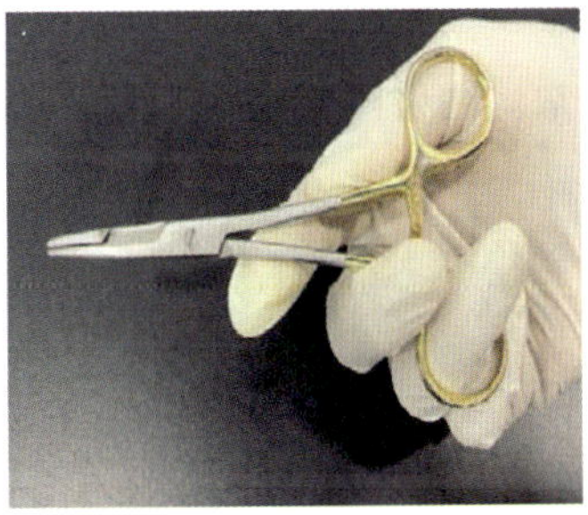

持针器

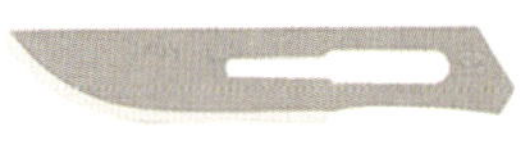

10 号刀片

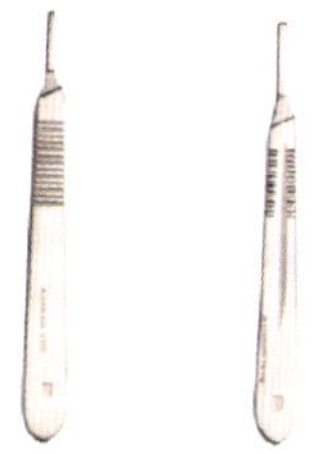

3号　　4号

手术刀柄

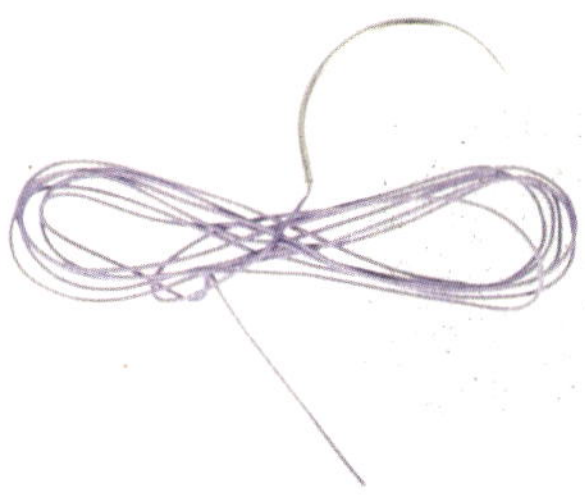

可吸收缝线

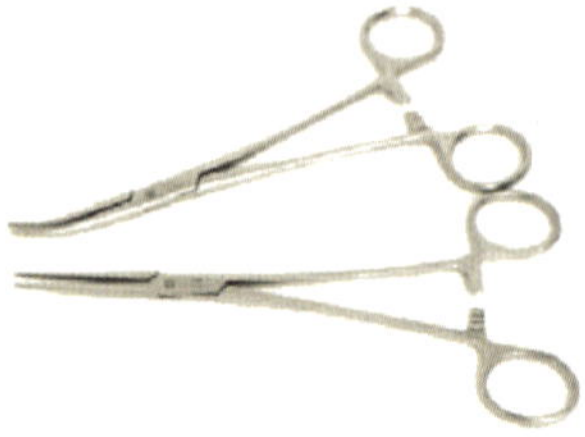

止血钳

纱布

图 2-102　母犬(猫)绝育手术器械

(三)术前评估

对宠物病史调查,确定患病宠物有无潜在疾病;检查宠物整体状态包括身体情况和精神状态,测量宠物体温、呼吸和心率等生理指标;根据患病宠物体格状态评定等级。如果宠物年龄超过 5～7 岁或存在明显全身症状时,需做血液生化检查,评估手术风险。患病宠物的体格状态越差,出现麻醉和手术并发症的风险就越大。

(四)宠物麻醉

诱导麻醉:6 mg/kg 丙泊酚(静脉注射)。

维持麻醉:异氟烷呼吸麻醉。

(五)宠物准备

成年宠物进行诱导麻醉前禁食 6～12 h,幼龄宠物禁食 4～6 h,排便和排空膀胱尿液;术部切口周边 5 cm 范围内剃毛,仰卧保定,碘伏、酒精 3 遍消毒,保证 5 min 接触时间。对患病宠物采取保温措施;眼部涂布眼膏。

(六)术前用药及治疗

术前稳定动物病情,补充液体及纠正酸碱和电解质异常。注射阿托品(0.02～0.04 mg/kg,SC 或 IM),抑制唾液腺分泌及保护心脏。

(七)手术人员准备

佩戴手套、口罩,穿手术服。

(八)母犬(猫)绝育手术过程

1. 铺设创巾

在腹部预定切口铺设创巾,用创巾钳固定。

二维码 2-15　母猫绝育手术过程

2. 暴露腹腔

找到脐孔,在脐后腹部前 1/3 沿腹正中线切开皮肤做切口,切口长度为 4～6 cm,暴露腹白线,夹住腹白线向上提起,用剪刀或手术刀切开一个小口后进入腹腔,用组织剪向前向后扩大切口(图 2-103)。

3. 牵拉卵巢子宫

显露腹腔后,可通过膀胱背侧来定位子宫体和子宫角,将卵巢及部分子宫角沿腹壁牵至切口处(图 2-104)。

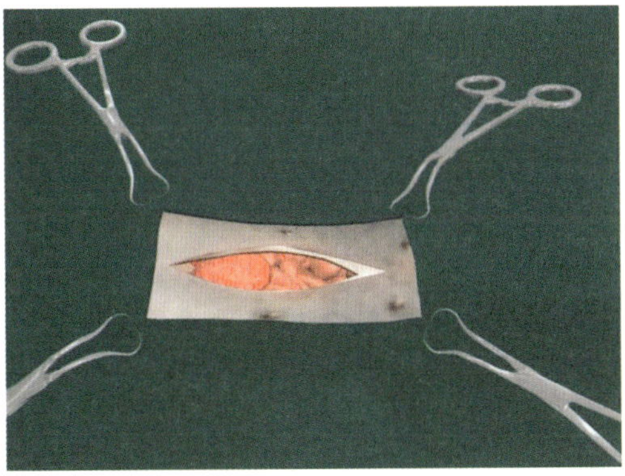

图 2-103　暴露腹腔

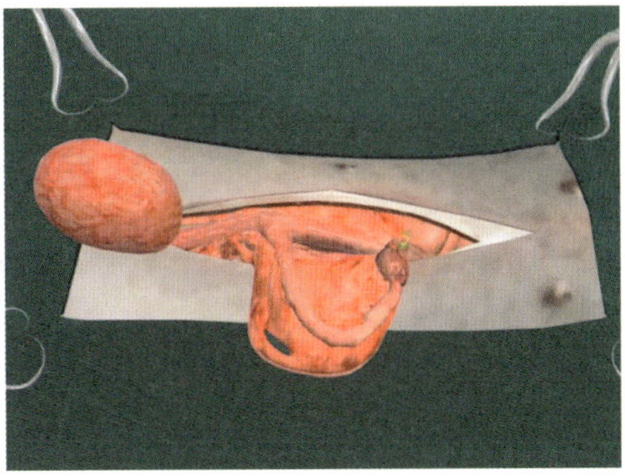

图 2-104　牵拉卵巢子宫

4. 结扎卵巢血管

采用“三钳法”进行血管和韧带结扎（图 2-105），首先在卵巢后侧韧带和肾脏之间钳夹三把止血钳，从卵巢侧数起，第一把到第二把止血钳之间切断组织血管，用 4～7 号线结扎肾脏侧并打紧第一个结后松开第一把止血钳，然后再进行 4 次打结，打结结束后放开第二把止血钳并用手术镊夹住结扎组织残端，查看是否结扎紧及出血，如果出血需重新结扎，确认残端无出血后还纳腹腔。另外一侧卵巢血管结扎方式同上。

5. 结扎子宫颈

使用“三钳法”钳夹子宫体，在靠近阴道侧子宫体用 4～7 号线结扎子宫颈侧并打紧第一个结后松开第一把止血钳，然后再进行 4 次打结，打结结束后放开第二把止血钳，用手术镊夹住结扎组织残端，查看是否结扎紧及出血，确认残端无出血后还纳腹腔（图 2-106）。

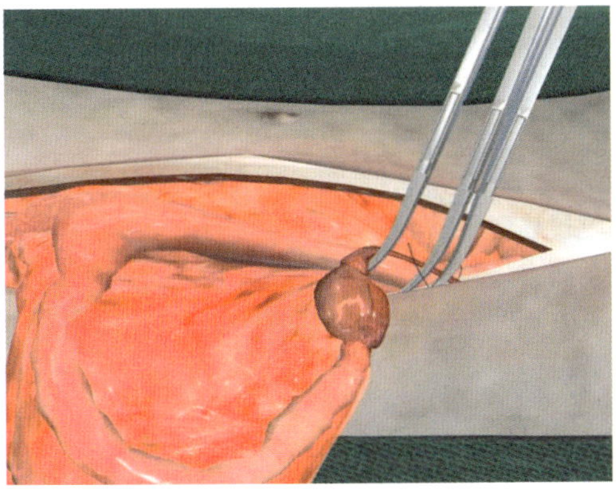

图 2-105　结扎卵巢血管

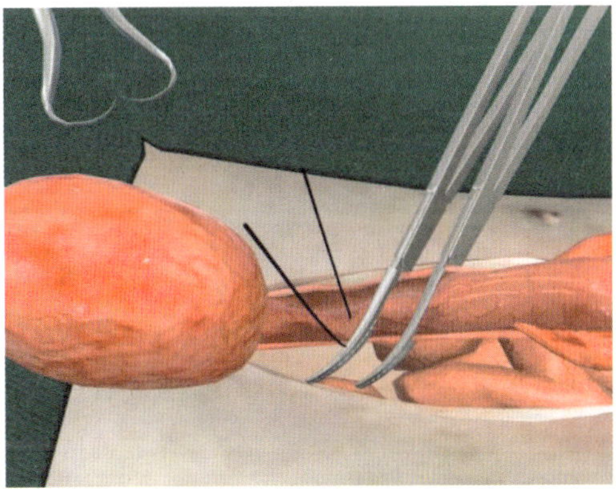

图 2-106　结扎子宫颈

6. 缝合皮肤

常规缝合腹腔、腹肌及腹膜，采用可吸收缝线进行连续缝合，皮下组织比较丰富的宠物可用连续缝合或结节缝合再缝合一层，若不是很丰富的则不需要单独缝合皮下组织，皮肤采用不可吸收缝线进行结节缝合（图 2-107）。

7. 术后护理

为宠物戴上伊丽莎白圈并放置回笼子，观察宠物反应并等待苏醒。给宠物每天早晚用碘伏消毒切口皮肤 2 次，在 10～12 d 后拆除缝线。

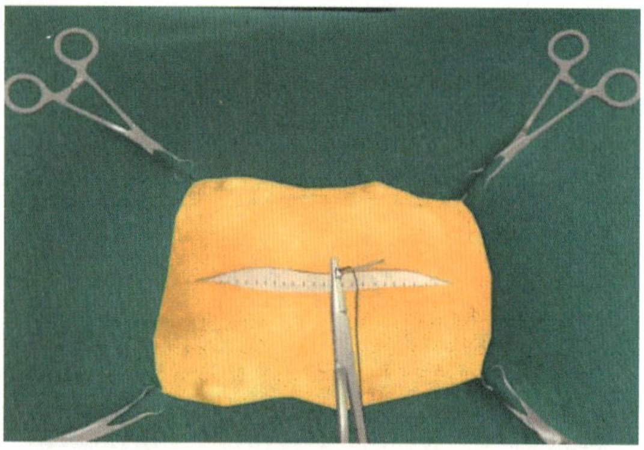

图 2-107 缝合皮肤

注意事项:

(1)结扎卵巢子宫时一定要结扎紧,以免造成术后出血。如果过于靠近止血钳结扎,线结很难收紧,导致组织结扎不确实。

(2)把卵巢完全摘除干净,否则会出现发情症状(卵巢残留综合征)。

三、学习效果评价

序号	评价内容	评价标准	评价结果(是/否)
1	手术准备	手术计划是否清晰可操作,并有备用手术方案	
2		手术前器械、手术人员、手术宠物是否准备到位	
3		麻醉过程是否平稳,监测宠物体温、呼吸、脉搏	
4	公犬(猫)绝育手术过程	公犬(猫)切口定位是否准确	
5		在切开时是否移行固定睾丸,边挤压边切开	
6		是否切实结扎紧血管、输精管	
7		公猫绝育时是否正确环绕打结精索并切断	
8		结扎血管精索还纳阴囊前是否检查残端出血情况	
9		对手术过程出血是否充分止血	
10	母犬(猫)绝育手术过程	公犬(猫)切口定位是否准确	
11		切开暴露腹腔时是否伤到腹壁器官	
12		是否正确找到卵巢子宫并完全摘除	
13		是否切实结扎紧血管、悬吊韧带和子宫颈	
14		腹壁皮肤是否缝合美观	
15	术后护理	是否采取正确措施对宠物进行术后护理直至恢复健康	
16		术后护理是否出现感染	
17	职业素养	是否遵循无菌素养	
18		在手术过程中是否计划周密、科学严谨对待手术	
19		手术团队成员是否紧密配合完成手术	
20		是否能从容正确地应对术中突发情况	
21		是否小心操作,关爱患病宠物	

任务二　膀胱取石手术

一、学习目标

知识目标

- 能描述犬猫泌尿系统解剖结构。
- 能描述膀胱取石手术过程。

技能目标

- 能正确准备膀胱取石手术所需的器械。
- 能制订膀胱取石手术计划并协助宠物医生完成手术。

育人目标

- 培养关爱宠物的仁爱之心。

二、学习内容

膀胱是贮存尿液的器官。膀胱空虚时，膀胱位于骨盆腔内；膀胱胀满时，膀胱进入腹腔甚至进入脐部。膀胱分为膀胱颈和膀胱体，膀胱颈连接尿道和膀胱体。膀胱的血液供应来自膀胱前动脉、膀胱后动脉，它们分别是脐动脉和泌尿生殖动脉的分支。交感神经支配来自腹下神经，而副交感神经来源于骨盆神经。

（一）器械准备

手术剪，组织镊，持针器，10 号刀片，手术刀柄，可吸收缝线，止血钳，纱布，膀胱匙。（图 2-108）

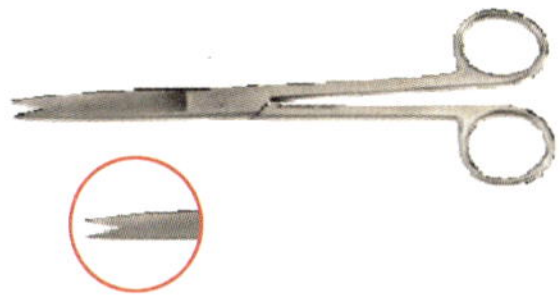

手术剪

组织镊

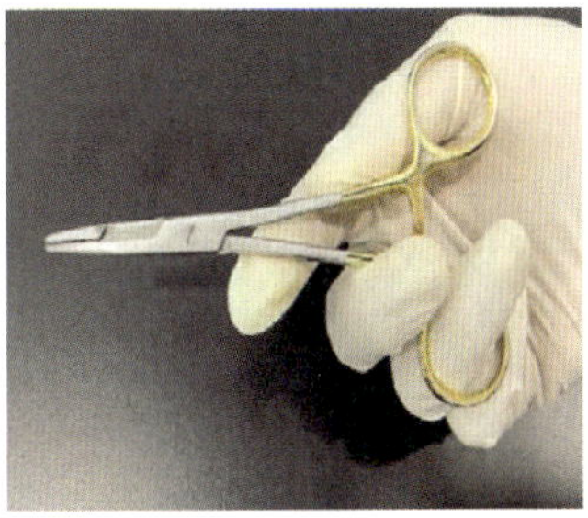

持针器

10 号刀片

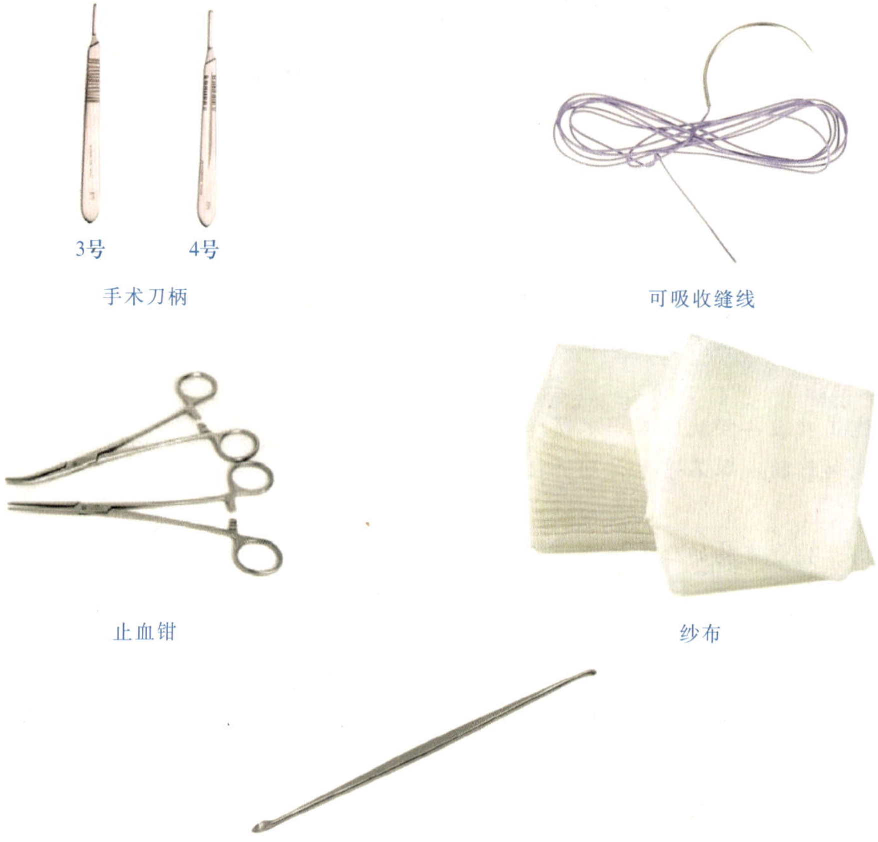

图 2-108　膀胱取石手术器械

（二）术前评估

对宠物病史调查，确定患病宠物有无潜在疾病；检查宠物整体状态包括身体情况和精神状态，测量宠物体温、呼吸和心率等生理指标；根据患病宠物体格状态评定等级。进行尿检、X 线检查和 B 超检查，评估结石的数量和大小。如果宠物年龄超过 5～7 岁或存在明显全身症状时，需做血液生化检查，评估手术风险。患病宠物的体格状态越差，出现麻醉和手术并发症的风险就越大。

（三）宠物麻醉

诱导麻醉：6 mg/kg 丙泊酚（静脉注射）。

维持麻醉：异氟烷呼吸麻醉。

（四）宠物准备

成年宠物诱导麻醉前禁食 6～12 h，幼龄宠物禁食 4～6 h，排便和排空膀胱尿液；术部切口周边 5 cm 范围内剃毛，仰卧保定，碘伏、酒精 3 遍消毒，保证 5 min 接触时间。对患病宠物采取保温措施；眼部涂布眼膏。

（五）术前用药及治疗

术前稳定宠物病情，补充液体及纠正酸碱和电解质异常，诱导麻醉期静脉注射头孢唑林，

(22 mg/kg,间隔 90 min 至 2 h 重复给药 1～2 次)。注射阿托品(0.02～0.04 mg/kg,SC 或 IM),抑制唾液腺分泌及保护心脏;注射布托啡诺(0.2～0.4 mg/kg,IM),镇痛。

(六)手术人员准备

佩戴手套、口罩,穿手术服。

(七)犬膀胱取石手术过程

二维码 2-16　犬膀胱切开手术过程

1. 铺设创巾

在腹部预定切口铺设创巾,用创巾钳固定(图 2-109)。

2. 腹壁切开

用手术刀从后腹中线切开(图 2-110)。在公犬,皮肤切口可能要延伸到包皮的侧面,以暴露后面的中线。

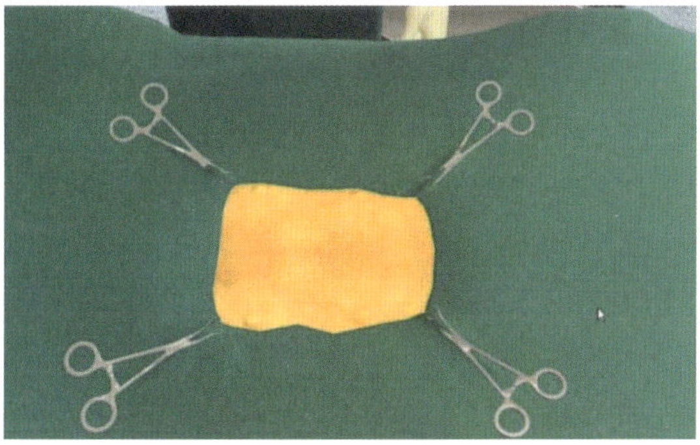

图 2-109　铺设创巾

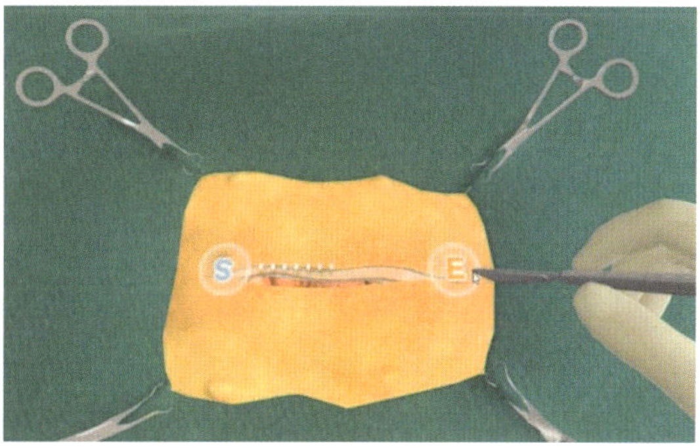

图 2-110　腹壁切开

3. 牵引膀胱

触诊膀胱,如果膀胱充盈,可用吸引器排空膀胱,找到膀胱并轻轻将其拉到创口外(图 2-111)。

4. 放置牵引线

用湿润的纱布围绕膀胱,减少对腹膜的污染。在预计切开处的外侧放置牵引线(图 2-112)。

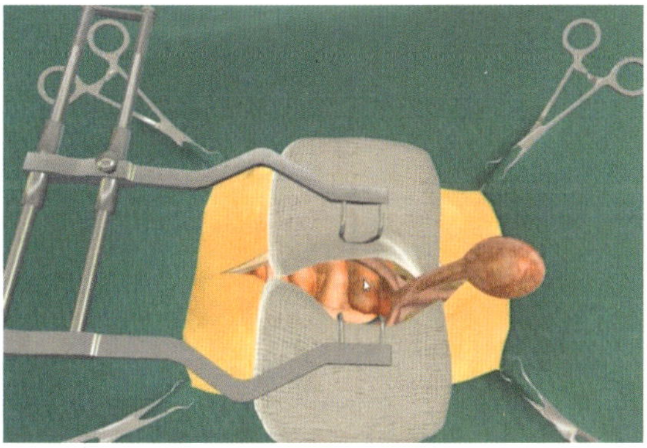

图 2-111　牵引膀胱

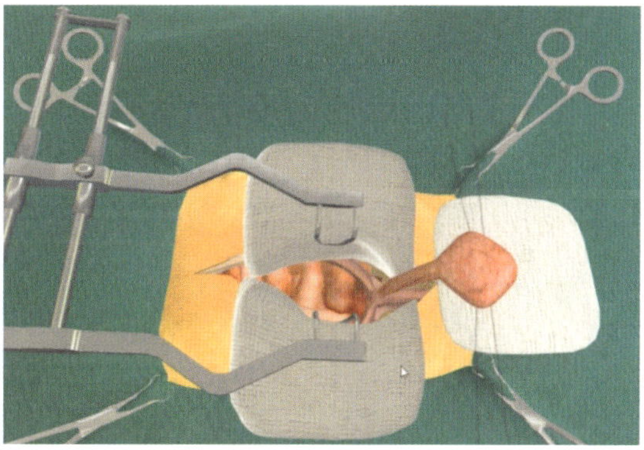

图 2-112　放置牵引线

5. 切开膀胱

在膀胱腹侧或顶部切开,避免破坏输尿管开口,可额外沿膀胱切口放置牵引线(图 2-113)。用组织剪沿膀胱长轴扩大膀胱切口。

6. 取出结石

观察膀胱内部情况，用膀胱匙轻轻将结石取出（图 2-114）。

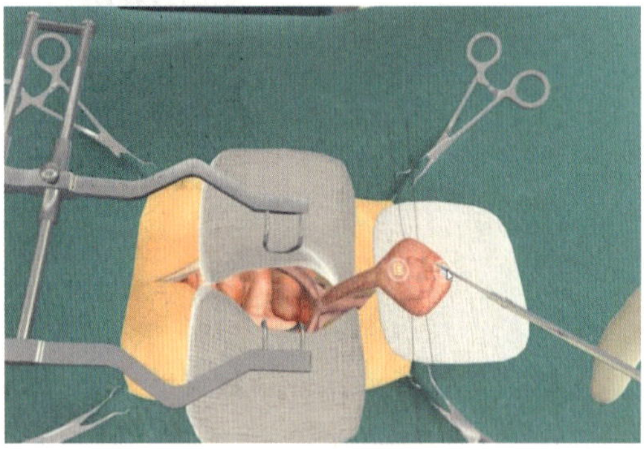

图 2-113　切开膀胱

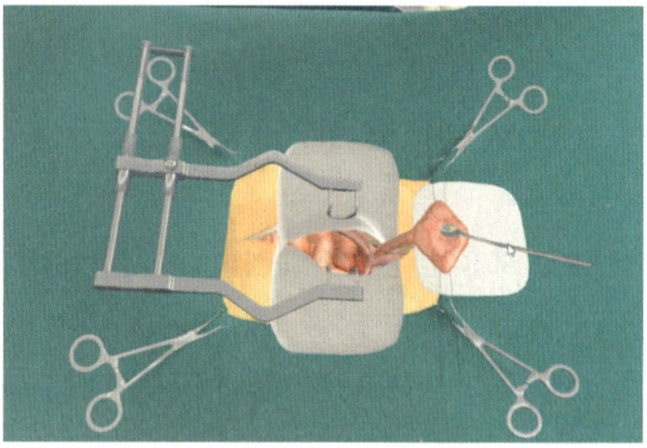

图 2-114　取出结石

7. 冲洗膀胱

将橡胶导管顺向或逆向插入尿道以确认尿道通畅；边拔管边冲洗；至少反复冲洗和用匙舀 3 次；用戴手套的手指探查膀胱内部和三角区，确保尿道插管和冲洗后无结石残留（图 2-115）。

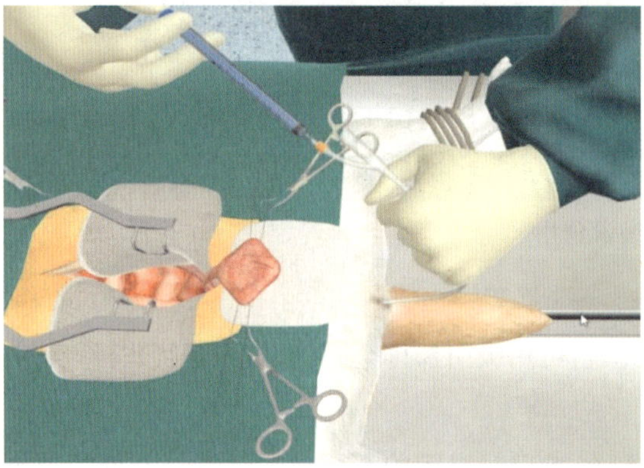

图 2-115　冲洗膀胱

8. 膀胱壁缝合

第一层缝合用可吸收缝线简单连续缝合膀胱切口，第二层用连续伦伯特或库兴氏内翻缝合膀胱切口（图 2-116）。

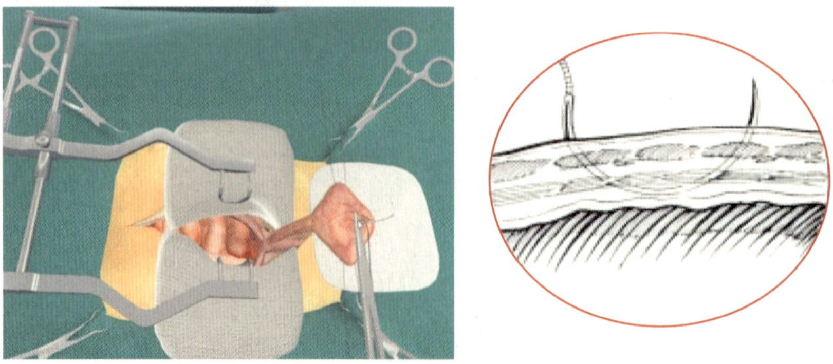

图 2-116　膀胱壁缝合

9. 腹壁缝合

腹肌及腹膜用可吸收缝线连续缝合，皮下组织比较丰富的宠物可用连续缝合或结节缝合再缝合一层，皮肤用不可吸收缝线结节缝合。(图 2-117)

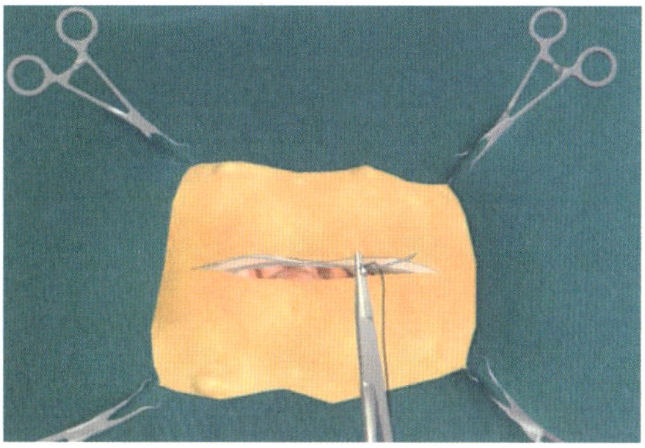

图 2-117 腹壁缝合

10. 术后护理

为宠物戴上伊丽莎白圈并放置回笼子，观察宠物反应并等待苏醒；手术后，通常会持续几天轻度血尿和尿频，给宠物每天早晚用碘伏消毒切口皮肤 2 次，在 10～12 d 后拆除缝线；患有不透射线型膀胱结石的宠物，手术后要进行腹部 X 线检查，确认所有的结石均被取出。静脉补液至少持续 12 h，防止切口出血产生的血凝块引起尿道梗阻；拔管后应该进行尿液培养，停用抗生素 1 周后需再次进行尿液培养。

注意事项：

(1)尿道梗阻可能继发于仍存在或复发性结石、血凝块或肿物再生。

(2)如果膀胱血液供应不良、弛缓或过小，应该经尿道放导尿管至少 2～3 d，使膀胱保持排空。

三、学习效果评价

序号	评价内容	评价标准	评价结果（是/否）
1	手术准备	手术计划是否清晰可操作，并有备用手术方案	
2		手术前器械、手术人员、手术宠物是否准备到位	
3		麻醉过程是否平稳，监测宠物体温、呼吸、脉搏	
4	手术过程	切口定位是否准确	
5		膀胱拉出腹腔后是否垫纱布	
6		牵引线设置是否正确	
7		膀胱结石是否完全取干净	
8		结石取出后是否对膀胱进行冲洗	
9		对手术过程出血是否充分止血	
10		缝合是否均匀美观	
11	术后护理	是否采取正确措施对宠物进行术后护理直至恢复健康	
12		术后护理是否出现感染	
13	职业素养	是否遵循无菌素养	
14		在手术过程中是否计划周密、科学严谨对待手术	
15		手术团队成员是否紧密配合完成手术	
16		是否能从容正确地应对术中突发情况	
17		是否小心操作，关爱患病宠物	

任务三　公犬尿道口再造手术

一、学习目标

知识目标

- 能描述公犬泌尿系统解剖生理结构。
- 能阐述公犬尿道口再造的手术流程。

技能目标

- 能正确准备公犬尿道口再造手术所需的器械。
- 能制订尿道口再造手术计划并协助宠物医生完成手术。

育人目标

- 培养科学严谨的工作态度。
- 培养团队协作精神。

二、学习内容

雄性尿道由膀胱颈后端的尿道内口伸延至阴茎游离端的尿道外口。根据尿道位置可将其分为骨盆部和阴茎部。骨盆部又进一步分为近端的前列腺前部和前列腺部，前列腺前部用于贮存尿液，前列腺部与输精管和精囊腺管合并为射精管。

(一)器械准备

手术剪，组织镊，持针器，11 号或 15 号刀片，手术刀柄，可吸收缝线，止血钳，纱布。(图 2-118)

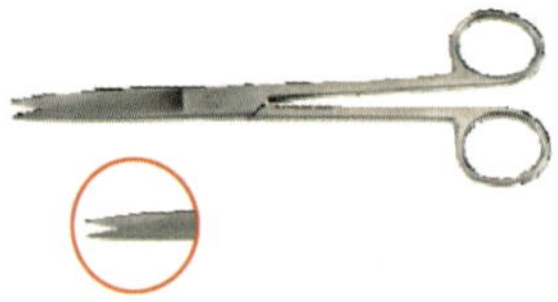

手术剪

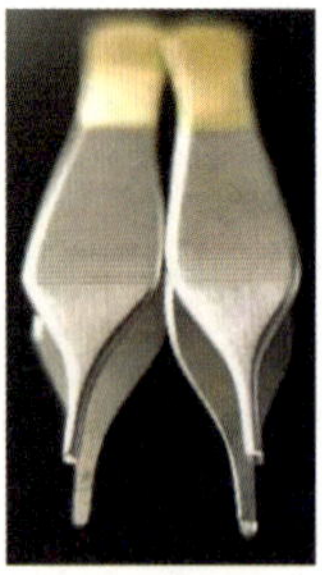

组织镊

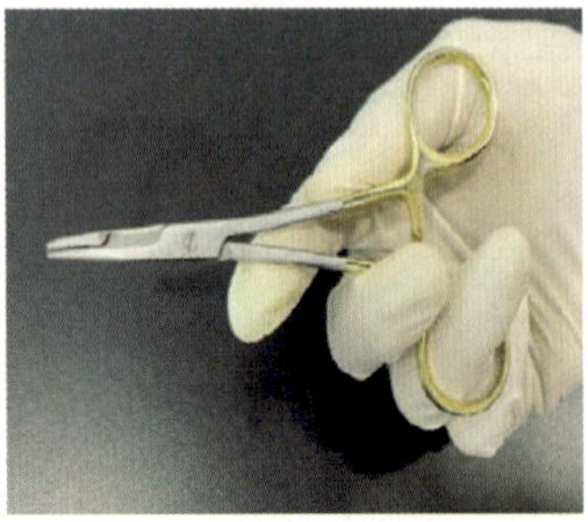

持针器

11号

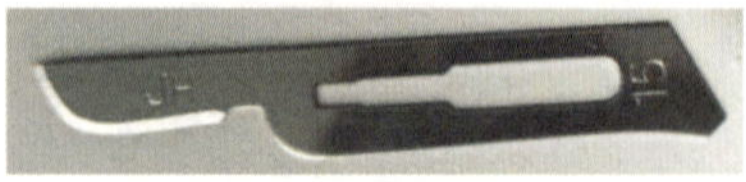

15号

11 号或 15 号刀片

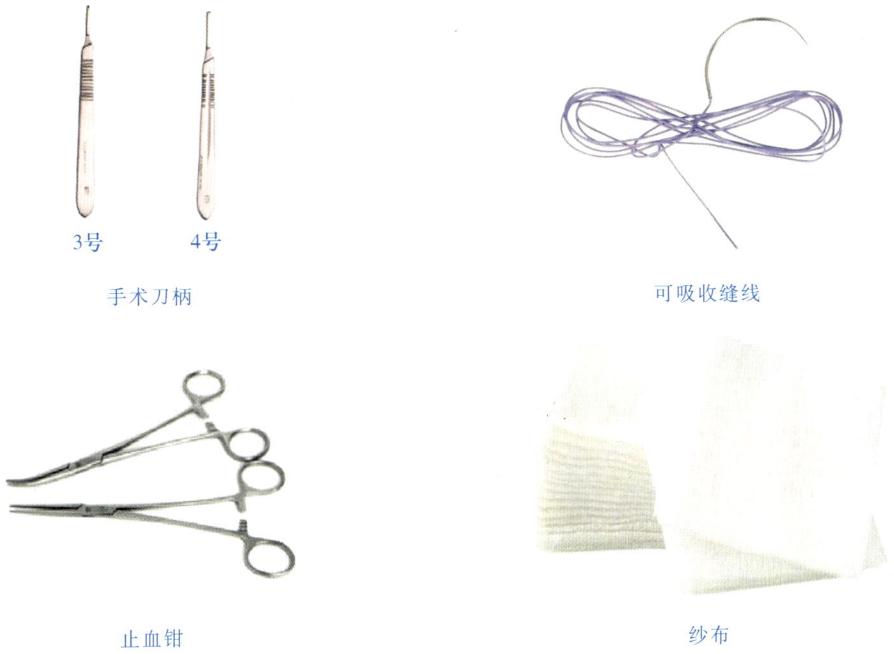

图 2-118　公犬尿道口再造手术器械

(二)术前评估

对宠物病史调查,确定患病宠物有无潜在疾病;检查宠物整体状态包括身体情况和精神状态,测量宠物体温、呼吸和心率等生理指标;根据患病宠物体格状态评定等级。对犬进行膀胱和尿道结石、膀胱炎、代谢性异常(包括尿毒症和高钾血症)的评估。进行超声检查或腹部和会阴部 X 线检查确定结石的位置和数量。在患透射线性结石(如尿酸盐)的犬,可能需要进行膀胱尿道造影。如果宠物年龄超过 5～7 岁或存在明显全身症状时,需做血液生化检查,评估手术风险。患病宠物的体格状态越差,出现麻醉和手术并发症的风险就越大。

(三)宠物麻醉

诱导麻醉:6 mg/kg 丙泊酚(静脉注射)。

维持麻醉:异氟烷呼吸麻醉。

(四)宠物准备

成年宠物进行诱导麻醉前禁食 6～12 h,幼龄宠物禁食 4～6 h,排便和排空膀胱尿液;术部切口周边 5 cm 范围内剃毛,仰卧保定,对公犬包皮及周边进行剃毛并用消毒液冲洗,碘伏、酒精 3 遍消毒,保证 5 min 接触时间。对患病宠物用毛毯覆盖身体或采用其他保温措施;眼部涂布眼膏。

(五)术前用药及治疗

术前稳定宠物病情,补充液体及纠正酸碱和电解质异常,诱导麻醉期静脉注射头孢唑林(22 mg/kg,间隔 90 min 至 2 h 重复给药 1～2 次)。注射阿托品(0.02～0.04 mg/kg,SC 或 IM),抑制唾液腺分泌及保护心脏;注射布托啡诺(0.2～0.4 mg/kg,IM),镇痛。

(六)手术人员准备

佩戴手套、口罩,穿手术服。

(七)手术过程

1.铺设创巾

在腹部预定切口铺设创巾,用创巾钳固定。

2.阴囊皮肤切开

若阴囊不明显,在阴茎体后腹侧弧上做切口;若阴囊下垂,围绕富余的组织做椭圆形切口,要保留足够的皮肤,使尿道造口闭合时无张力(图 2-119)。

3.分离皮下组织

用组织剪分离皮下组织,暴露阴茎体腹侧的阴茎退缩肌(图 2-120)。切除阴茎退缩肌或将其提起,拉向一侧。

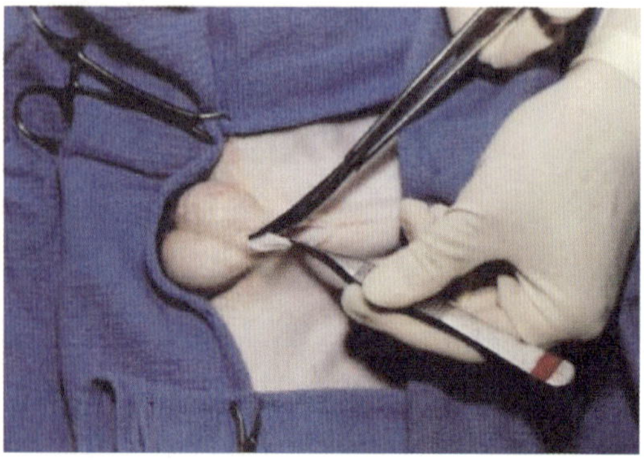

图 2-119　阴囊皮肤切开(Karen M Tobias,2014)

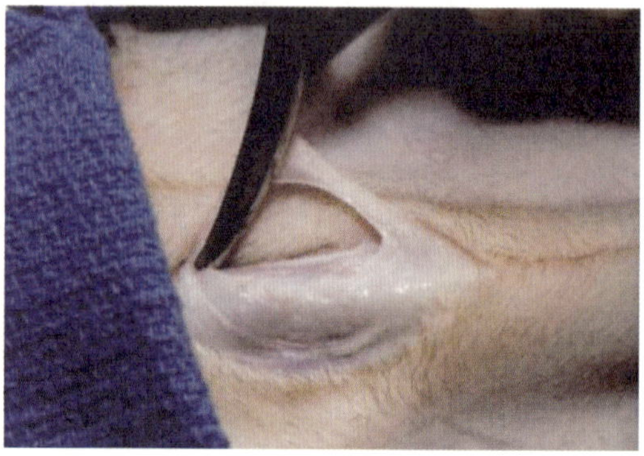

图 2-120　分离皮下组织(Karen M Tobias,2014)

4.做尿道中线切口

确认尿道后用 11 或 15 号刀片在阴茎体后腹侧弧的上方中线做一个小切口,用切腱剪将尿道中线切口扩大至长 2～3 cm,中心位于阴茎体的弧度上(图 2-121)。

5.缝合皮肤与黏膜

用 4-0 可吸收单股缝线的圆针或棱针,在切口的一端穿透尿道黏膜和皮肤进行连续缝合,针距 2～3 mm(图 2-122)。完成一侧闭合后打结并剪断缝线,在对侧重复同样的操作。

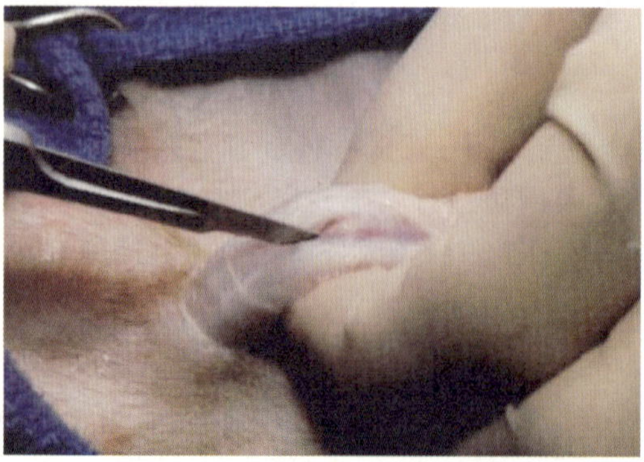

图 2-121　做尿道中线切口(Karen M Tobias,2014)

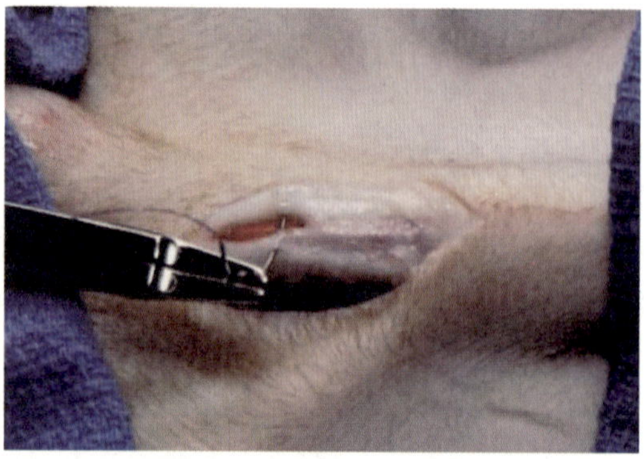

图 2-122　缝合皮肤与黏膜(Karen M Tobias,2014)

6.术后护理

宠物戴上伊丽莎白圈并放置回笼子,观察宠物反应并等待苏醒。静脉补液 12～24 h,以

免血凝块堵塞尿道。手术后，通常会持续几天轻度血尿和尿频，给宠物每天早晚用碘伏消毒切口皮肤2次，在10～12 d后拆除缝线。如果出现尿灼伤，清洁和擦干开口处的皮肤，并用含一薄层凡士林凝胶或液体的绷带覆盖皮肤。

注意事项：

(1)在患膀胱结石和尿道梗阻的犬，阴囊部尿道造口时也要进行膀胱切开术。

(2)切口时尽量与尿道平行，切勿伤及海绵体。

三、学习效果评价

序号	评价内容	评价标准	评价结果（是/否）
1	手术准备	手术流程是否清晰可操作，并有备用手术方案	
2		手术前器械、手术人员、手术宠物是否准备到位	
3		麻醉过程是否平稳，及时监护宠物体温、呼吸、脉搏	
4	手术过程	切口定位是否准确	
5		做尿道切口时是否伤到周边海绵体	
6		对手术过程出血是否充分止血	
7		缝合是否均匀美观	
8	术后护理	是否采取正确措施对宠物进行术后护理直至恢复健康	
9		术后护理是否出现感染	
10	职业素养	是否遵循无菌素养	
11		在手术过程中是否计划周密、科学严谨对待手术	
12		手术团队成员是否紧密配合完成手术	
13		是否能从容正确地应对术中突发情况	
14		是否小心操作，关爱患病宠物	

项目四　常见骨科手术技术

任务一　骨折基础知识及骨科器械认识

一、学习目标

知识目标

- 会列举常见骨折的分类及对血供影响。
- 能准确辨认并说出常用骨科器械名称。
- 能说出骨折预防感染抗生素的使用方法。

能力目标

- 能正确判断骨折类型。
- 能根据宠物骨折情况进行评分。

育人目标

- 形成爱护器械的职业素养。
- 树立科学分析、严谨认真的职业素养。

二、学习内容

(一)骨折分类

骨折的分类是根据骨折位置、方向、骨折线的数量以及是否能恢复负重(可复性或不可复性),可分为横骨折、斜骨折、螺旋形骨折、粉碎性可复性骨折和粉碎性不可复性骨折。

(1)横骨折(图 2-123A)。骨折线垂直于骨骼长轴的骨折称为横骨折。

(2)斜骨折(图 2-123B)。骨折线与骨骼长轴成角度的称为斜骨折,如果大于等于 45°角称为短斜骨折,如果小于 45°角称为长斜骨折。

(3)螺旋性骨折(图 2-123C)。螺旋性骨折与长斜骨折相似,骨折线螺旋形地缠绕在长骨上。

(4)粉碎可复性骨折(图 2-123D)。单个骨折线或骨骼碎片不超过 2 个大片。

(5)粉碎不可复性骨折(图 2-123E)。单个骨折线或骨骼碎片超过 2 个大片。

(二)骨折抗生素的使用

1.抗生素运用场景

抗生素通常用于预防和治疗矫形手术引起的感染。具有严重软组织和骨骼创伤、多发性骨折以及进行创伤性外科手术的患病宠物最容易发生术后伤口感染。因此,对于污染(开放性损伤)、严重创伤的病例(如大面积软组织擦伤,肿胀或粉碎性骨折)以及手术时间较长(2 h 以上)需给予预防性抗生素。

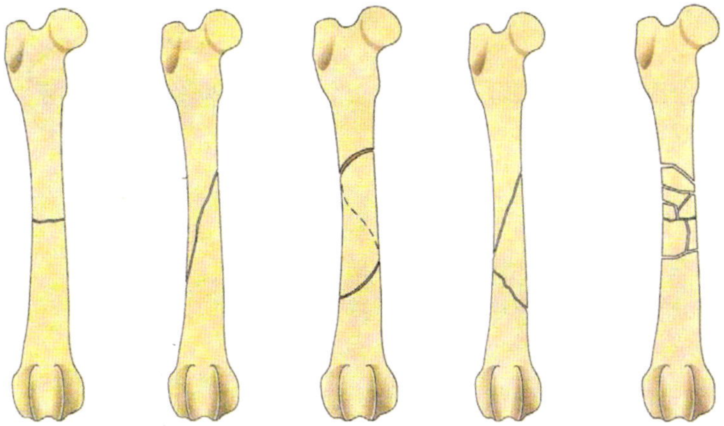

(A) (B) (C) (D) (E)

图 2-123 **骨折模式图**(引自 Theresa Welch Fossum,Cheryl S Hedlund,Donald A Hulse,等,2008)

2. 抗生素使用标准

有效使用抗生素要考虑用药时间和选用抗生素种类,并且需要符合以下两个标准:①最可能引起矫形伤口的感染微生物;②对潜在攻击性微生物最有效的抗生素。葡萄球菌和大肠杆菌是患病宠物伤口主要存在的需氧菌;拟杆菌属、梭杆菌属和梭状芽孢杆菌是重要的厌氧菌。

3. 抗生素使用方法

选一般择头孢唑林预防外科手术感染,在术前 30 min 以 20 mg/kg 静脉注射头孢唑林,以及术中每 2~4 h 重复给药,在手术完成时停止给药。

(三)骨折对血液供应影响

1. 正常骨血液供应

长骨的血液循环包括传入动脉、干骺端近侧和远侧的动脉以及骨膜动脉(图 2-124)。成年犬骨干的血液流从骨髓腔到骨膜的离心力方向流动,未成年犬有许多动脉穿过新形成骨,纵

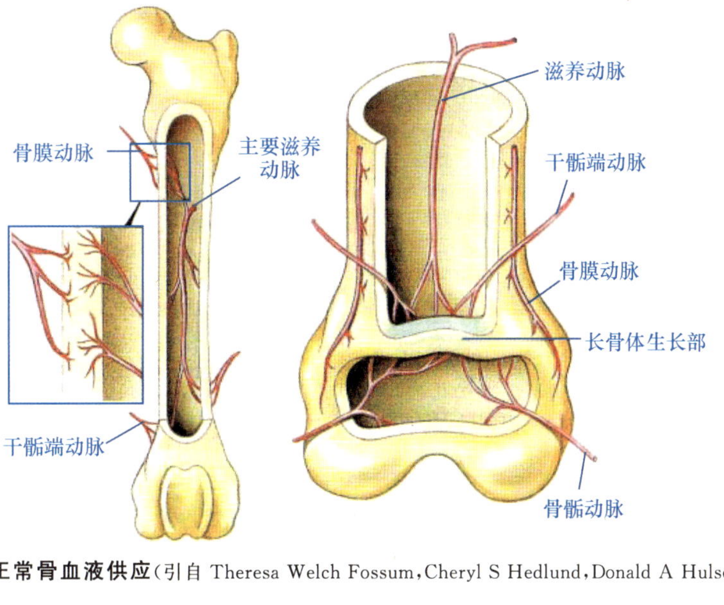

图 2-124 **正常骨血液供应**(引自 Theresa Welch Fossum,Cheryl S Hedlund,Donald A Hulse,等,2008)

流于骨膜表面。干骺端和骨骺具有各自的血液供应，它们在骨生长部软骨处的血管不相通。干骺端的动脉血供应与软骨内骨化有关，干骺端血流的破坏会延缓软骨骨化，导致软骨生长部变宽。有大面积肌肉附着的扁骨（如骨盆、肩胛骨）具有很多骨外血液供应。不规则骨（如腕骨、跗骨）一般具有双重动脉滋养。

2. 骨折后血液循环

长骨骨折会造成骨髓的血液循环障碍（图 2-125）。首先，正常组织对受损部位的血液供应加强。其次，软组织和周围骨片的血管会连接起来滋养骨膜骨痂。随着骨愈合的发展和骨稳定性的恢复，骨髓血管将会重新建立。最终骨外的血液循环减少，而骨髓流出的血流将占主导地位。骨折发生后，立即出现的血肿是组织能够发动炎症反应的信号，这种炎症对骨愈合起到关键性作用。骨髓经重组形成细胞高密区或低密区，细胞高密区转化为成骨细胞并开始形成骨。

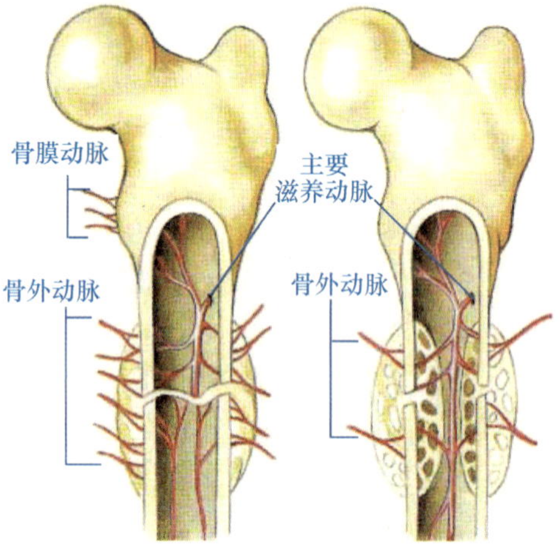

图 2-125　骨折后血液循环
（引自 Theresa Welch Fossum，Cheryl S Hedlund，Donald A Hulse，等，2008）

3. 骨折修复后血供

闭合性骨折用可塑形材料或骨外固定器固定（图 2-126A），对周围软组织引起的损伤最少并促进新的骨外血液供应形成；任何髓内针的插入都会破坏髓腔的脉管系统，与骨内膜表面接触的髓内针能阻断骨髓挤压部位的血流传入。稳定的埋植物不会影响骨内膜表面血液循环的重建，环扎在皮质骨表面的钢丝不会对脉管系统产生严重的损伤，但埋植物的移动，特别是松动的环扎钢丝，会破坏血管生长。对未成年宠物使用环扎钢丝也不会严重阻碍骨膜血液循环（图 2-126B）。骨折应用钢板和螺钉，该方法虽然能提供最大的稳定性并能使髓内血液循环尽早形成，但在钢板下的骨皮质血液供应将受到破坏，导致受损皮质骨重塑而更加疏松（图 2-126C）。改良接骨板（如限制性接触动力加压板）能够减少这种现象的发生（图 2-126D）。

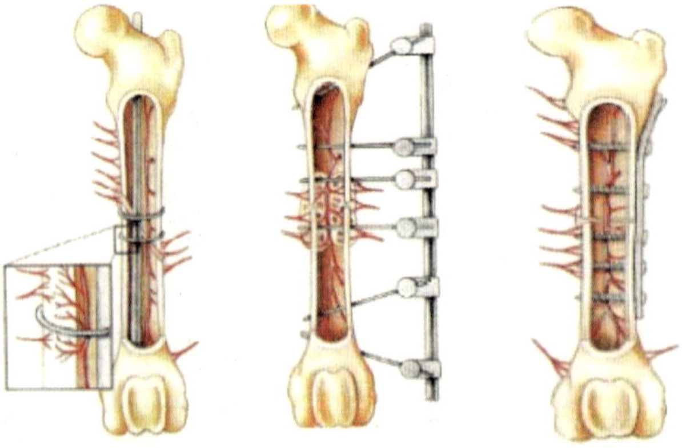

图 2-126　骨折修复后血供（引自 Theresa Welch Fossum，Cheryl S Hedlund，Donald A Hulse，等，2008）

(四)骨折力学环境对骨折愈合影响

断端活动导致骨折力学环境不稳定会发生间接骨愈合。骨折部位运动幅度大小会影响骨片间的缝隙大小,缝隙变化大小与总缝隙大小比率称为应变,随着骨的形成,骨的应变逐渐减少。骨折部位应变的减小与以下生物学途径有关:①骨折断端的再吸收增加小缝隙宽度,从而降低应变。②当骨折由耐牵张性弱的组织连接时,随着骨折刚性增加应变降低。③当外部或骨膜骨痂生成,骨折处的运动性就会降低,组织直径增加增强了骨的抗弯曲能力。

(五)X线检查评估骨折愈合情况

通过连续X线检查评估骨折愈合情况。一般术后患病宠物需要拍摄X线片来评估骨的校正和埋植物的位置情况,并且应每4～6周重复1次。术后的X线片与早期的相比较,以骨形成来评估骨折愈合情况,以埋植物位置的变化来评估骨折处的稳定性。骨痂形成表明间接骨愈合形成。骨缝隙的骨填充表明直接愈合,干骺端骨折的X线片出现1～2个致密带是骨小梁愈合的表现。干骺端骨折的骨膜骨痂通常不明显,除非骨折断端持续不稳定。拆除固定器械时间需根据骨折愈合X线片研究评估情况。一般情况下,当X线片显示骨折桥联时,固定系统可以被拆掉。以下是针对不同骨折固定的X线检查评估情况。

1. 可塑形夹板或外固定器固定

骨折的类型、外固定器的力学环境以及骨骼重建的程度,会影响外固定器固定的骨愈合是直接还是间接的。一般来说,把外固定器与用可塑形夹板固定同一骨折相比,使用外固定器的骨折处其骨膜骨痂形成较少。骨折发生间接骨愈合时,在X线片中骨折处会发现大量骨膜骨痂和骨内膜骨痂(宠物远侧桡尺骨除外),为骨的重建提供内部支持。一旦骨痂连接骨折线,需撤掉可塑形夹板。通过X线观察,发现复位良好并利用外固定器严格固定的简单骨折,形成骨膜骨痂和骨内膜骨痂最少。当固定器稳定性降低时,骨痂增加明显。当简单骨折没有良好复位且固定器固定不紧时,骨折线处骨的吸收和骨痂的形成就比较明显。当增加的张力集中于骨折缝隙时,骨折缝隙处的再吸收和骨痂形成更加明显。

2. 粉碎性骨折固定

当严重粉碎性骨折的复位和固定比较难时,常常采用闭合复位术或限制性暴露及牢固的固定器(如外固定器、桥连接骨板)保护骨折的生物力学环境。骨折的治疗常以骨片间骨内膜骨痂形成和骨的桥联愈合作为其愈合方式。1个月后的X线片显示骨折部位矿物质密度增加和少量骨膜骨痂形成。大多数患病宠物,骨折处在2个月内有明显的骨形成,在固定后3个月,骨痂重塑明显。

3. 复位良好和固定牢固骨折

通过直接骨连接愈合。常表现为直接骨愈合,X线片上骨折线消失,并出现骨膜骨痂和骨内膜骨痂的钙沉积。在哈弗氏系统重塑中,埋植物和骨痂都起到支撑骨折的作用,所以一般情况下,移除埋植物要推迟直到手术后6～12个月。

(六)骨折评分影响因素

骨折的早期,骨折桥连会使负重从矫形埋植物转移到愈合肢体上。相反,当骨折愈合缓慢时,埋植物会提供更长时间的负重,从而增加埋植物相关的并发症。所以每次骨折的内固定都是骨折愈合和埋植物相关并发症的一个竞争过程。如果仅以骨折结构为基础选择埋植物可导致术后重大的并发症或者手术失败。因此,除了考虑骨折构型,还应考虑影响患病宠物手术后的机械力学、生物学及临床的因素。根据骨折情况进行赋分(1～10分),较低的评价分值代表机械力学、生物学及临床因素不适合骨骼迅速连接和功能恢复,而较高的评价分值则意味着这些因素适合骨骼迅速连接和功能恢复。以下是影响骨折评分的因素。

1.机械力学因素

机械力学因素影响骨愈合及其功能的恢复,包括受损肢体数量,患病宠物的体形大小、活泼性及骨干和埋植物承受负载能力。一般来说,具有两片骨和大片蝶样骨折片的骨折可通过环扎钢丝或螺钉固定,是一种可复性骨折。多量大片骨折或小片骨折不能被埋植物固定,属不可复性骨折。由于犬和猫必须要三条腿负重,因此当多条腿受损(如继发于前十字韧带损伤的退行性关节疾病)时,宠物术后将不能负重。当患肢受压以及术后埋植物大量负重时,并发症就比较常见。体形较大或较活泼的患病宠物,埋植物容易负载过重,导致过早松脱和固定失败。骨架和埋植物各自承担负载的程度也影响并发症的发生。横骨折或短斜骨折是理想的负载,因为大多数力向轴传输。埋植物的负重减小,松弛的可能性降低。相反,当骨负重通过埋植物(如枪弹伤等高粉碎性骨折,部分骨切除,肢体延长术)时,常见的并发症有埋植物松弛、骨骼疲劳衰竭。

2.生物学因素

患病幼崽(小于6月龄)是一台“伤口愈合机器”,需固定的时间较短。4月龄小猫或幼犬,采用单髓内针固定股骨单纯性横骨折就能达到愈合效果。然而,对于12月龄犬,采用单髓内针固定单纯性骨折,可能导致骨折愈合缓慢,发生埋植物松弛和骨折不稳定的并发症。其他要考虑的生物学因素包括:骨折是闭合性还是开放性的,是由低能量还是高能量损伤引起的。另外,影响生物学鉴定的因素是否需要切开。如果必须切开,就会发生医源性血管损伤。

3.临床因素

临床因素是指在术后患病宠物和宠物主人的因素也会影响骨折评价分值。这些因素包括:①宠物主人术后照顾宠物的能力和意愿;②预期术后患病宠物的配合;③患病宠物手术后肢体的功能。根据这些影响骨折愈合的因素,医生必须了解宠物主人术后照顾宠物的诚意和能力;术后患病宠物的配合程度,非常活泼的、不能受控的患病宠物,不能使用外部固定系统,因为术后并发症可能增多。同样的,选择外固定器固定也会很差,因为患病宠物可能碰撞外部连接棒,引发贯穿的固定针松弛。术后也应考虑肢体功能恢复的情况,迅速恢复肢体功能是骨折处理的目标。因此,当选择埋植物时,必须考虑患病宠物愈合期间的舒适性(包括宠物调整舒适的能力和估计骨愈合的时间)。当早期骨愈合超过预期时间(大于8周)时,舒适的埋植物能减少主人的顾虑并防止骨折疾病的发生(如肌肉萎缩、腱挛缩)。当骨骼迅速愈合(少于6周)时,患病宠物的舒适度就影响不大。

宠物的品种和个体差异对宠物对埋植物适应能力有较大影响。在股骨骨折的外固定器固定过程中,当骨折愈合好时,拉布拉多猎犬的后肢功能就恢复得比较好,而对于阿富汗猎犬则必须去掉外固定器,其后肢功能才能恢复。因埋植物的选择不当或内固定失败,引起的进行性骨折疾病并导致的废退性肌肉萎缩和关节萎缩会影响骨折的成功愈合,即便出现了骨联合也会出现这些情况。根据牵引的骨骼不同和宠物的具体情况,不同的埋植系统的舒适度不同,接骨板能创造术后比较舒适的条件。术后比较舒适，宠物会更愿意做一些其他物理治疗。

（七）骨折评分标准

骨折评价分值以 1～10 分为评分标准，没有并发症的病例得分较高，而并发症较多的病例得分较低。机械力学鉴定主要考虑埋植物对分界面的压迫情况。生物学鉴定评估以埋植物在埋植期间必须具有功能性为标准（骨连接时间）。如果骨折评价分值落到标准的低限，埋植物起到即使不能负担全部负重，也要在术后承担大部分负重。埋植物承担此功能直到骨组织愈合形成。如果骨折评价分值较低，埋植时间要延长，因为某些抑制生物学因素会延长骨痂的形成。较高的骨折评价分值意味着固定体系中受压较小且骨愈合时间很短。当骨折评价分值超出上限标准，术后埋植物和骨共同分担生理学负重，骨愈合会非常快。以下是骨折具体评分标准。

1. 低评价分值（0～3 分）

患病宠物骨折评价分值较低时，采用埋植物桥联必须有足够力度防止发生永久性弯曲和断裂，且需有足够力量制止埋植物与骨界面发生过度移动，因为骨界面的移动可能导致骨吸收、未成熟埋植物松弛及潜在移动。对于骨折评价分值较低的，需采用足够力度和强度功能的埋植物如加长接骨板，接骨板/髓内（IM）针结合型、接骨板/外骨骼固定器结合型，外骨骼固定器/髓内针结合。在骨埋植物界面处，埋植物通过其凸出的螺纹来固定骨骼，以抵消轴向的压力和张力（相对运动）。

2. 中等评价分值（4～7 分）

当骨折评价分值趋于中等时，生物学和机械力学双重因素会影响骨折愈合及埋植物的选择。术后如果埋植物和骨共同承担负重，埋植物将承受较小压力，但骨愈合将被推迟。患病宠物得低评价分值时，由于中期负重的分散和早期愈伤组织的形成，可以使用较低强度和耐力埋植物。骨折评定趋于高分时，意味着埋植物及埋植物和骨的分界面在短时间内需承受较高的压力，因此界面必须要有足够的稳定性，直至愈伤组织形成来共同承担负重。推荐的埋植物包括接骨板、髓内针及 IM 针/环扎术。

3. 高评价分值（8～10 分）

当骨折评价分值超过 7 分时，机械力学评估表明在共同负重时应减小对埋植物的压迫，生物学评估显示可以加快愈合形成。这样可以使骨-埋植物结构和骨组织立即共同负重，没必要长时间发挥埋植物力度和强度达到极限。可采用带有光滑贯穿固定针的外骨骼固定器 I 型、IM 针/钢丝环扎及外接合等埋植物，埋植物通过摩擦（如光滑髓内针、环扎术）支撑骨，从而为骨折提供足够的固定装置。

（八）常用骨科器械认识

（1）导钻（图 2-127）。用于骨板的钻孔引导。一个手柄配置了 5 种不同规格的钻头。可适用于各种孔径的钻孔使用。

（2）锁定和垂直导套（图 2-128）。锁定骨板配套使用，可以将导钻垂直锁定在骨板上，以保证钻孔的垂直度，使骨板与骨钉更牢固的配合；垂直导钻是用于钻孔扩孔。

（3）加压导钻（图 2-129）。用于自动加压钢板钻孔引导的专用工具。

（4）骨钻（图 2-130）。多功能骨钻，一个电钻主机配置三个工作机头。

图 2-127 导钻

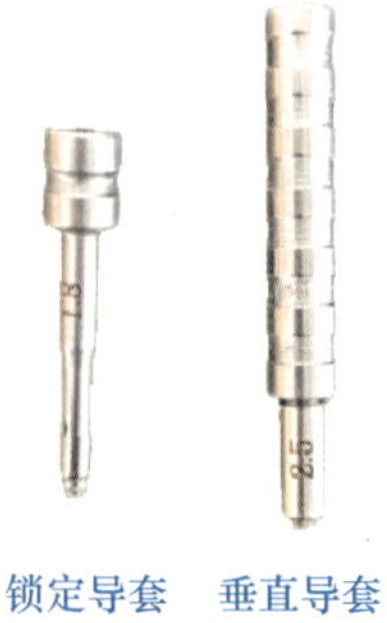

图 2-128 导套

图 2-129 加压导钻

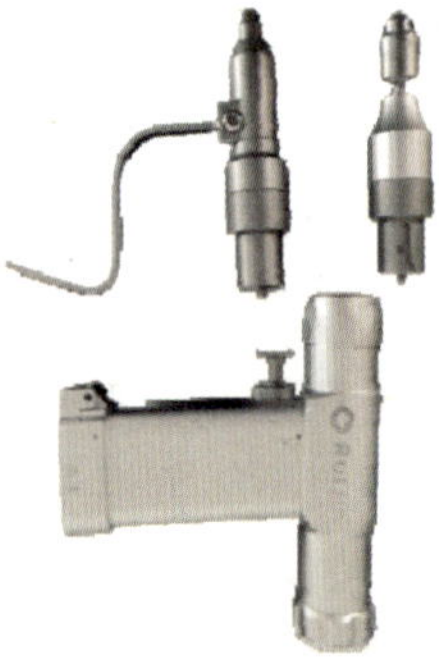

图 2-130 骨钻

(5)骨针剪(图 2-131)。大小适中,可剪 2.5 mm 及以下钢针、骨板、骨钉的专用工具。

(6)偏口克氏钳(图 2-132)。全长 20 cm(簧式),可剪、拔 2 mm 以下钢针、钢丝,同时还具备了拔、插、拧的功能。

(7)双关节克氏钳(图 2-133)。可剪 2 mm 以下钢丝、钢针,不留残端。

(8)骨针折弯器(图 2-134)。可折弯直径 2.0 mm 以下骨针,其深孔和坡口的设计为骨针的折弯提供了方便,减少骨针折弯时对病骨的伤害。

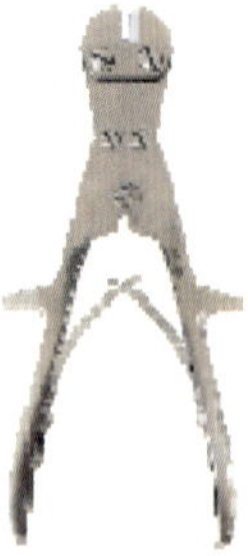

图 2-131 骨针剪

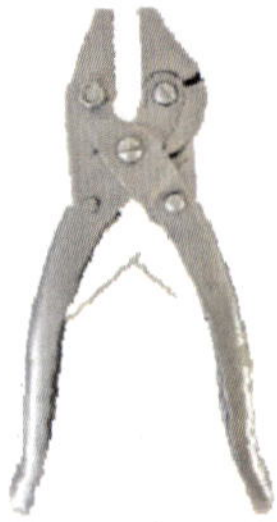

图 2-132 偏口克氏钳

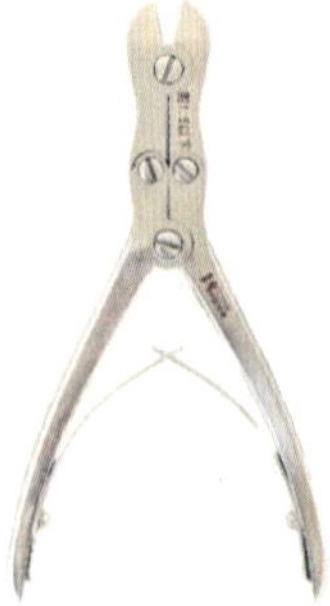

图 2-133 双关节克氏钳

图 2-134 骨针折弯器

(9)复位钳(图 2-135)。夹持病残骨复位使用。

(10)测深器(图 2-136)。骨钻钻孔后测量孔深,以便选择螺钉的长度。

(11)螺丝刀(图 2-137)。六方和梅花螺丝刀。

(12)骨针(图 2-138)。医用内植入物专用。

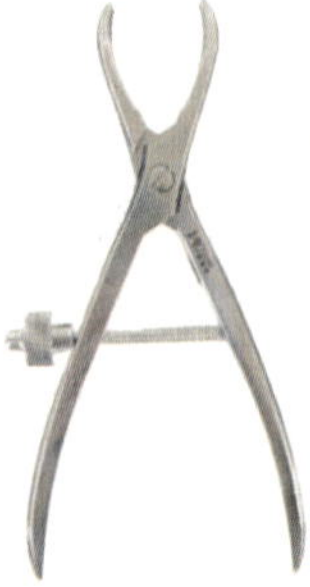

图 2-135 复位钳

图 2-136 测深器

图 2-137 螺丝刀

图 2-138 骨针

(13)骨板折弯器(图 2-139)。适用于对重建型、中型、小型、加压接骨板的折弯、塑型。

(14)微型骨板折弯器(图 2-140)。适用于对微型、小型接骨板的折弯、塑型。

(15) AO 多用途骨板折弯器(图 2-141)。适用于对重建型、加压接骨板的折弯、塑型。

(16)紧丝器(图 2-142)。双或单旋钮通过拉力方法使钢丝锁紧,骨科手术中钢丝结扎是最普遍的有效选择,使用紧丝器杜绝了以往松扣和断丝的滑动现象。

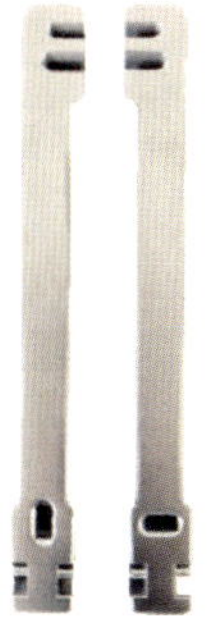

图 2-139　骨板折弯器

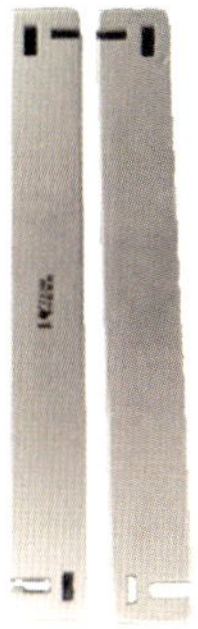

图 2-140　微型骨板折弯器

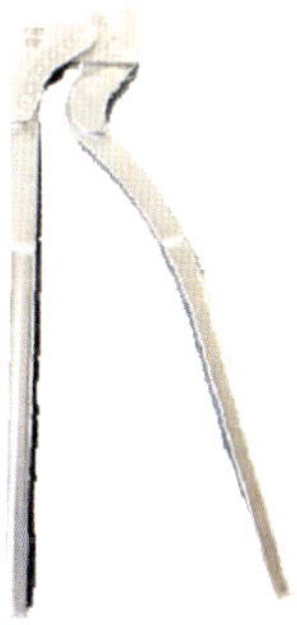

图 2-141　AO 多用途骨板折弯器

图 2-142　紧丝器

(17)钢丝(图 2-143)。医用不锈钢软扎丝,可植入体内。

(18)凤眼钢丝(图 2-144)。内固定扎丝术中配合拉力加压紧丝器使用。

(19)骨板(图 2-145)。锁定骨板、中立骨板、高尔夫加压骨板。

(20)螺钉(图 2-146)。皮质骨螺钉、松质骨螺钉、锁定骨螺钉。

图 2-143　钢丝

图 2-144　凤眼钢丝

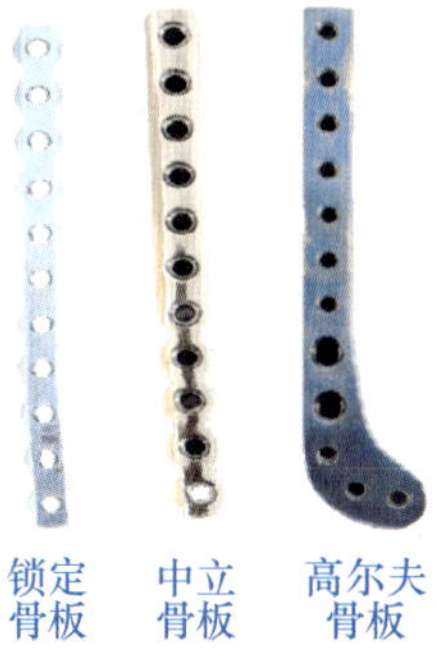

图 2-145　骨板

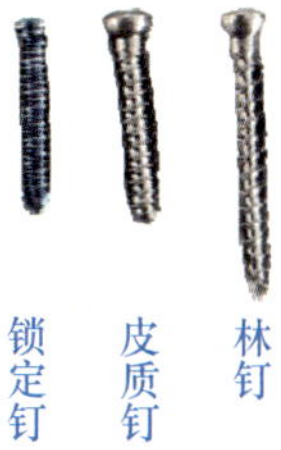

图 2-146　螺钉

三、学习效果评价

序号	评价内容	评价标准	评价结果(是/否)
1	骨折分类	根据骨折情况划分骨折分类是否正确	
2	抗生素使用	抗生素使用场景及用药方案是否正确	
3	骨折评分	骨折评分是否准确合理	
4		是否能通过 X 线检查正确评估各种骨折类型	
5	骨科器械认识	看到骨科器械是否能说出名称及用途	
6	职业素养	是否能科学严谨评估骨折情况并给出结果	

任务二　大转子撕脱修复手术(犬股骨模型)

一、学习目标

知识目标

- 能说出大转子撕脱修复手术所需的手术器械。
- 能阐述大转子撕脱修复手术的手术过程。

能力目标

- 能在模型上规范操作大转子撕脱修复手术。

育人目标

- 培养精益求精的工匠精神。

二、学习内容

(一)器械准备

骨钻,股骨模型,克氏针,导钻,钢丝,偏口克氏钳,骨针折弯器,复位钳。(图 2-147)

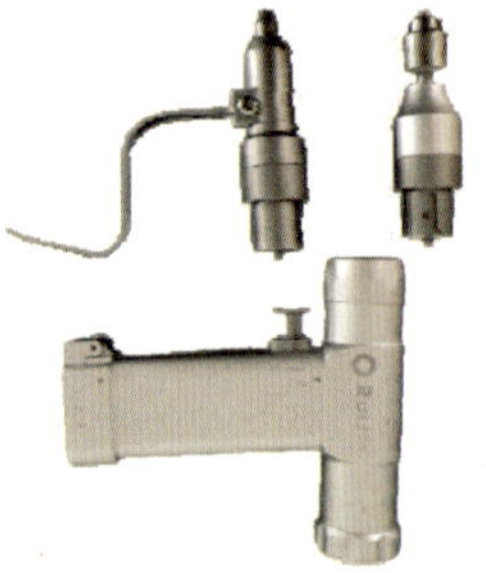

骨钻

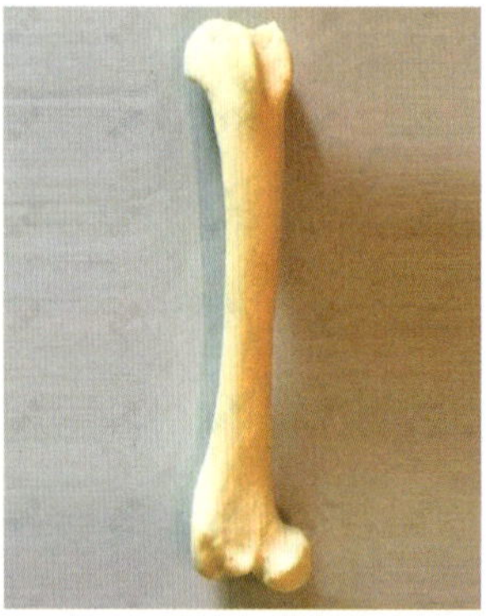

股骨模型

克氏针

导钻

钢丝

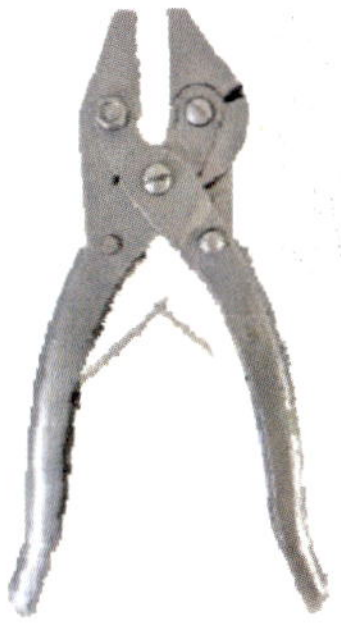

偏口克氏钳

骨针折弯器

复位钳

图 2-147　大转子撕脱修复手术(犬股骨模型)器械

(二)术前评估

对宠物进行病史调查，确定患病宠物有无潜在疾病；检查宠物整体状态包括身体情况和精神状态，测量宠物体温、呼吸和心率等生理指标；根据患病宠物体格状态评定等级。股骨侧卧的 X 线片来确认骨和软组织受伤的范围。在拍 X 线片时，由于宠物容易躁动或极度疼痛，须在确信不会有禁忌征候(如休克、低血压、严重的呼吸困难)情况下给以镇静剂。对宠物做血液生化检查，评估手术风险。患病宠物的体格状态越差，出现麻醉和手术并发症的风险就越大。

(三)宠物麻醉

诱导麻醉：6 mg/kg 丙泊酚(静脉注射)。

维持麻醉：异氟烷呼吸麻醉。

(四)宠物准备

成年宠物进行诱导麻醉前禁食 6～12 h，幼龄宠物禁食 4～6 h，排便和排空膀胱尿液；打开伤口前应先在周围仔细剪毛处理，清创，取深层组织样品做微生物培养和药敏试验，侧卧保定，碘伏、酒精 3 遍消毒，保证 5 min 接触时间。对患病宠物用毛毯覆盖身体或采用其他保温措施；眼部涂布眼膏。

(五)术前用药及治疗

术前稳定宠物病情，补充液体及纠正酸碱和电解质异常。注射阿托品 (0.02～0.04 mg/kg，SC 或 IM)，抑制唾液腺分泌及保护心脏；注射布托啡诺(0.2～0.4 mg/kg，IM)，镇痛。同时在诱导麻醉前处理伤口。诱导麻醉期静脉注射头孢唑林(20 mg/kg，IV，每隔 4～6 h 重复 1～2 次)。

二维码 2-17　大转子撕脱修复手术（犬股骨模型）

（六）手术人员准备

佩戴手套、口罩，穿手术服。

（七）手术过程（股骨模型为例）

1. 固定股骨模型

将股骨近端固定至模型固定器，大转子方向朝上。

2. 大转子骨折复位整合

用复位钳固定撕脱的大转子，固定位置以不影响克氏针打入大转子为宜。

3. 打入克氏针

用快装手柄装上克氏针，用导钻（规格 1.5 mm）引导垂直于骨折面打入两根平行骨针克氏针（骨针规格为 1.5 mm，克氏针打入上下位置为 1/2 靠上一些，左右位置为左 1/3 和右1/3），克氏针需透出对面皮质一个针尖。若骨针打入过深，将骨钻方向与钻入方向相反轻拔退回即可，最后剪断克氏针剩 2 cm（图 2-148）。

4. 打横穿孔

用导钻（规格为 1.2 mm）引导，钻头（规格为 1.2 mm）打横穿孔（横穿孔，上下位置为骨折线到克氏针入针点与骨折线到打孔的位置等距，前后位置为股骨皮质靠外侧 1/3）（图 2-149）。

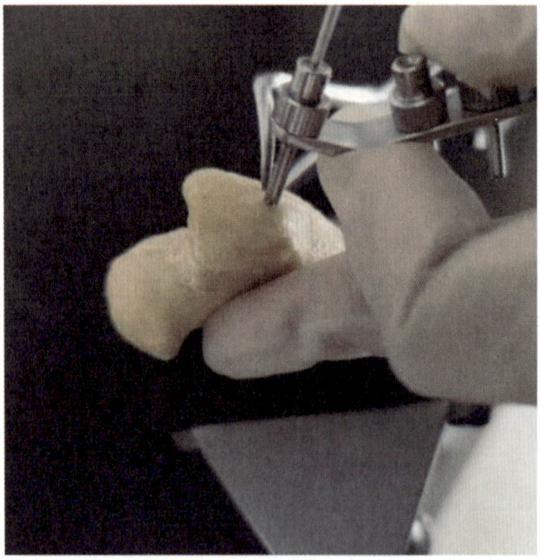

图 2-148　打入克氏针

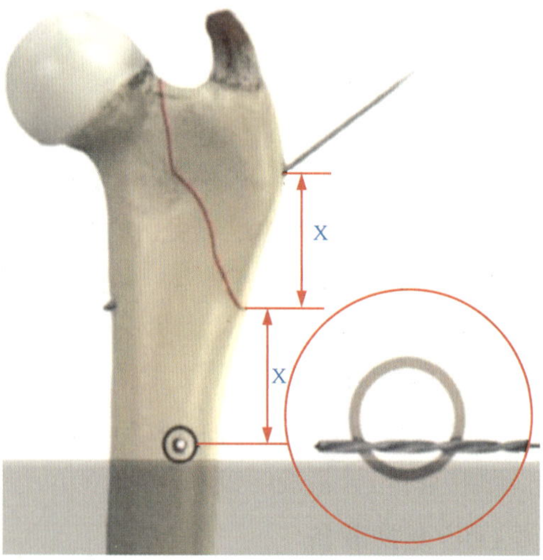

图 2-149　打入克氏针

5. 制作“8”字钢丝

取钢丝约 20 cm，大概 1/3 位置折弯，用手拧一个麻花（图 2-150）。

6. “8”字钢丝拧结

将短的钢丝从后侧入穿过头侧横穿孔，长的钢丝绕“8 ”字，然后在双侧中间交替打结（至少反复 2～3 次），结要与骨折线平行且位于骨折线和横穿孔中间位置，边提边拧（手同时需按住股骨），保留 4～5 个结，结向内上方压，两个结需对称且与骨面贴合（图 2-151）。

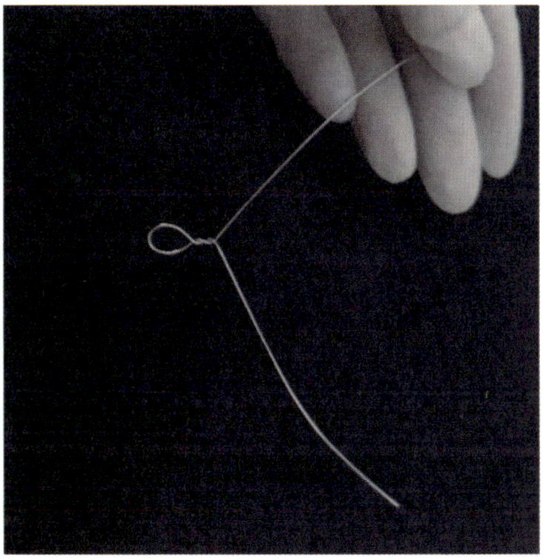

图 2-150　制作“8”字钢丝

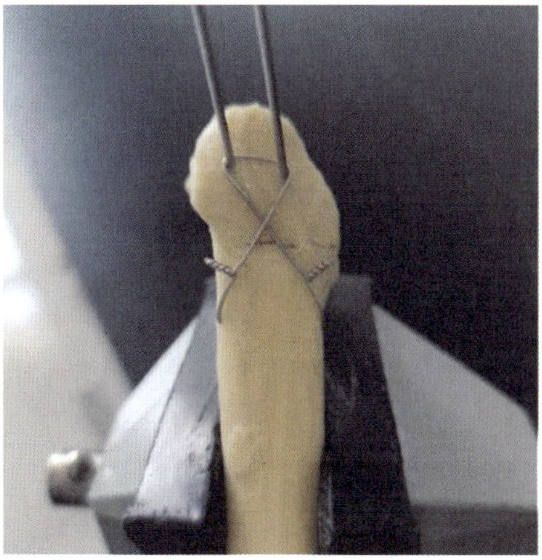

图 2-151　制作“8”字钢丝

7. 折弯克氏针

用骨针折弯器套入克氏针后旋转至股骨两侧，下压克氏针，将骨针折弯器后退 5 mm 再次下压克氏针后剪断克氏针(预留 8～10 mm)，最后用偏口克丝钳调整克氏针且紧贴骨面(图 2-152)。

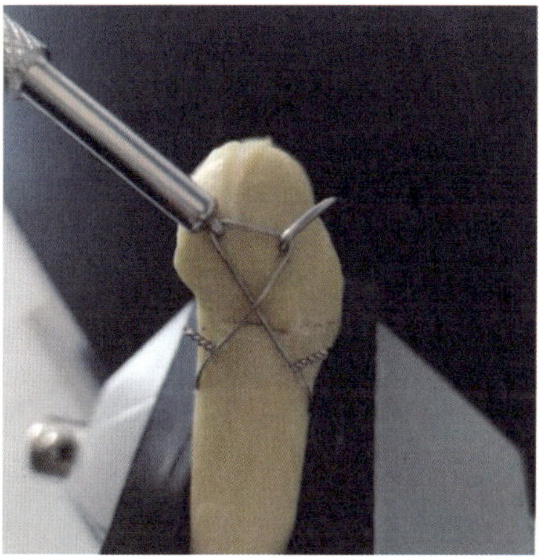

图 2-152　折弯克氏针

8. 术后护理

术后用 X 线片记录骨折复位及排列和埋植物的位置。骨折固定后要填充柔软纱布控制水肿并起支持软组织作用。每天用碘伏消毒术部并连用抗生素 5～7 d。2 周后复查拆线并对固定进行评估，每 4～6 周进行 1 次 X 线检查。骨折后在骨形成和重建的早期应拍一个完整的骨折线愈合的 X 线片。

三、学习效果评价

序号	评价内容	评价标准	评价结果(是/否)
1	器械准备	是否能将大转子撕脱修复手术所需的器械准备齐全	
2	手术过程	复位钳将骨碎片复位整合，边缘是否整齐无缝隙	
3		垂直于骨折线打入两支克氏针是否平行	
4		打孔位置与克氏针打入点和骨折面是否等距，且处于皮质偏外侧	
5		双侧中间位置结是否绞紧对称，结留的数量是否正确	
6		骨针折弯是否紧贴骨折面，且保留长度为 8～10 mm	
7	术后护理	抗生素使用是否足够时间	
8	职业素养	是否精细操作，精益求精	

任务三　桡骨骨折修复手术

一、学习目标

知识目标

- 能说出桡骨骨折修复手术所需的外科器械。
- 能阐述桡骨骨折修复手术流程。

技能目标

- 能正确准备桡骨骨折修复手术所需的器械。
- 能根据骨折情况选择适当方法修复桡骨骨折。

育人目标

- 培养认真严谨、科学规范的职业素养。
- 培养精益求精的工匠精神。

二、学习内容

桡骨中部的表面和尺骨远端的侧表面未被肌肉包裹，因此可以用触压的方法轻易地定位。剥离桡骨近端的伸肌和远端的屈肌就可以暴露出桡骨。桡骨远端的中部被头静脉所缠绕。触压桡骨的侧部则可轻易地感觉到它位于前臂伸肌下面，尺骨桡骨及周边肌肉解剖生理结构如图 2-153 所示。

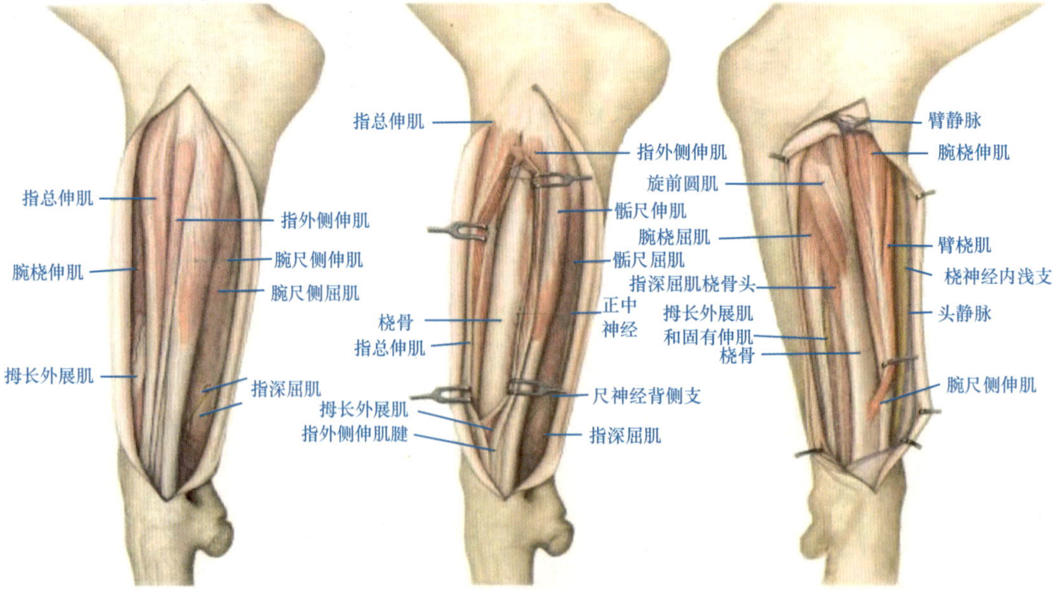

图 2-153　尺骨桡骨及周边肌肉解剖生理结构

(一)术前评估

对宠物进行病史调查，确定患病宠物有无潜在疾病；检查宠物整体状态包括身体情况和精神状态，测量宠物体温、呼吸和心率等生理指标；根据患病宠物体格状态评定等级。拍摄桡骨和尺骨(包括近端和远端的关节)仰卧位或侧卧的X线片来确认骨和软组织受伤的范围。做血液生化检查，检查是否出现肝肾损伤，评估手术风险。患病宠物的体格状态越差，出现麻醉和手术并发症的风险就越大。

(二)评估骨折程度

骨折评价分值以1～10为评分标准。没有并发症的病例得分较高，而并发症较多的病例得分较低；如骨折评价分值较低，埋植时间要延长，因为某些抑制生物学因素会延长骨痂的形成。较高的骨折评价分值，固定体系中受压较小且骨愈合时间很短；当骨折评价分值超出上限标准，术后埋植物和骨共分担生理学负重，骨愈合会非常快。

(三)宠物麻醉

诱导麻醉：6 mg/kg丙泊酚(静脉注射)。

维持麻醉：异氟烷呼吸麻醉。

(四)宠物准备

打开伤口前应先在周围仔细剪毛处理清创，取深层组织样品做微生物培养和药敏试验。前肢应该用罗伯特•琼斯绷带临时固定，防止碎片移动、减轻软组织水肿和伤口暴露，在术前增加患病宠物的舒适感。手术开始前，患肢从肩部到腕部范围内剃毛，碘伏、酒精3遍消毒，保证5 min接触时间。如果需要采集松质骨，那供体部位也要做好手术准备。如果采用开放性的整复，宠物保定应采取仰卧、患肢悬吊的体位。对患病宠物用毛毯覆盖身体或采用其他保温措施；眼部涂布眼膏。

(五)术前用药及治疗

术前稳定宠物病情，补充液体及纠正酸碱和电解质异常。注射阿托品(0.02～0.04 mg/kg，SC或IM)，抑制唾液腺分泌及保护心脏，注射布托啡诺(0.2～0.4 mg/kg，IM)，镇痛；同时在诱导麻醉前进行并发的伤口的处理。诱导麻醉期静脉注射头孢唑林(22 mg/kg，间隔90 min至2 h重复给药1～2次)。

(六)手术过程

1.手术通路

(1)尺骨近端中部的手术径路(图2-154A)。在皮下或皮下组织下面触诊时可直接触摸到桡骨的中部。切开皮肤和皮下组织暴露出桡骨的骨干。在长切口处挑起伸肌肌腱以暴露桡骨远端的粗隆表面。

(2)桡骨和尺骨的近端径路(图2-154B)。利用前内侧径路来找到桡骨，暴露远端桡骨骺软骨。

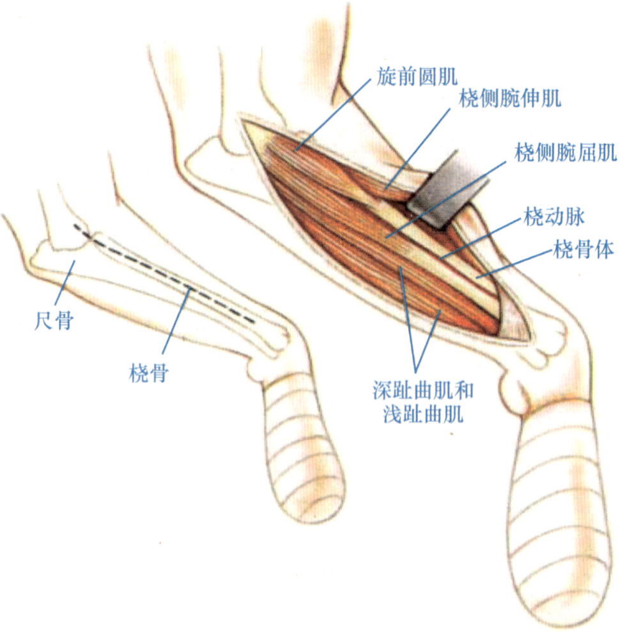

图 2-154A　尺骨近端中部的手术径路(引自 Theresa Welch Fossum,Cheryl S Hedlund,Donald A Hulse,等,2008)

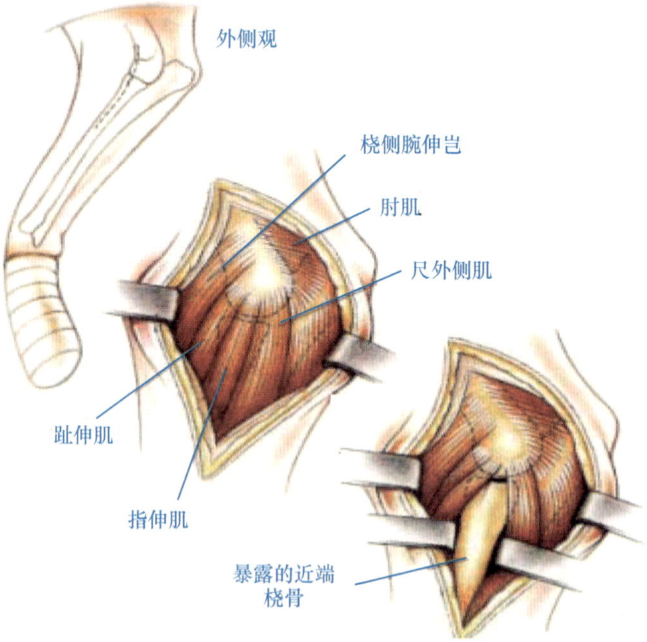

图 2-154B　桡骨和尺骨的近端径路(引自 Theresa Welch Fossum,Cheryl S Hedlund,Donald A Hulse,等,2008)

2. 桡骨和尺骨不同骨折形式修复

(1)中轴横向或短斜向骨折的固定。固定横向或短斜向骨折要求抗扭转和弯曲的支持力,因此需要用接骨板,一个外固定器或是可塑形夹板进行修复。埋植物的最终选择要根据骨折的部位和病犬骨折的评估结果。

①骨折评价分值低(0～3 分),对玩赏犬来讲,加压接骨板和横穿固定针外固定器是比较有效的固定方式。

②骨折评价分值中等(4～7 分),用加压板、外固定器。

③骨折评价分值高(8～10 分),横向或短斜向骨折要用 4～6 根针的外用固定器或可塑形夹板来固定。

(2)桡骨中轴斜向骨折或伴有蝴蝶状碎片的粉碎性骨折的固定。

①骨折评价分值低(0～3 分),用钢丝和加压螺钉来重新还原骨的圆柱形外观,用平衡接骨板或严格的外固定器便能有效地压紧骨折。

②骨折评价分值中等(4～7 分),用能压紧骨折的加压螺钉、环扎钢丝、平衡接骨板或外固定器。

③骨折评价分值高(8～10 分),用可以压紧骨折的环扎钢丝和外用固定器相结合来固定骨折。

(3)伴有较多碎片的桡骨中轴粉碎性骨折的固定。

①骨折评价分值低(0～3 分),要达到固定,需用支撑接骨板或外固定器。在粉碎区至少有 3 个钉在上面,2 个钉在下面(或相反)。固定牢靠以免术后松动导致固定体系出现晃动。

②骨折评价分值中等(4～7 分),要用能起支撑作用的接骨板或外用固定器。

③骨折评价分值高(8～10 分),当生物学评估非常理想时(如 4～5 月龄的宠物低速度撞击,封闭性的单肢受伤),对于此类患病宠物,需考虑对骨折间连接的还原并用外用固定器连接骨折。

3. 术后护理

骨折固定后填充柔软的纱布控制水肿并起到支持软组织的作用。患病宠物通常在 2～3 周后可以完全负重。在骨愈合前限制患病宠物的活动,开放的伤口应该每天用非黏性衬垫覆盖伤口并定期更换绷带。每日清洗伤口,减少术后水肿,清理创口,直至肉芽床形成。2 周后复查拆线并对固定进行评估,每 4～6 周进行一次 X 线检查。根据骨折评估结果,决定术后的 6～8 周是否卸下固定器,因此需在骨形成和重建的早期拍一个完整的骨折线愈合 X 线片。

三、学习效果评价

序号	评价内容	评价标准	评价结果(是/否)
1	器械准备	是否能将桡骨骨折修复手术所需的器械准备齐全	
2	手术过程	是否在术前对手术部位进行彻底消毒,正确摆放患病宠物体位	
3		是否准确评估犬骨骨折评分分值	
4		是否能根据评分分值选择桡骨固定方式	
5		是否能协助宠物医生完成桡骨骨折修复手术	
6	术后护理	是否能正确护理手术过后的患犬	
7	职业素养	在操作过程中是否遵循科学严谨态度,严格将骨折整复到位	

任务四　股骨骨干骨折修复手术

一、学习目标

知识目标

- 能说出股骨骨干骨折修复手术所需器械。
- 会描述股骨骨干不同类型骨折修复手术流程。

技能目标

- 能齐全准备股骨骨干骨折修复手术所需器械。
- 能制订股骨骨干骨折修复手术计划并协助宠物医生完成手术。

育人目标

- 培养认真严谨、科学规范的职业素养。
- 培养精益求精的工匠精神。

二、学习内容

骨折时股骨的正常解剖以及周围组织可能发生很大变化。软组织肿胀和淤血程度取决于损伤的程度。阔筋膜被撕裂后，股外侧肌常常表现肿胀和淤血。从股骨远端后外侧面小心地分离肌肉有助于股外侧肌向前收缩。骨折导致血肿以及血清渗出，可能使骨折的骨骼难以辨认。从骨折近端或远端稍正常的部位开始解剖，再延伸到骨折区域，有利于骨折的修复。

（一）术前评估

对宠物进行病史调查，确定患病宠物有无潜在疾病；检查宠物整体状态包括身体情况和精神状态，测量宠物体温、呼吸和心率等生理指标。对股骨前后位和侧位进行 X 线检查，估计骨骼和软组织的损伤程度。做血液生化检查，检查有无出现肝肾损伤，评估手术风险。患病宠物的体格状态越差，出现麻醉和手术并发症的风险就越大。

（二）评估骨折程度

骨折评价分值以 1～10 分为评分标准。无并发症的病例得分较高，而并发症较多的病例得分较低；如果骨折评价分值较低，埋植时间要延长，因为某些抑制生物学因素会延长骨痂的形成。如果骨折评价分值较高，固定体系中受压较小且骨愈合时间很短。当骨折评价分值超出上限标准，术后埋植物和骨共同分担生理学负重，骨愈合会非常快，手术人员根据 X 线片选择合适的接骨板。

（三）宠物麻醉

诱导麻醉：6 mg/kg 丙泊酚（静脉注射）。

维持麻醉：异氟烷呼吸麻醉。

（四）宠物准备

宠物限制运动直到进行手术；腿部从背正中线到跗关节的部分仔细剪毛处理清创，取深层组织样品做微生物培养和药敏试验。手术开始前，患肢从后躯到膝部范围内剃毛，碘伏、酒精3遍消毒，保证5 min接触时间。悬吊患病肢体，手术时获得最大术野。

（五）术前用药及治疗

术前稳定宠物病情，补充液体及纠正酸碱和电解质异常。注射阿托品（0.02～0.04 mg/kg，SC或IM），抑制唾液腺分泌及保护心脏；注射布托啡诺（0.2～0.4 mg/kg，IM），镇痛。同时在诱导麻醉前处理并发伤口，诱导麻醉期静脉注射头孢唑林（22 mg/kg，间隔90 min至2 h重复给药1～2次）。

（六）手术人员准备

佩戴手套、口罩，穿手术服。

（七）手术过程

二维码2-18　中立骨板内固定实操

1. 手术通路

沿大腿前外侧做切口，保证切口稍偏于前侧，暴露股二头肌的前侧缘。沿股二头肌的前侧，切开阔筋膜的浅层。牵引股二头肌末端，暴露股外侧肌。如同嵌入股骨后外侧缘一样，切开股外侧肌的中筋膜。从股骨表面将股外侧肌反转，暴露股骨骨干。小心处理软组织和骨折处的血肿，以便整复和固定骨折部位。见图2-155。

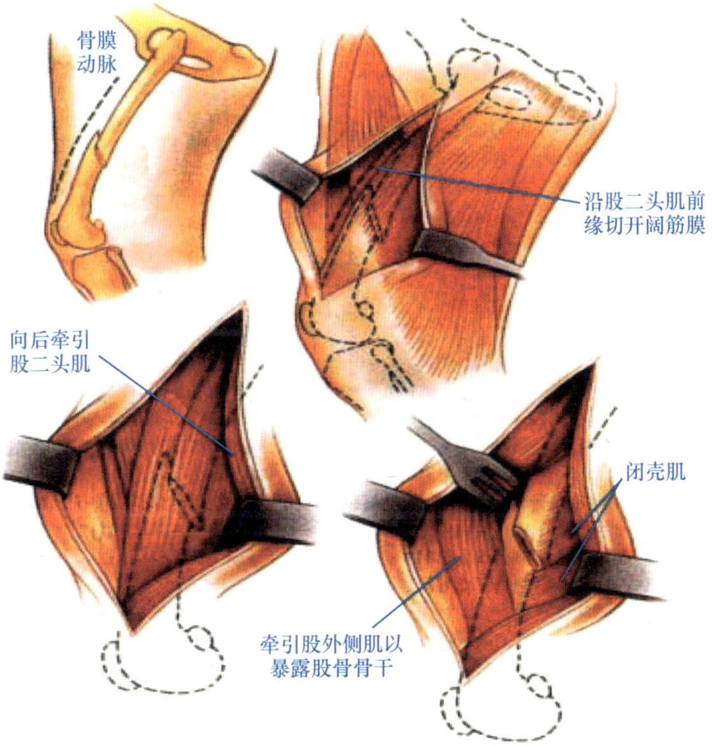

图2-155　股骨骨干的手术径路（引自Theresa Welch Fossum，Cheryl S Hedlund，Donald A Hulse，等，2008）

2. 股骨不同骨折修复形式

（1）固定骨干中部的横骨折或短斜骨折（图2-156）。如果骨折评价分值为0～3分，使用加压接骨板或交锁髓内钉；如果骨折评价分值为4～7分，可使用压缩骨板或交锁髓内钉或4根骨针的外固定器；如果骨折评价分值为8～10分，使用2个骨针的外固定器。

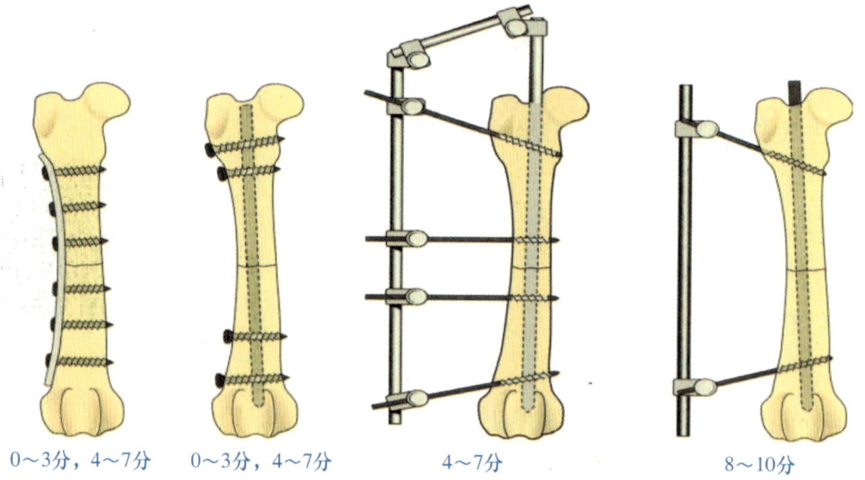

图 2-156 固定骨干中部的横骨折

（引自 Theresa Welch Fossum，Cheryl S Hedlund，Donald A Hulse，等，2008）

（2）骨干斜骨折或蝶形粉碎性骨折的固定（图 2-157）。如果骨折评价分值为0～3分，可使用带拉力螺钉的中立骨板或带环扎钢丝的交锁髓内钉；如果骨折评价分值为4～7分，可以使用外固定器加上髓内针（联合构型）和环扎钢丝；如果骨折评价分值为8～10分，使用髓内针加上环扎钢丝就能起到固定作用。

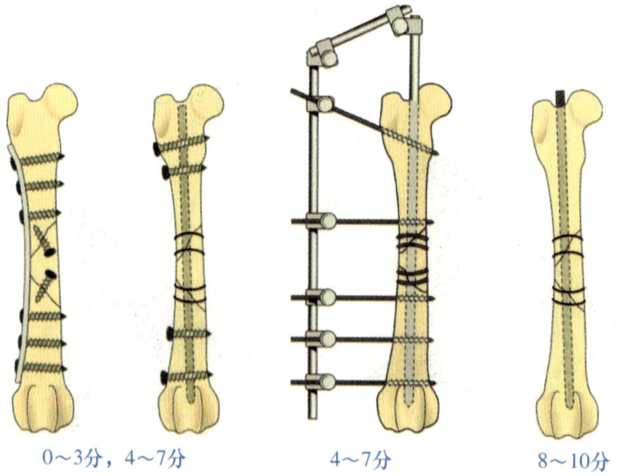

图 2-157 骨干中部较长的斜骨折或蝶形粉碎性骨折的固定

（引自 Theresa Welch Fossum，Cheryl S Hedlund，Donald A Hulse，等，2008）

（3）骨干中部有多块碎片粉碎性骨折的固定（图 2-158）。如果骨折评价分值为0～3分，使用接骨板结合髓内针的方法进行固定；如果骨折评价分值为4～7分，可使用骨板结合髓内针、桥连骨板、交锁髓内钉、外固定器加髓内针进行固定；如果骨折评价分值为8～10分，使用外固定器加髓内针进行固定。

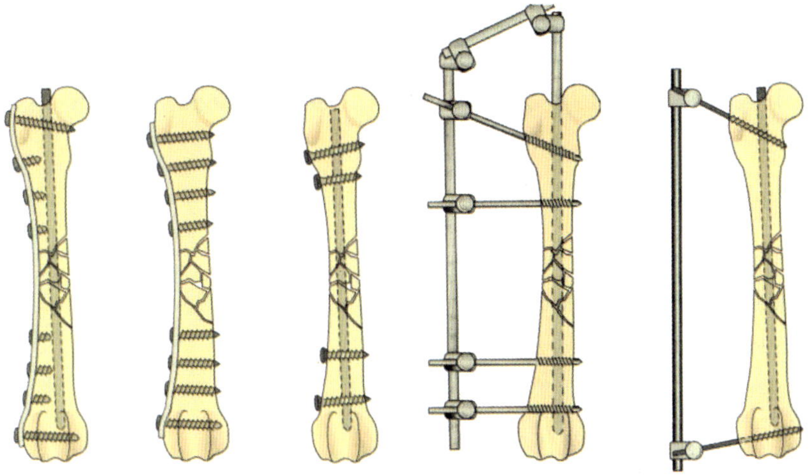

图 2-158 骨干中部有多块碎片粉碎性骨折的固定

（引自 Theresa Welch Fossum，Cheryl S Hedlund，Donald A Hulse，等，2008）

3. 术后护理

术后通过 X 线影像来评估骨折复位和植入物位置。术后疼痛的管理：24 h 内使用布托啡诺（0.2～0.4 mg/kg，IV、IM 或 SC，每 2～4 h 用药 1 次），24 h 后使用美洛昔康片（0.1 mg/kg，PO，1 次/d），持续 3～7 d。限制活动，仅牵遛和物理康复训练，直到骨折愈合。骨折愈合时，要拆除髓内针和外固定装置，环扎钢丝拉力螺钉、交锁髓内钉和骨板一般不需要移除，除非引起其他问题。

三、学习效果评价

序号	评价内容	评价标准	评价结果（是/否）
1	器械准备	是否能将股骨骨干骨折修复手术所需的器械准备齐全	
2	手术过程	是否在术前将手术部位彻底消毒，正确摆放患病宠物体位	
3		是否准确评估犬骨折评分分值	
4		是否能根据评分分值选择股骨骨干固定方式	
5		是否能协助宠物医生完成股骨骨干骨折修复手术	
6	术后护理	是否能根据医嘱护理手术过后的患犬	
7	职业素养	在操作过程中是否遵循科学严谨态度，严格将骨折整复到位	

任务五　胫骨骨干骨折修复手术

一、学习目标

知识目标

- 能说出胫骨骨折手术所需的器械。
- 能阐述胫骨骨折的手术流程。

技能目标

- 能正确准备胫骨骨折修复手术所需的器械。
- 能制订胫骨不同类型骨折手术计划并协助宠物医生完成手术。

育人目标

- 培养认真严谨、科学规范的职业素养。
- 培养精益求精的工匠精神。

二、学习内容

任何年龄、品种和性别的犬猫都可能发生胫骨和腓骨骨干骨折。犬猫胫骨骨折主要由车祸、打架或摔伤引起。在临床中单纯腓骨骨折很少进行固定，除非膝关节或踝关节发生骨折。胫骨出现开放性骨折的概率较高，在机械力作用下，骨可能发生撕裂、横断、倾斜、螺旋形、粉碎骨折。

（一）术前评估

宠物患肢不能负重且骨折部位有明显的肿胀，捻发音，疼痛；做前后和侧面X线检查，判定骨和软组织的破坏程度。易怒的或非常疼痛的宠物在确定无禁忌证的情况下做X线检查前需镇静。进行胸部的X线检查，检查肺部变化。进行全血细胞计数和血清生化检查，检查宠物状态及是否有肾脏或肝胆管系统的并发损伤。

（二）评估骨折程度

骨折评价分值以1～10为评分标准。没有并发症的病例获分较高，而并发症较多的病例常获分较低；如骨折评价分值较低，埋植时间需延长，因为某些抑制生物学因素延长骨痂的形成。较高的骨折评价分值意味着固定体系中受压较小且骨愈合时间很短；当骨折评价分值超出上限标准，术后埋植物和骨共分担生理学负重，骨愈合会非常快。

（三）宠物麻醉

诱导麻醉：6 mg/kg丙泊酚（静脉注射）。

维持麻醉：异氟烷呼吸麻醉。

（四）宠物准备

小心剪除周围毛发，清洗伤口，取深层组织样品做微生物培养和药敏试验。用罗伯特·琼斯绷带暂时固定患肢，使骨碎片不能移动，减少或避免软组织肿胀，保护或阻止开放性创伤，在进行外科手术前增加患病宠物舒适度。手术开始前，患肢从膝部到跗部范围内剃毛，宠物仰卧保定，暴露肢体内侧面，碘伏、酒精 3 遍消毒，保证 5 min 接触时间。对患病宠物用毛毯覆盖身体或采用其他保温措施；眼部涂布眼膏。

（五）术前用药及治疗

术前稳定宠物病情，补充液体及纠正酸碱和电解质异常。注射阿托品（0.02～0.04 mg/kg，SC 或 IM），抑制唾液腺分泌及保护心脏；注射布托啡诺（0.2～0.4 mg/kg，IM），镇痛。同时在诱导麻醉前处理并发的伤口，诱导麻醉期静脉注射头孢唑林（22 mg/kg，间隔 90 min 至 2 h 重复给药 1～2 次）。

（六）手术人员准备

佩戴手套、口罩，穿手术服。

（七）手术过程

1. 手术通路

胫骨的前内侧径路（图 2-159）：在胫骨前内侧从胫骨粗隆到内踝近端数毫米处做一个平行于胫骨头的皮肤切口，并扩大切口，长度为整个胫骨长度，继续分离筋膜，避开内侧（胫骨远端骨干 1/3 处）的神经和隐静脉。通过牵拉胫前肌、趾长屈肌，可获得更大的术野。

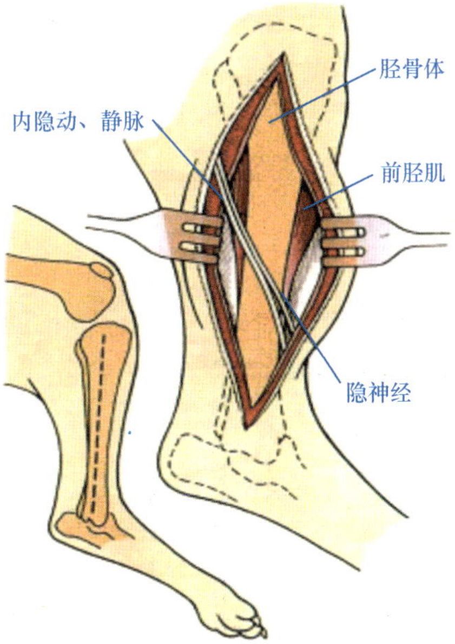

图 2-159 胫骨的前内侧径路

（引自 Theresa Welch Fossum，Cheryl S Hedlund，Donald A Hulse，等，2008）

2. 胫骨不同骨折修复形式

（1）骨干中部横骨折及短斜骨折的固定（图 2-160）。如果骨折评价分值较低（0～3 分），用压缩骨板和螺钉或Ⅱ型外部骨骼固定器；如果骨折评价分值中等（4～7 分），用加压接骨板、交锁髓内针和外固定器，根据固定器留置的时间长短，横穿固定针可以是光滑、无副作用材料制作、有凹入螺纹等结合的固定针；如果评价分值较高时（8～10 分），用可塑形夹板固定，同时使用 6 根固定针固定器或加髓内针与 2 根固定针的外固定器组合。

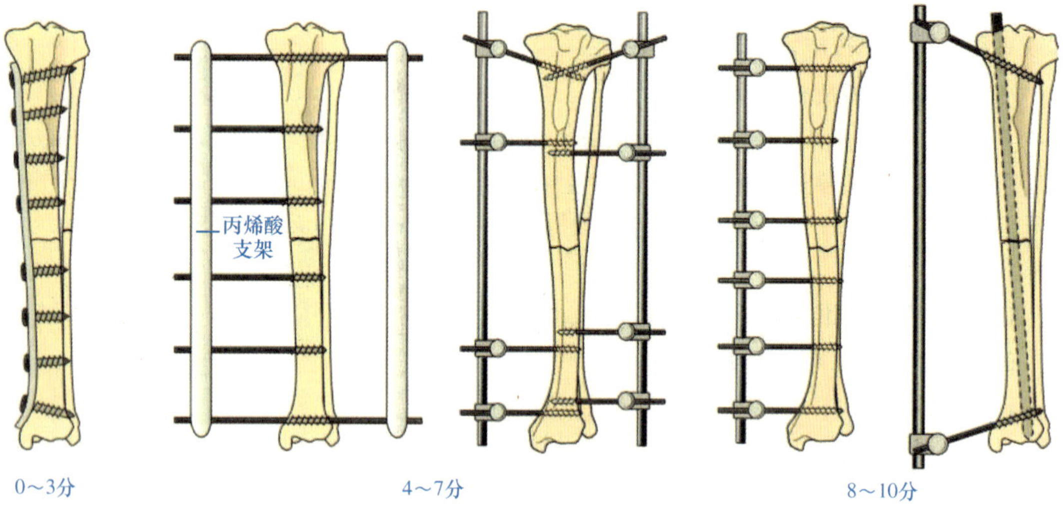

图 2-160 骨干中部横骨折及短斜骨折的固定

(引自 Theresa Welch Fossum，Cheryl S Hedlund，Donald A Hulse，等，2008)

(2)骨干中部长斜骨折或蝶状粉碎性骨折的固定(图 2-161)。如果骨折评价分值低(0～3 分)，骨折有效的固定装置为平衡接骨板或交锁髓内针，用环扎钢丝或加压螺钉固定碎片，然后用接骨板或连锁针桥连，或者先插入髓内针并用环扎钢丝压缩碎片，将带有螺纹固定针的骨骼外固定器提供额外支撑力；骨折评价分值中等(4～7 分)，用平衡接骨板、交锁髓内钉、螺钉或环扎钢丝结合外固定器固定骨折碎片；如果骨折评价分值较高(8～10 分)，用髓内针加环扎钢丝固定骨折碎片。

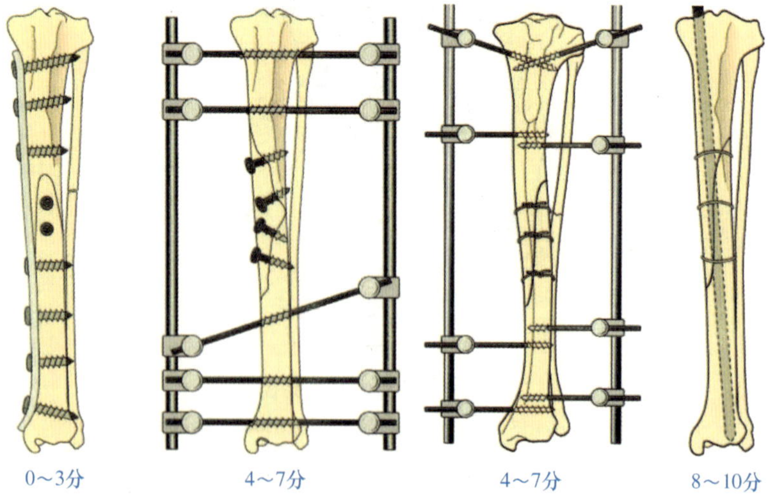

图 2-161 骨干中部长斜骨折或蝶状粉碎性骨折的固定

(引自 Theresa Welch Fossum，Cheryl S Hedlund，Donald A Hulse，等，2008)

3. 骨干中部多重粉碎性骨折修复形式

对于骨折评价分值较低(0～3 分)的患病宠物，用接骨板或髓内针联合坚硬的外骨骼固定器固定，固定针有凸起的螺纹，在粉碎区域上下至少分别用 3 根固定针固定；对于骨折评价分值中等(4～7 分)的患病宠物,采取闭合性整复,用有拱形接骨板作用的接骨板、交锁髓内针或外固定器固定;对于中部粉碎性骨折的评价分值高(8～10 分)的患病宠物,用外固定器进行桥连骨连接术(图 2-162)。

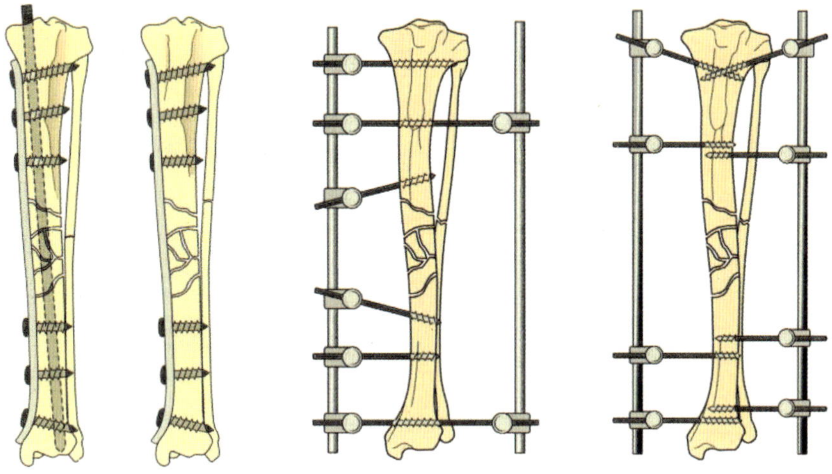

图 2-162　骨干中部多重粉碎性骨折

(引自 Theresa Welch Fossum,Cheryl S Hedlund,Donald A Hulse,等,2008)

4. 术后护理

X 线检查鉴定骨折整复和校准的情况以及埋植物的位置。术后疼痛的管理:牵引绳限制宠物活动直至 X 线检查显示断骨已愈合良好。开始愈合时,要拆除髓内针和外固定装置,骨板、螺钉等一般不需要移除。术后用药:24 h 内使用布托啡诺(0.2～0.4 mg/kg,IV、IM 或 SC,每 2～4 h 重复 1 次);24 h 后使用美洛昔康片(0.1 mg/kg,PO,1 次/d),持续 3～7 d。

三、学习效果评价

序号	评价内容	评价标准	评价结果(是/否)
1	器械准备	是否能将胫骨骨折修复手术所需的器械准备齐全	
2	手术过程	是否在术前将手术部位彻底消毒,正确摆放患病宠物体位	
3		是否准确评估犬骨折评分分值	
4		是否能根据评分分值选择胫骨固定方式	
5		是否能协助宠物医生完成胫骨骨折修复手术	
6	术后护理	是否能根据医嘱护理手术过后的患犬	
7	职业素养	在操作过程中是否遵循科学严谨态度,严格将骨折整复到位	

模块三

常见外科疾病诊治技术

项目一　皮肤外科损伤诊治技术

任务一　创伤处理技术

一、学习目标

知识目标

- 能说出创伤的种类及处理的常用药物。
- 能说出创伤处理的流程。

能力目标

- 能正确处理患病宠物创伤。

育人目标

- 培养认真分析问题、解决问题的能力。
- 培养科学严谨的工作态度。

二、学习内容

(一)皮肤解剖结构

皮肤(图 3-1)包括表皮、真皮、皮下组织和相关的附属组织。最外层表皮虽然薄,但是具有保护性,毛发越丰富区域,表皮越薄。鼻子和足垫的表皮最厚,已角质化。表皮没有血管,它

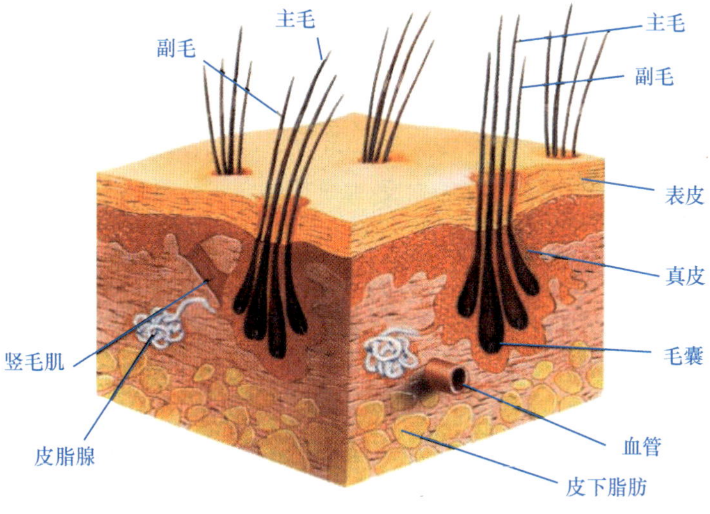

图 3-1　皮肤解剖结构

依靠深层组织渗透的体液和皮肤毛细血管获得营养。真皮层位于表皮层下方，有血管和淋巴管、神经、毛囊、导管和平滑肌纤维。成纤维细胞、巨噬细胞、血浆细胞和肥大细胞贯穿于真皮层。皮下组织处于真皮层下方。

犬猫营养皮肤的血管平行于皮肤，成为皮脉管。末梢动脉和静脉来自皮脉管、皮下丛（深）、表皮丛（中间）和乳头下丛（浅表）。皮下丛供应毛根和滤泡、管状腺、腺管的深层部分及竖毛肌。表皮丛供应皮脂腺和增强毛囊周围的毛细血管网、管状腺和竖毛肌。真皮外层的乳头下丛发出微毛细血管样进入真皮层提供营养。与人类和猪相比，犬猫没有发达的毛细血管网系统，因此犬猫的皮肤一般不会发生浅表烧伤性水疱。

皮下丛位于肌膜的表层与深层，对于皮肤的生存能力起主要的作用。术者必须剥离表皮肌肉组织下的筋膜面以保持皮下丛的完整性。

（二）创伤概念

创伤是在锐性外力或钝性外力作用于机体组织器官，使受伤部皮肤或黏膜出现伤口及深在组织与外界相通的机械性损伤。创伤（图 3-2）由创缘、创壁、创底、创腔、创围组成。创缘是皮肤和黏膜及其下的疏松结缔组织或受伤的肌肉；创壁是筋膜及位于其间的疏松结缔组织；创底是创伤的底部；创腔是创壁之间的空间；创围是围绕创口和创缘周围的皮肤或黏膜。

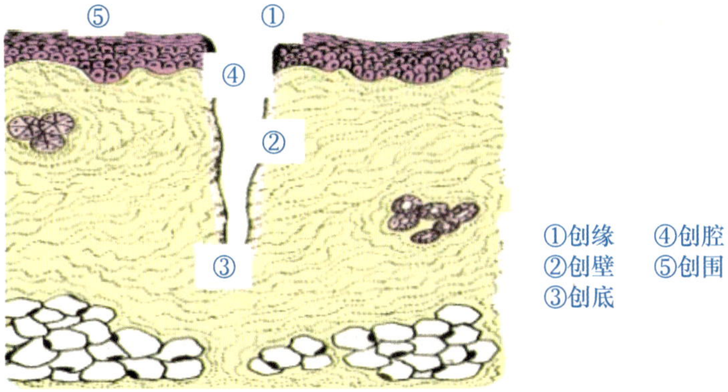

图 3-2　创伤结构示意图

（三）创伤的症状

1. 出血

出血量是由受伤的部位、组织损伤的程度、血管损伤的状况和血液的凝固性等决定。

2. 创口裂开

受伤组织断离和收缩引起创口裂开。创口的方向、长度和深度以及组织的弹性决定创口裂开的程度。活动性较大的部位，创口裂开比较明显；长而深的创伤比短而浅的创口裂开大；肌腱的横创比纵创裂开宽。

3. 疼痛及机能障碍

疼痛是因为感觉神经受损伤或炎性刺激而引起。疼痛的程度取决于受伤的部位、组织损伤的性状、宠物种属和个体差异。疼痛和受伤部位的解剖组织学结构被破坏，常出现局部或全身的机能障碍。

(四)常见创伤的分类

二维码 3-1　创伤的分类与愈合

临床常根据创伤后经过的时间、创伤有无感染、致伤因素进行分类。

1. 按创伤后经过的时间分

(1)新鲜创。创伤后的时间不超过 8～12 h,创内仍然有血液流出或存有血凝块,且创内各部组织的结构和轮廓仍能识别,有的虽被严重污染,但未出现创伤感染症状。

(2)陈旧创。创伤后经过时间较长,病程在 12～24 h 及以上,创内各组织的轮廓不易识别,出现明显的创伤感染症状,有的排出脓汁,有的出现肉芽组织。

2. 按创伤有无感染分

(1)无菌创。通常在无菌条件下做的手术创称为无菌创。

(2)污染创。创伤被细菌和异物所污染,但进入创内的细菌仅与损伤组织发生机械性接触,并未侵入组织深部发育繁殖,也未呈现致病作用。污染较轻的创伤,经过适当的外科处理后,可能一期愈合;污染严重的创伤,在未及时而彻底地进行外科处理时,常转为感染创。

(3)感染创。进入创内的致病菌大量发育繁殖,对机体呈现致病作用,使受伤组织出现明显的创伤感染症状,甚至引起机体的全身性反应。

(4)保菌创。晚期化脓创伤表面虽然仍有脓性分泌物,但此时细菌已丧失毒力,并无向健康组织侵害的趋势,细菌只停留在创伤表面的坏死组织及化脓性分泌物中。二期愈合的肉芽创均为保菌创。在正常情况下,保菌创有促进创伤内坏死组织净化和促进组织再生的作用。

3. 按致伤因素分

(1)刺创。由尖锐细长物体,如钢丝、铁叉、树枝等刺入组织发生的创伤。刺创创口小,创道狭长,一般创道较直,有的由于肌肉收缩而使创道弯曲,深部组织常被损伤,并发生内出血或形成组织内血肿。刺创极易感染化脓,甚至形成化脓性窦道或引起厌氧性感染。犬猫因个体小,各种异物易刺入体内的重要器官,形成穿透创,易导致宠物急性死亡。

(2)切创。锐利的刀片、玻璃片等切割组织发生的创伤。切创的创缘及创壁较组织受挫轻微,出血量多,疼痛较轻,创口裂开明显,污染较少。一般经适当的外科处理和缝合愈合快。

(3)砍创。柴刀等重器砍切组织发生的损伤。因致伤物体重,致伤力强,创口裂开大,组织损伤严重,出血量较多,疼痛剧烈。

(4)挫创。打击、冲撞等钝性外力的作用导致的组织损伤,挫创的创形状不整齐,常存有明显的被血液浸润的挫灭破碎组织,出血量少,创内常存有创囊及血凝块,创伤容易污染,极易感染化脓。

(5)裂创。由钩、钉等钝性致伤物的作用使组织发生机械性牵张而断裂的损伤。裂创不规则,组织发生撕裂或剥离,创缘呈不正锯齿状,创内深浅不一,创壁及创底凹凸不平,并存有囊及严重破损组织碎片。出血量较少,创口裂开大,疼痛剧烈。

(6)压创。由车轮碾压或重物挤压所致的组织损伤。压创的创形不整,存有大量的挫灭组织、压碎的肌腱碎片或皮肤缺损。压创一般出血少,疼痛不剧烈,创伤污染严重,极易感染化脓。

(7)缚创。粗糙的新绳缚捆犬时可引起缚创,且易感染。如犬颈部常发。

(8)咬创。由宠物殴斗时,齿咬所致的组织损伤,犬猫极易发生。常见咬伤部位为头、颈及四肢。轻度咬伤出现成对的齿痕;严重者的被咬处呈管状创或近似裂创或呈组织缺损创。创内常有挫灭组织，出血少，常被口腔细菌所污染，可继发蜂窝织炎。

(9)毒创。被毒蛇咬、毒蜂刺蛰等所致的组织创伤。被刺咬部位呈点状损伤，常不易被发现。但毒素进入组织后，患部疼痛剧烈，迅速肿胀，随后出现坏死和分解。毒素引起的全身性反应迅速而严重，可因呼吸中枢和心血管系统的麻痹而死亡。

(10)火器创。火器创是由枪弹或弹片致伤所造成的开放性损伤，与一般开放性损伤不同，有其本身的特殊性。火器创根据致伤物不同可分为枪弹创、弹片创及高速小弹片创。

(11)坠落创。宠物由高处坠落引起的创伤。常发生多处组织损伤。软组织损伤包括擦伤、撕裂或撕脱伤、脑损伤、眼球突出或眼内损伤、气胸、膈破裂、内脏损伤等。硬组织损伤常见骨折和关节脱位。猫经常发生坠落创。

(12)复合创。具备上述 2 种及以上创伤的特征。常见者有挫刺创、挫裂创等。

(五)创伤愈合过程

创口愈合是机体在物理、化学和细胞学作用下共同修复伤口组织或用胶原质填塞伤口破损组织。伤口愈合在损伤发生后立即开始。伤口愈合包括 4 个阶段:炎症期、清创期、修复期和成熟期。伤口愈合是一个动态过程，在创伤发生后 3～5 d 是停滞期，以炎症和清创为主，该阶段伤口的愈合还没有达到足够强度。

1. 炎症期

炎症是由损伤激发的组织保护性反应。这个时期血管通透性增加，循环细胞趋化性增加，细胞因子和生长因子释放，巨噬细胞、中性粒细胞、淋巴细胞等炎症细胞被激活。损伤后的出血可立即清创并充满伤口。血管先收缩 5～10 min 以控制出血，之后血管扩张并渗漏出纤维蛋白原和凝血因子进入伤口。由纤维蛋白和血浆渗出液充满伤口并阻塞淋巴管以控制局限炎症和黏合伤口边缘。血凝块的形成固定了伤口边缘并增加限制伤口进一步损伤。血凝块干后形成结痂，结痂可保护伤口、防止进一步的出血且有助于伤口下方的愈合。炎症期的细胞，如血小板、肥大细胞和巨噬细胞分泌的生长因子或细胞因子，激发和维持了愈合过程中细胞的增殖。在损伤后炎症介质立即引发炎症并持续 5 d 左右。白细胞由血管逸出进入伤口，转入清创期。

2. 清创期

渗出液由白细胞、死亡组织和伤口在清创期形成的创伤液组成。中性粒细胞和单核细胞在伤口出现并启动清创。中性粒细胞在 2～3 d 内数量增加，它们可防止感染并通过吞噬作用清除组织和碎片。在 24～48 h，单核细胞在伤口内转化为巨噬细胞。巨噬细胞分泌胶原酶，消除坏死组织、细菌和外来物质。巨噬细胞也能分泌趋化剂和生长因子。生长因子可以激活、维持和调节肉芽组织的形成。趋化因子指引巨噬细胞到达受伤组织。巨噬细胞也可转化为间质细胞，能刺激血管产生并调节伤口的基质产物。在清创期，淋巴细胞比中性粒细胞和巨噬细胞出现得晚。淋巴细胞能分泌可溶性因子，可溶性因子可以刺激或抑制其他细胞的迁移和蛋白合成。

3. 修复期

损伤后 3～5 d 开始修复。β-转化生长因子刺激成纤维细胞产生纤维结合蛋白，这有利于细胞结合和成纤维细胞的运动。在炎症消退 2～3 d 后，成纤维细胞比毛细管芽先移至伤口。成纤维细胞侵入伤口，合成并堆积胶原、弹性蛋白和发育成熟为纤维组织的蛋白聚糖。当胶原堆积时，创口张力强度增加，创口的纤维蛋白消失。当创口的胶原含量增加时，成纤维的数量和胶原合成的速率增加，成为修复后期的标志。根据创口本身的性质，成纤维细胞的愈合间期会持续 2～4 周。如果缺乏巨噬细胞，成纤维细胞的迁移和增殖、胶原的产生和毛细血管的向内生长就会推迟。

毛细管在成纤维细胞迁移后侵入创口。当血液开始流入新的毛细管时，邻近间质细胞的有丝分裂活动增加。在损伤后 3～5 d 内，新毛细管、成纤维细胞和纤维组织的结合体形成鲜红色的肉芽组织。肉芽组织在每个创缘以 0.4～1.0 mm/d 的速度形成。肉芽组织充满伤口，形成感染屏障保护创伤，为上皮迁移提供表皮，是特殊成纤维细胞或称为肌纤维细胞的来源。

上皮是外在感染和内在液体流失的重要屏障。上皮的修复包括上皮细胞的动员、迁移、增殖和分化。当没有肉芽组织填充时，在创口对合缝合后，上皮也立即开始形成(24～48 h)。当足够的肉芽组织形成时(一般 4～5 d)，开放性的创伤上皮也开始形成。最初，新上皮组织仅是厚而脆的细胞层，但随着附加细胞层的形成，新上皮组织逐渐增厚。在损伤后 4～5 d，就可见新上皮。在未失活的组织中，上皮形成在潮湿的环境通常比在干燥的环境要快，上皮迁移的动力取决于能量与氧张力。

肉芽组织里的成纤维细胞收缩，及随后的创伤收缩使创伤面积减小，损伤后 5～9 d 内伤口可见明显减小。收缩的同时伴随着肉芽和上皮形成，但与上皮形成无关。收缩可被抗炎药、类固醇、抗微管药和局部平滑肌弛缓药的使用抑制。如果创伤边缘相遇、张力过大或成纤维细胞不足，创伤收缩也会停止。

4. 成熟期

在创伤愈合的成熟期，由于伤疤组织的变化，使创伤强度，达到最高水平。一旦胶原在伤口充分堆积，伤口开始成熟并且会持续数年。胶原纤维的改变伴随着其走向的改变，并且交联增加，从而提高创伤的强度。无功能走向的胶原纤维消失，功能走向纤维增厚。伤口不能完全恢复到正常的组织强度，可恢复 80%。当纤维组织中毛细管的数量减少时，伤疤变苍白。在成熟过程中，瘢痕处细胞减少、变平、变软。

(六)创伤愈合种类

创伤愈合分为一期愈合、二期愈合和痂皮下愈合。

1. 一期愈合

创伤一期愈合是一种较为理想的愈合形式。其特点是创缘、创壁对合整齐，无间隙，炎症反应轻微。创内无异物、坏死灶及血肿，组织仍有活性，失活组织较少，没有感染，具备以上条件的创伤可完成一期愈合。无菌手术创、新鲜污染创及时处理都可达到一期愈合。

一期愈合的过程是从伤口出血停止时开始。在伤口内有少量血液、血浆、纤维蛋白及白细胞等将伤口黏合。炎症细胞吞噬、溶解和搬运创腔内的凝血及死亡组织，使创腔净化。经过 1～2 d 后，创内结缔组织细胞及毛细血管内皮细胞分裂增殖，以新生的肉芽组织将创缘连接起来，同时创缘上皮细胞增生，逐渐覆盖创口。新生的肉芽组织逐渐变为纤维性结缔组织，这样的伤口愈合仅留下线状瘢痕，有时甚至不留瘢痕，这个过程需 6～7 d。因此，手术创口可在术后 7 d 左右拆线，经 2～3 周后完全愈合。

2. 二期愈合

伤口增生大量肉芽组织，填充创腔，然后形成瘢痕组织被覆上皮组织。当伤口大，伴有组织缺损，创缘及创壁不整，伤口内有血液凝块，细菌感染、异物、坏死组织以及由于炎性产物、代谢障碍致使组织丧失一期愈合能力时，要通过二期愈合。

取二期愈合的创伤，在其愈合过程中受伤组织内表现一系列的形态、生物、物理、胶体化学等方面的复杂变化。此愈合过程，分为炎性净化和组织修复两个阶段。炎性净化是通过炎性反应达到创伤的自我净化。临床上主要表现为创伤部发炎、肿胀、增温、疼痛，随后创内坏死组织液化，形成脓汁，从伤口流出。

组织修复阶段的核心是肉芽组织新生。它是由新生的成纤维细胞和毛细血管构成的。成纤维细胞在伤后的初期增生快，由伤口边缘及底部逐渐向中心生长。有大量毛细血管混杂在成纤维细胞之间，从伤口周围向中心靠拢而产生伤口收缩，使创面缩小，帮助伤口愈合。肉芽组织除成纤维细胞和毛细血管外，还有数量不定的中性粒细胞、巨噬细胞及其他炎性细胞，但无神经纤维。

健康肉芽组织呈红色，较坚实，表面湿润，呈颗粒状并附有很薄的一层黏稠、灰白色脓性物，肉芽组织起保护作用。肉芽组织是坚强的创伤防卫面，可防止感染蔓延，在治疗创伤时保护肉芽面不受损伤，合理选用促进肉芽生长的药物十分重要。3 周以后，肉芽组织中的大量毛细血管慢慢闭合、退化、消失，肉芽组织逐渐成熟为纤维组织瘢痕，肉眼观察瘢痕呈灰白色、触摸质地较硬。

3. 痂皮下愈合

创伤表皮损伤，损伤较浅并有少量出血，血液或渗出的浆液逐渐干燥而形成痂皮，覆盖在创伤的表面，结成痂皮具有保护作用，痂皮下损伤的边缘再生表皮而治愈。若感染细菌时，在痂皮下化脓则转化为二期愈合。

（七）影响创伤愈合的因素

1. 创伤感染

创伤感染会干扰愈合的修复，如果侵袭的细菌繁殖达到每克组织 10^5 个菌落数，污染的组织就被感染。

2. 创内存有异物或坏死组织

创伤深部存留异物或坏死组织时，炎性净化过程不结束，化脓不会停止，创伤就不能愈合，甚至形成化脓性窦道。

3. 受伤部血液循环不良

愈合取决于血液供应，因为血液输送氧气和代谢底物至细胞。创伤、绷带过紧或创伤移位导致的血液供应受损会延缓愈合。

4. 受伤部不安静

宠物未限制休息，继发损伤，会破坏新生肉芽组织健康生长。

5. 处理创伤不合理

止血不彻底，施行清创术过晚和不彻底，引流不畅，不合理地缝合与包扎，频繁地检查创伤和不必要地换绷带以及不遵守无菌规则、不合理地使用药剂等，都可延长创伤的愈合时间。

6. 机体营养缺乏

慢性营养不良，如蛋白质缺乏、锌缺乏将延迟伤口愈合；维生素 A 缺乏时上皮细胞的再生作用迟缓，皮肤出现干燥及粗糙；维生素 B 缺乏时，能影响神经纤维的再生；维生素 C 缺乏时，由于细胞间质和胶原纤维的形成障碍，毛细血管的脆性增加，致使肉芽组织水肿、出血；维生素 K 缺乏时，由于凝血酶原的浓度降低，致使血液凝固缓慢，影响创伤愈合时间。

7. 药物使用

消炎药抑制炎症，但对创伤愈合有一定影响。阿司匹林可延迟血液凝固。一些化疗药物（如环磷酰胺、氨甲蝶呤）会抑制创伤的愈合。放射疗法对创伤愈合有极强的不良作用。放射疗法减少血管的数量并导致皮肤纤维化增加。皮质类固醇抑制创伤所有阶段的愈合并增加感染的概率。

（八）创伤局部常用药

二维码 3-2　创伤用药与处理技术

1. 三联抗生素软膏

三联抗生素软膏（杆菌肽、新霉素、多黏菌素）能有效地抵抗广谱的病原菌，这种病原菌通常感染创伤的表皮，但是抵抗假单胞菌的效果差。锌-杆菌肽成分增强创伤表皮细胞的再生能力，但延缓了伤口的收缩。这种软膏能够有效地预防感染，但不能治疗感染。

2. 磺胺嘧啶银（烧伤宁）

1%的软膏能有效地抵抗革兰氏阳性菌、革兰氏阴性菌及大多数真菌。烧伤宁可以渗透入坏死组织并促进创伤的表皮细胞再生。这种药物选择性地用于烧伤创。已经观察到对角质化细胞和成纤维细胞的体外毒性及对多形核白细胞和淋巴细胞的抑制。如果烧伤宁、芦荟乳膏混合使用，则烧伤宁对伤口愈合的延缓作用减弱。

3. 硫酸双生霉素

1%的硫酸双生霉素软膏或粉剂，能非常有效地控制革兰氏阴性菌的生长（假单胞菌属、大肠杆菌、变形菌生物体）。油-水基的硫酸双生霉素会抑制创伤的收缩和上皮形成，但等渗溶液中的硫酸双生霉素不会抑制收缩，它通常促进上皮形成。

4. 呋喃西林

呋喃西林为广谱抗生素，具有亲水性。其聚乙烯基质使其具有亲水性，能够将体液吸出创伤组织，有助于稀释黏性渗出物，以便能被绷带吸收。呋喃西林会延迟表皮细胞再生。在有机物质存在时，呋喃西林的抗菌效果会减弱。

5. 酶清创剂

酶清创剂用作灌洗的添加剂和手术清创。酶剂分解坏死组织和溶解凝块，使抗生素更好地接触伤口和增强暴露以便细胞免疫和体液免疫的发挥。通过可利用的酶分解烧伤皮肤、坏死骨骼和连接组织。酶必须与伤口持续接触足够的时间才会达到理想的效果。酶的使用会产生局部组织刺激作用。

6. 醋酸氯己定（醋酸洗必泰）

因其广谱抗菌活性和持续的残留活性，0.05%的醋酸氯己定溶液是用于创伤的灌洗和湿润溶液的良好选择。此溶液在血液和其他有机碎片中也具有抗菌活性，并且全身性吸收和毒性很小，有助于促进快速愈合。强效溶液通过延缓创伤的接触而延迟肉芽组织的形成。残余活性可持续 2 d，并且重复使用后其功效会增加。

7.聚维酮碘

具有广谱抗菌活性，常用1%或0.1%的聚维酮碘溶液作为灌洗液。当聚维酮碘用于浸渍溶液时，需要频繁重复使用聚维酮碘(4～6 h重复1次)。碘通过皮肤和黏膜吸收会导致组织的碘浓度过高，引起暂时性的甲状腺功能不全。使用聚维酮碘清洁剂擦洗创伤会损伤组织和可能导致感染。

8.氨基丁三醇-EDTA

用无菌水配的氨基丁三醇-EDTA能快速地溶解假单胞菌、大肠杆菌和普通变形杆菌。在氨基丁三醇-EDTA中加入0.01%的葡萄糖酸氯己定会使抗菌功效增加大约1 000倍。氨基丁三醇-EDTA和青霉素、土霉素或氯霉素有抗大肠杆菌的协同作用。与此类似的是，氨基丁三醇-EDTA和庆大霉素、土霉素、B多黏菌素、萘啶酸或三联磺胺具有抗变形杆菌的协同活性。

（九）创伤处理操作方法

序号	步骤	操作方法及说明
1	包扎创伤	当患病宠物送来处理时，创伤应该立即打上干净的、干的绷带，防止进一步的污染和出血。在进一步处理创伤前，对于有生命危险的损伤应该采取治疗以稳定宠物的病情。
2	一般检查	①问诊：向患病宠物主人了解病史。 ②视诊：查看患病宠物可视黏膜，精神状态，受伤部位和救治情况，以及四肢的机能障碍等。
3	创伤外部检查	①视诊：创伤的部位、大小、形状、方向、性质，创口出血情况，创围有无感染。 ②触诊：局部温度、疼痛、组织硬度、皮肤弹性及移动性等。
4	创伤内部检查	①清理创围：将创伤周围清洗干净。 ②检查创壁：受伤、肿胀情况、出血及污染情况。 ③检查创底：深部组织受伤状态，有无异物、血凝块及创囊的存在。 ④检查分泌物：颜色、气味、黏稠度、数量和排出情况。 ⑤检查肉芽组织：数量、颜色和生长情况。 ⑥细胞学检查：触压标本的细胞学检查，了解机体的防卫机能状态和治疗方法的正确性。
5	创伤评估	①创伤在6～8 h内且创口小、污染少，如果处理及时，预后良好。此类创伤可采用冲洗、清创和原发性闭合来治疗，大多数为一期愈合。 ②患有严重外伤并有伤口污染、损伤超过6～8 h或伤口污染，愈合方式为二期愈合。此类创伤应像开放创一样处理清创和杀菌。大多数创伤要在感染控制后才进行外科处理，但有一些伤口通过收缩和上皮形成而愈合。
6	患病宠物麻醉	如果有必要，用丙泊酚静脉注射对患病宠物进行麻醉，然后进行创伤初期的检查和护理。
7	创伤开放护理	把开放的、污染的创伤转变为适于手术的干净创伤。对污染严重的或感染创进行细菌培养检查。用浸泡矿物油的剪刀剪去创伤边缘的毛发，以防止毛发掉入创口。使用无菌的、水溶性的润滑剂或浸润过盐溶液的海绵放置在创口处防止毛发的污染。

续表

序号	步骤	操作方法及说明
8	除去污染物	用 35 mL 或 60 mL 注射器和 18 号针头装上温和的无菌的盐溶液、乳酸钠林格液或自来水(500～1 000 mL)充分灌洗，松动、冲走细菌和相关的坏死碎屑，从而机械性地减少细菌数量。
9	创伤清创	组织失活的程度在损伤后 48 h 内通常较明显，可通过手术刀切除或酶制剂清除失活组织(肌肉、脂肪)，留下表皮血管以维持上皮的活力。如果创伤周围有足够的健康组织，可以选择切除整个切口，只保留重要组织结构。
10	创伤用药处理	①小或中等污染的创伤如果在 6～8 h 内进行清洁和缝合，局部用药或加入有效抗生素(青霉素、氨苄西林、羧苄西林、四环素、卡那霉素、新霉素、杆菌肽、多黏菌素和头孢菌素)的灌洗溶液。 ②严重污染、挤压和感染的创伤，或创伤超过 6～8 h，应优先考虑抗生素疗法。选择经培养测试敏感的抗生素，在等待培养结果时先使用广谱的抗生素。 ③将预防性抗生素用于无菌操作时，在手术期间由静脉给予头孢唑林 22 mg/kg 抵抗葡萄球菌等革兰氏阳性菌。
11	创伤包扎引流	湿-干绷带进行包扎，根据创伤判断是否需要引流。
12	关注创伤恢复	创伤外观健康或当健康的肉芽组织床形成后，缝合创口。

三、学习效果评价

序号	评价内容	评价标准	评价结果(是/否)
1	创伤基础知识	是否能说出犬猫皮肤解剖结构	
2		是否能描述创伤的一般症状	
3		是否能描述创伤的分类及愈合类型	
4		是否能描述创伤愈合的四个时期	
5		是否能说出常见创伤药物	
6	创伤处理操作	是否与宠物主人交流患病宠物创伤情况	
7		是否检查创伤并做出准确评估结果	
8		创伤清理是否干净	
9		创伤药物使用是否正确	
10		创伤经治疗后恢复效果是否良好	
11	职业素养	在操作过程中是否秉持科学、严谨、认真的态度去处理创伤	

任务二　烧伤及常见损伤处理

一、学习目标

知识目标

- 能说出常见烧伤及损伤类型。
- 能阐述不同类型烧伤及损伤的处理方法。

能力目标

- 能治疗犬猫烧伤、电损伤、冻伤、化学性损伤及放射性损伤。

育人目标

- 树立宠物福利意识，培养仁爱之心。

二、学习内容

情境一　烧伤处理技术

（一）基础知识

当热能施加的速度超过组织吸收和散发的速度时，即发生烧伤。火、电热垫、电吹风、滚烫的开水、水蒸气、热油、排气系统和热管是宠物常见的烫伤原因。热源的温度、接触的持续时间和组织的电导影响损伤的程度。根据烧伤的严重程度，我们将烧伤分为浅表烧伤、全层烧伤、局部深层烧伤三种类型。浅表烧伤（第一度）只发生于表皮。该部位疼痛、增厚、出现红斑和脱落。表皮生发层或真皮的附件结构的上皮形成可加快愈合（3～6 d）。犬的皮肤不是热量散布的器官，犬的浅表烧伤红斑少。浅表局部厚层烧伤是潮湿的、按压变白，对疼痛敏感，它们通常在3周内愈合，无须移植。局部深层烧伤（第二度）的标志是真皮的破坏。表皮下水肿并且毛发不容易脱落。组织会释放蛋白水解酶、前列腺素和血管活性物质从而导致渐进性损伤。这些烧伤愈合需要数月，不需要移植，但会形成广泛伤疤。愈合时，需保护烧伤组织，防止损伤和细菌污染。全层烧伤（第三度）形成暗棕色、不敏感和强韧的焦痂，所有的皮肤结构被破坏，毛发容易脱落。这些烧伤神经被破坏，浅表水肿和坏死。如果创伤不能重建，就通过收缩和表皮细胞再生发生愈合。剥离并弯曲以暴露下面的表皮或真皮时，第一度烧伤和第二度烧伤的焦痂裂开，第三度烧伤的焦痂不会开裂或开裂延伸到表皮下组织。

（二）烧伤处理操作

序号	步骤	操作方法及说明
1	冷敷热伤部位	在热伤发生2 h以内用冷水灌洗或在创伤上使用冷却包冷敷受影响部位，限制组织破坏的进一步扩散，避免体温过低。
2	受伤部位镇痛	给予镇痛药缓解疼痛（丁丙诺啡0.005～0.015 mg/kg，IV、IM或SC，每4～6 h重复1次）。
3	患病宠物监测检查	监测生命体征、精神状态、血细胞比容、总蛋白、排尿量、中心静脉压、电解液、血气和体重。

续表

序号	步骤	操作方法及说明
4	评估烧伤深度	①用米尺测量烧伤皮肤的面积，估计烧伤面积的大小，估计烧伤的深度。根据体重转换表的总体表面积(TBSA)计算烧伤面积比例。总体表面积＝ 0.1 ×体重$^{2/3}$(表 3-1)。 ②使用九分法粗略地估计烧伤面积，宠物的每个前肢代表大约 9%的总体表面积(TBSA)；每个后肢是 18%；腹胸和腹部均为 18%。
5	烧伤处理选择	全层烧伤的宠物，烧伤面积少于 15%TBSA 时实施最小的支持疗法；烧伤面积超过 TBSA15%时，需要紧急支持疗法；烧伤面积超过时 TBSA50%，应该考虑安乐死。
6	烧伤输液管理	给予防休克剂量的溶液或高渗盐溶液，以减少和消除休克征候。在烧伤 24 h 内，烧伤每 1%TBSA 给予 3～4 mL/kg 乳酸盐林格液；或烧伤每 1%TBSA 用量为 1 mL/kg 乳酸盐林格液加 4 mL/kg 高渗盐溶液(推注)。烧伤后的早期(损伤后 16～24 h)给予非蛋白质胶体溶液(即葡聚糖 70、葡聚糖 40、羟乙基淀粉)可促进存活和减少水肿的形成。
7	烧伤呼吸道管理	烧伤宠物出现呼吸性窘迫时，采用面罩、吹鼻、气管造口管扩张支气管进行正压通风输氧。对于上呼吸道肿大或气管分泌严重的患病宠物需要实施气管造口管和机械换气。如果发生支气管肺炎，给予全身性抗生素。
8	烧伤营养管理	强力营养支持疗法补偿了代谢增加的需求以及烧伤患病宠物的蛋白丢失。中等到严重创伤的宠物应该饲喂高蛋白、高能量饮食。
9	烧伤部位消毒	用 0.05%醋酸氯己定消毒溶液轻轻灌洗创伤前，修剪创伤和环绕毛发。
10	烧伤部位用药	创伤上局部擦涂芦荟复合物，使用水溶性 1%烧伤宁乳膏(1～2 次/d)处理创伤，从而保持真皮脉管系统开放。在每天更换绷带的期间，用绷带包扎和无菌处理创伤。绷带更换期间，先用水疗法轻柔地除去蛋白质凝胶、碎片和清洗创伤，然后使用烧伤宁重复使用之前，除去创伤表面的蛋白质凝胶。

注意事项：

(1)冷水灌洗创伤时注意避免体温过低。

(2)给予高渗盐溶液补液时，血清钠的浓度不应超过 160 mEq/L。

表 3-1　体重转换表的总体表面积(TBSA)

体重/kg	总体表面积/m^2	体重/kg	总体表面积/m^2	体重/kg	总体表面积/m^2	体重/kg	总体表面积/m^2
1.0	0.10	13.0	0.55	25.0	0.85	37.0	1.11
2.0	0.15	14.0	0.58	26.0	0.88	38.0	1.13
3.0	0.20	15.0	0.60	27.0	0.90	39.0	1.15
4.0	0.25	16.0	0.63	28.0	0.92	40.0	1.17
5.0	0.29	17.0	0.66	29.0	0.94	41.0	1.19
6.0	0.33	18.0	0.69	30.0	0.96	42.0	1.21
7.0	0.36	19.0	0.71	31.0	0.99	43.0	1.23

续表 3-1

体重/kg	总体表面积/m^2	体重/kg	总体表面积/m^2	体重/kg	总体表面积/m^2	体重/kg	总体表面积/m^2
8.0	0.40	20.0	0.74	32.0	1.01	44.0	1.25
9.0	0.43	21.0	0.76	33.0	1.03	45.0	1.26
10.0	0.46	22.0	0.78	34.0	1.05	46.0	1.28
11.0	0.49	23.0	0.81	35.0	1.07	47.0	1.30
12.0	0.52	24.0	0.83	36.0	1.09	48.0	1.32

情境二　电损伤处理技术

(一)基础知识

当电流接触到身体的某一点时，就会发生电灼伤。宠物咀嚼电线是发生电损伤的最常见的原因。低压电流沿电阻最小的血管通行。血栓形成和血管活性物质的释放会造成组织坏死，由于产生的热量向深部扩散，可能发生大面积的组织损伤，也会引起呼吸麻痹和心室纤维性颤动从而导致迅速死亡。经常会发现宠物口中含有电线，当电流通过身体时，由于横纹肌收缩使身体变硬，可能发生呕吐和排便样的全身强直性痉挛。灼伤最初发生在嘴唇、牙龈、腭或舌上。这些部位最初表现为烧焦样，呈灰白色或黄褐色，1～2 d后发展为水肿，2～3 周后损伤范围变得不是很明显。经常会发生肺水肿，引起呼吸困难和湿性啰音。

(二)电损伤处理操作

序号	步骤	操作方法及说明
1	切断电源	立即切断电击电源，使患病宠物不再遭受电击。
2	检查心肺功能	检查是否出现肺水肿，若出现使用呋塞米利尿剂(2.5～5 mg/kg，IM 或 IV，1～2 次/d)和氨茶碱(10 mg/kg，IM 或 IV，3 次/d)来治疗；吗啡(1 mg/kg，IM 或 SC)可以减轻犬的焦虑。若出现心跳停止，可注射强心剂并实施人工呼吸进行抢救。
3	修复损伤组织	在完全了解损伤的程度后，小的损伤以二期愈合形式恢复；缝合修复较大的伤口时，需防止伤口干燥。

情境三　冻伤处理技术

(一)基础知识

寒冷是冻伤的直接原因。潮湿可促进寒冷的致伤力，风速、局部血流障碍、抵抗力下降、营养不良是间接引起冻伤的原因。机体远端的血流运行较差，表面温度低，相对体积而言，散热面积大，容易发生冻伤。严重的或持续的寒冷可能引起暴露组织的坏死。由于患病宠物末端(如耳、尾巴、阴囊、乳腺、趾和肋壁)被毛稀疏，外周循环差，故极易遭受侵袭。冻伤组织苍白，感觉减退，而且触摸感觉冷。活组织解冻后表现为充血、疼痛，呈鳞状。无活力的组织发生干性坏疽或木乃伊化或成腐肉。表面冻伤包含皮肤和皮下组织，深部冻伤的深度超过皮下组织。

（二）冻伤处理操作

序号	步骤	操作方法及说明
1	迅速回温	受伤部位迅速用温水（39～42 ℃）复温大约 20 min 以改善血液循环。
2	用药及镇痛	受伤部位应局部使用芦荟乳膏或磺胺嘧啶银。若受伤部位呈红斑样和水肿，形成大的囊泡并且经常疼痛，使用镇痛药。
3	修复损伤组织	在完全了解损伤的程度后，小的损伤以二期愈合形式恢复；缝合修复大的伤口时，需防止伤口干燥。
4	包扎及护理	用绷带包扎受伤部位，必要时清创坏死组织并且重建坏死部位（整个护理周期为 3～6 周）。

情境四 化学性损伤处理技术

（一）基础知识

强酸或强碱通过化学灼伤使蛋白质变性或干预细胞代谢而破坏组织。损伤机制包括氧化、还原、腐蚀、脱水、变性和发疱。损伤的严重程度取决于化学物质的类型、强度、化学物质的量、接触时间、渗透深度和作用机制。

（二）化学性损伤处理操作

序号	损伤类型	操作方法及说明
1	酸类损伤	急救时，立即用大量清水冲洗，然后用 5%碳酸氢钠溶液中和。
2	碱类损伤	急救时，立即用大量清水冲洗，或用食醋、6%醋酸溶液中和。
3	磷类损伤	在暗室或夜间发绿色荧光，用镊子除去；或者用 1%硫酸铜溶液涂于患部，磷立即变为黑色的磷化铜，然后用镊子仔细除去，接着用大量清水冲洗，用 5%碳酸氢钠溶液湿敷，包扎 1～2 h，以中和磷酸，最后按烧伤治疗。

情境五 放射性损伤处理技术

（一）基础知识

X 射线管、放射性元素、发光体、荧光体或太阳的辐射能量可引起宠物损伤。宠物的放射性损伤通常是放射线治疗或控制癌症导致的。放射性损伤有 4 种程度：①表皮红斑；②浅表表皮（干的）脱落；③表皮基底层丧失，引起湿性脱落；④皮肤破坏和不可逆性溃疡引起的坏死。放射性损伤也可分为早期（急性）或晚期（慢性）变化。早期或急性损伤的特点是，放射治疗 1～4 周内照射部位出现水肿、红斑和脱皮，皮肤可能湿润，也可能干燥。晚期或慢性损伤的特点是：干燥、色素沉着、硬结、柔软性消失、萎缩或变薄、毛细血管扩张、皮肤角化、皮肤附属器结构减少、溃疡，渐进性纤维化和血液循环渐进性减少。放射治疗后数周到数年，晚期损伤才会明显。

（二）放射性损伤处理操作

序号	放射性损伤类型	操作方法及说明
1	急性放射损伤	①保持受伤部位清洁。 ②局部使用药物（包含乙酰吗喃的水凝胶、磺胺嘧啶银或芦荟乳膏）和防止自身致残。大多数急性损伤在放疗后 10～14 d 可以治愈。
2	慢性放射损伤	①溃疡清创去坏死的组织。慢性辐射伤口，必要时完全切除照射的组织。 ②持续进行评估和清创术，避免除去将要愈合的组织，防止因组织抗感染能力下降和血管供应不足，而导致全身性抗生素很难到达伤口。 ③清创后，照射的创伤床使用局部抗生素。皮瓣移植使用富含血管的肌皮、表皮、肌肉或网膜的皮瓣，从而提高伤口愈合的成功率。

三、学习效果评价

序号	评价内容	评价标准	评价结果（是/否）
1	烧伤及常见损伤处理基础知识	是否能说出烧伤等级分类	
2		是否能描述电损伤出现的症状	
3		是否能描述冻伤常发部位及特征	
4		是否能描述放射性损伤分期	
5	烧伤及常见损伤处理操作	是否能正确处理犬猫烧伤病例	
6		是否能正确处理犬猫电损伤病例	
7		是否能正确处理犬猫冻伤病例	
8		是否能正确处理犬猫化学性损伤病例	
9		是否能正确处理犬猫放射性损伤病例	
10	职业素养	在处理过程中是否足够耐心仔细	
11		是否注重宠物福利，控制疼痛	

项目二　眼耳外科疾病诊治技术

任务一　耳外科疾病诊治技术

一、学习目标

知识目标

- 能描述耳外科疾病诊治一般流程。

能力目标

- 能对宠物耳外部进行正确外科检查和治疗。

育人目标

- 培养分析问题、解决问题的能力。

二、耳外科疾病诊治步骤

1. 临床症状观察

患病宠物搔抓耳朵，过度摇头，耳内有臭味，在推拿触诊耳朵或邻近的颅骨时宠物表现疼痛，评估内耳炎引起前庭病变的症状(表3-2)。怀疑患病宠物有中耳瘤时，在进食或张嘴时会表现疼痛，要给予充分的重视。患有鼻咽息肉的猫会出现有鼻液、打喷嚏或喘鸣。中耳炎患病宠物与单一的外耳炎患病宠物的病史和临床症状基本相同。

表3-2　内耳炎引起前庭病变的症状

序号	症状
1	头向患侧倾斜
2	向患侧转圈
3	向患侧跌倒
4	向患侧旋转
5	眼球震颤(水平或旋转)快速远离患侧
6	不对称的共济失调
7	前庭斜视，患侧的眼球向腹侧偏离
8	体位反应(翻正反射除外)

2. 体格检查

是否可见外耳道渗出物、增生和耳上皮组织溃疡；若中耳的交感神经干出现损伤，会引起上睑下垂、瞳孔缩小、眼球内陷及第三眼睑突出；将患病宠物全身麻醉，用耳镜检查耳道，可观察鼓膜是否破裂，或由于脓性物、血液或血清导致鼓膜向外膨出，感染的鼓膜表现浑浊；如果鼓膜破裂，从中耳直接采样，进行细胞学分析和细菌培养；检查宠物口腔内的炎性息肉或肿瘤是否扩散到咽部。

3. X线检查

将患病宠物正面仰卧保定，用纱布条拉开上、下犬齿，使嘴张开，并将X线光束集中在颞下颌关节；用纱布固定下颌，牵拉舌头和气管内插管，使它们离开视野；中耳疾病的宠物可见鼓室充满气体不透光和鼓泡壁增厚且硬化；如果鼓泡和岩状颞骨发生溶解或鼓膜反应，应重点怀疑肿瘤形成。

4.手术治疗

鼓膜切开，如果患病宠物在术前出现神经症状，那么神经症状可能在术后长期存在。

5.耳炎预后

细菌性中耳炎的患病宠物存在顽固性的神经症状；内耳炎的患病宠物在手术后会出现顽固性的头倾斜，但活动通常正常；良性肿瘤预后良好，恶性肿瘤很难治愈；如果对患病宠物实施牵引术并结合鼓膜切开术，则炎性息肉很少复发。

三、学习效果评价

序号	评价内容	评价标准	评价结果（是/否）
1	耳外科疾病诊治操作	是否能将耳外科疾病症状描述清晰	
2		对患病宠物耳部体格检查是否全面	
3		是否能正确解读 X 线检查结果	
4		是否能正确判断耳外科疾病症状的预后情况	
5	职业素养	是否能根据患病宠物症状正确诊断治疗耳外科疾病	
6		在诊治过程中是否关爱宠物，重视宠物福利	

任务二　眼部疾病诊治技术

一、学习目标

知识目标

- 能说出犬猫眼科常用检查器械。
- 能描述犬猫眼科检查一般流程。
- 能说出结膜炎、角膜炎、青光眼及白内障的形成原因及治疗方法。

能力目标

- 能正确诊断并治疗犬猫结膜炎。
- 能正确诊断并治疗犬猫不同类型角膜炎。
- 能用药物或手术方法治疗犬猫白内障。

育人目标

- 培养分析问题、解决问题的能力。

二、学习内容

情境一　眼科基础知识技能

（一）常用眼科检查器械（试剂）及使用方法

1.泪液分泌检测（schirmer tear test，STT）

STT 为检测患病宠物基本反射性泪液量的方法。每张滤纸条（图 3-3）在检测前需先弯折其凹角处，再放置在患病宠物下眼睑中间近外侧处，放置 60 s，当时间一到立即取下纸条并读取其泪液在此期间内所浸湿的距离，此数字为患病宠物的 STT。正常犬的 STT 为 15～25 mm/min；若为 10～15 mm/min，再加上有干眼症相关的临床症状时，则可高度怀疑为干眼症；若低于 10 mm/min则可诊断为干眼症；正常猫的 STT 值为 12～25 mm/min，平均值为 17 mm/min。

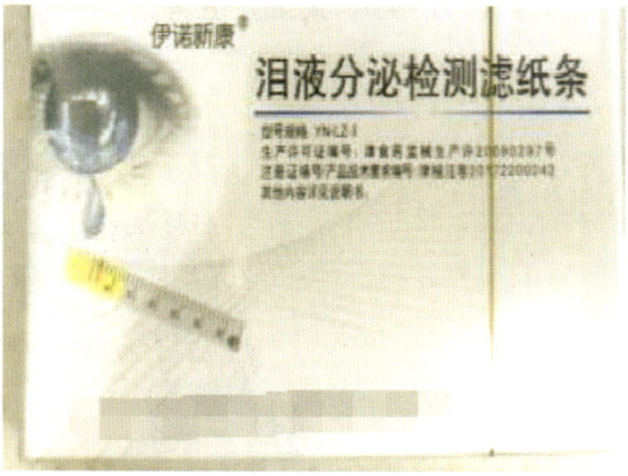

图 3-3　泪液分泌检测滤纸条

2. 裂隙灯

裂隙灯（图 3-4）是精密的眼科检查仪器，具有放大 40 倍功能，可用来检查肉眼不可见的病变，如眼角膜各层的疾病等。该检查方法能精准地观察病灶，获得更精准的诊断、预后与治疗措施。使用该设备需要相关的训练与一定技巧，一般只有在眼科专科或教学医院中才能见到裂隙灯。

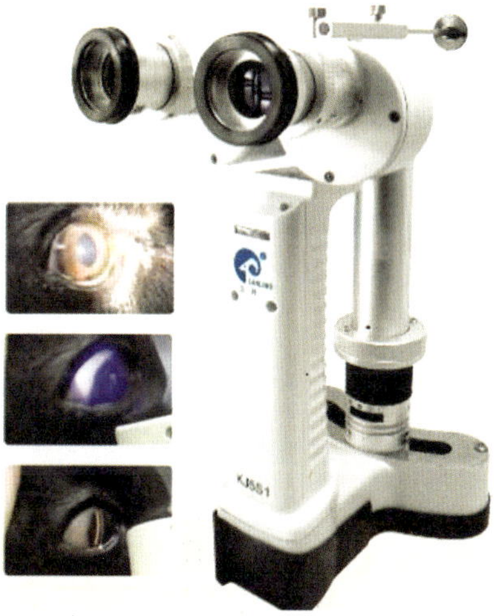

图 3-4　裂隙灯

3. 检眼镜

（1）直接检眼镜（图 3-5A）。该检眼镜可直接将光线照入待检查的眼睛中，检查者在适当的位置上可以直接看到患病宠物正立的视网膜影像，故称为直接检眼镜。其光线强度、颜色、进入光线的宽度与焦距都能调控。在暗房中距患病宠物约 25 cm 处，检查者经直接检眼镜看见患病宠物眼底反光时，再逐渐靠近患病宠物直至找到焦距，可清楚地看见视网膜、视神经盘与血管。

(2)间接检眼镜(图 3-5B)。使用间接检眼镜时需要在检查者与患病宠物之间放置一个凸透镜(通常为 20～30 D),以产生上下颠倒的虚像,而其放大倍率不及直接检眼镜,但可以在快速、全面性眼底检查时使用。头戴式双目间接检眼镜可以从检查者和宠物中间投射光源进入患病宠物眼中,而此时检查者可一手持凸透镜,另一手协助翻开患病宠物的眼睑辅助眼底检查。

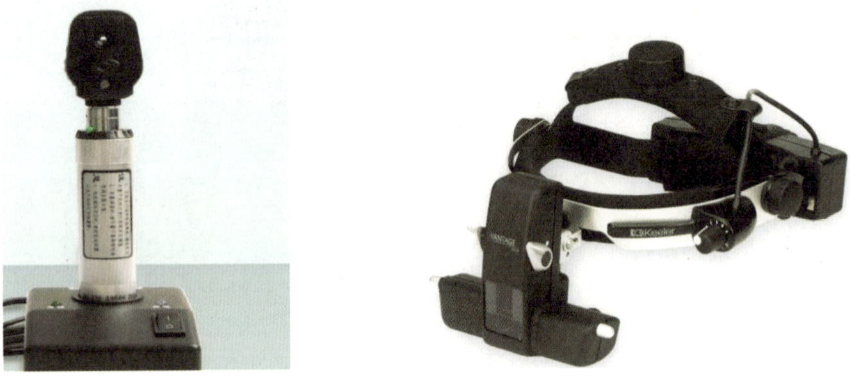

(A) 直接检眼镜　　(B) 间接检眼镜

图 3-5　检眼镜

4. 眼压计

(1)反弹式眼压计(图 3-6A)。在距眼角膜固定的距离下,快速弹出一圆球金属探头后,计算此探头触碰眼角膜后回弹时的运动模式,当患病宠物眼压偏高时,此探头接触到眼角膜时会快速减速,并以较短的时间回到测量仪中。使用反弹式眼压计测量眼压与眼角膜张力有关,必须在使用药物(包含局部麻醉药)之前进行检测。

(2)压平式眼压计(图 3-6B)。将一个球状物体压为平面时,此时所施的力与物体内的压力成正相关,因此当压平面积固定时(眼压计末端区域),便可以推算出此物体内的压力。将患病宠物的角膜固定便可以操作,避开眼角膜不规则或病灶处从而增加测量准确度。接触眼角膜眼压计,在眼压计末端套上一次性商品乳胶套避免患病宠物之间交叉感染。犬猫正常眼压为 10～20 mmHg。

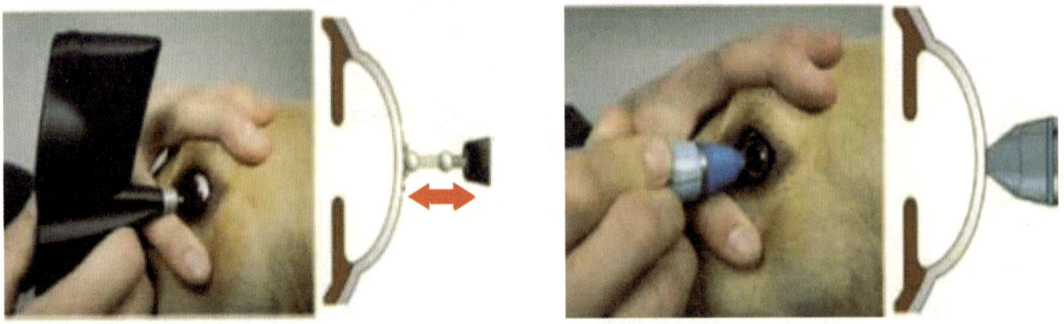

(A) 反弹式眼压计　　(B) 压平式眼压计

图 3-6　眼压计使用

5. 放大镜

在诊断上使用2～4倍放大倍率、焦距15～25 cm的双目放大镜，将照明光源直接架设在放大镜上会让观察更加容易进行。

6. 房角镜

房角镜(图3-7)是用来检查房角的仪器，房角是眼角膜与虹膜之间的结构，负责调控眼前房液排出，会影响眼压的高低。正常情况下，需要借助屈光系数与眼角膜相近的材质制造的房角镜，才能观察到房角的状况。

图3-7 房角镜(引自董轶，2013)

7. 荧光素钠染色剂

荧光素钠染色剂是一种水溶性染剂，可以附着在所有的亲水性组织上。眼角膜最外层为疏水性，其下的基质层则为亲水性，当患病宠物的眼角膜完整无缺损时，荧光剂不会附着在眼角膜，因此荧光素染色最常用来检测患病宠物是否患有眼角膜溃疡。在检查前将荧光试纸取出，用无菌生理食盐水沾湿后轻触患病宠物的结膜，然后用无菌生理盐水将过多的染剂清洗冲洗，再以钴蓝光检查有无荧光反应。当眼角膜上皮存在缺损时，可以看到亮黄绿色的荧光阳性反应。但眼角膜溃疡深度达到眼角膜的后弹力层(疏水性)时，无法染上荧光颜色，此时荧光染色结果为阴性，需要谨慎判读结果。

荧光素钠染色剂还可用来检测患病宠物鼻泪管是否通畅。正常情况下，大多数品种的犬在眼内滴加荧光剂后，荧光剂会在5～10 min经鼻泪管流至同侧的鼻腔与口腔中。

荧光素钠染色剂也可以用来检测泪膜破裂的时间，来评估泪膜的稳定性。先将一滴染剂滴入受检眼睛后立即闭合眼睛，然后用钴蓝光照射受检眼睛后，打开并暂时固定宠物眼睑，观察眼角膜背外侧处，并记录黄绿色泪膜干燥时间，该时间为泪膜破裂时间。犬正常泪膜破裂时间为20 s，猫约为17 s。

(二)犬猫眼科检查步骤

二维码3-3 犬猫眼科检查技术

1. 病史调查

(1)患病宠物的生活环境与饮食情况。

(2)患病宠物是否发生过重大疾病或外伤，特别是近期内发生或是与眼睛相关的疾病及外伤。

(3)患病宠物有无表现出视力受损的状况？确定患病宠物视力受损的时间段，病情发展情况。

(4)眼睛最近有无分泌物？若有，确定分泌物种类。

(5)眼睛有无表现出疼痛情况？

(6)受影响的眼睛有无出现颜色异常？

(7)患病宠物最近有无表现出行为或是运动失调等异常?

(8)患病宠物眼科相关疾病是否有传染给群体里的其他成员?

2.远距离观察

让患病宠物自由在诊室走动,形成患病宠物警觉性、视力和行为的第一印象。

3.神经学检查

(1)眼睑反射。轻触眼睑的皮肤,观察能否完全或部分关闭眼睛。判读检测结果确定患病宠物调控眼睑皮肤的感觉神经及调控眼睑闭合的运动神经是否正常。

(2)惊吓反射。建立在患病宠物“可以看到”检查者所做的刺激而产生反应做出眼睑闭合动作,故检查前需确定患病宠物有正常的眼睑反应,才可以间接确定患病宠物有无视力。

(3)炫目反射。当受检测眼的眼睑半开或全开时,以强光直接照射后,正常情况下会闭上眼睑。但存在严重视网膜、视神经或颜面神经病变时会呈阴性反应。

(4)瞳孔反射(PLR)。用焦点光源直接刺激患病宠物,评估其瞳孔反射的完全性及敏捷性,对侧的眼睛瞳孔是否也同步发生缩瞳反射。

(5)视觉位置反射。患病宠物有无视力可以通过许多行为测试来观察,且与患病宠物的个性、情感、意识和认知能力有关。可用棉球测试(一次测试一眼,在患病宠物眼前 20~30 cm 处抛一棉球,观察患病宠物视线是否会跟着棉球移动)。也可以在昏暗与明亮环境下分别利用障碍物测试,观察有无视力,将形状大小不同的障碍物摆放于房间中,观察患病宠物能否顺利绕过。

4.泪液检测

在患病宠物眼附属器官发炎且有排出物时需用 STT 试纸条进行泪液测试。判定患病宠物泪液分泌量是否正常,正常犬的 STT 为 15~25 mm/min;若为 10~15 mm/min,再加上有干眼症相关的临床症状时,则可高度怀疑为干眼症;若低于 10 mm/min 则可诊断为干眼症。

5.眼周附器检查

(1)眼睑。检查眼睑附近分泌物、皮肤炎或眼睑炎、眼裂大小、眼睑位置与运动性等情况,睫毛或眼眶附近的毛发有无生长异常包括异生睫毛、双行睫和倒睫。

(2)第三眼睑。轻轻按压上眼睑将眼球向内推,从而暴露第三眼睑,检查第三眼睑外侧表面。第三眼睑后侧表面的检查需在局部麻醉后,使用带锁扣的镊子或蚊式止血钳将第三眼睑拉出后再进行检查。查看眼睑附近分泌物,第三眼睑软骨有无卷曲,有无肿块,边缘是否规则,有无异物,颜色有无改变,表面湿润度与分泌物有无泪囊炎和干眼症。

(3)鼻泪管。正常情况下,肉眼只能看到位于内眦处睑结膜上腹侧和背侧鼻泪管的开口。观察眼球表面的分泌物,内眦有无因溢泪造成的毛发或皮肤附着,近内眦处是否发生溃疡、水肿或化脓性皮肤炎。将荧光素钠染色剂滴于结膜囊内,检查同侧鼻孔内或口腔内有无颜色。

(4)结膜。将患病宠物的上下眼睑打开并外翻,检查睑结膜与球结膜,主要从以下 5 个方面进行检查。

①颜色有无改变?有无充血、贫血、黄疸或黑色素化等?

②结膜有无水肿?

③表面有无不规则、增厚或肿块?

④表面是否太干或太湿,有无分泌物?

⑤有无结膜下水肿或气肿发生?

6.眼前节检查

(1)眼角膜。当眼角膜内发生病理变化时，会造成眼角膜浑浊，因此眼角膜检查时需注意角膜是否失去透明度、轮廓是否发生改变、眼角膜表面是否不规则或浑浊。

(2)眼结膜。检查巩膜是否变薄或由于葡萄肿、巩膜炎而导致巩膜全面性增厚；巩膜表面不规则，如结节样肉芽肿性巩膜炎、肿瘤、葡萄肿、眼球破裂等；巩膜暴露面积改变，因眼球突出、眼球萎缩、小眼症、破伤风、兔眼症等而变大，或因眼睑与眼球粘连、眼睑下垂、眼睑痉挛而变小；眼球破裂导致轮廓改变，常发生在接近或在角巩膜缘处；颜色改变是由于巩膜发生充血、出血、黄疸、黑色素化、黑色素瘤等造成的。

(3)根据是否可以清楚地观察到眼内结构，确定眼前房的深度有无改变；确定是否有异常的内容物出现在眼前房中。

(4)用单一聚光的光源，在距离患病宠物鼻子至少一个手臂远的距离处照射患病宠物的双眼，可以看到患病宠物瞳孔是否变形或异位、虹膜上是否出现肿块、虹膜颜色是否异常、瞳孔大小是否改变、瞳孔颜色是否改变。

(5)晶状体。检查者用裂隙灯来确定晶状体内有无浑浊，查看瞳孔颜色改变、瞳孔大小形状是否改变、瞳孔位置是否改变。

7.眼压测量

压平时眼压计：将患病宠物保定好(要避免压迫到颈静脉，以免增加眼压)，小心地打开眼睑，将眼压计垂直地轻触眼角膜正中央数次(可从侧面观察接触时眼压计是否垂直于眼角膜)，读取仪器上出现的眼压值(其误差低于5%)。犬猫正常眼压为10～20 mmHg。

8.散瞳

在患病宠物两眼各滴入1滴1.0%托吡卡胺或阿托品。

9.眼后节检查

(1)视网膜。用检眼镜对眼底结构进行彻底检查。检查时一般先找到视盘，然后分4个象限逐一检查。查看脉络膜毯颜色的改变；脉络膜毯反光度的改变；视网膜血管形态的改变；视网膜是否能清楚看到。

(2)视神经。判读视神经乳头是否出现面积变大或变小；血管是否出现出血、贫血、血管怒张等变化。

(3)玻璃体。用检眼镜观察玻璃体是否出现不透明，转动眼球观察玻璃体有无液化；有无出现视网膜脱落。

10.药敏试验

用预先湿润的棉签，轻柔擦拭患处(角膜、结膜)，将棉签置于培养基中培养，在采样过程中避免污染。

情境二　结膜炎诊治技术

二维码3-4　犬猫结膜炎诊治技术

(一)基础知识

结膜炎是指结膜出现的炎症反应，特征是潮红、充血、水肿、分泌物增多、白细胞浸润与滤泡形成。慢性结膜炎在临床上很难根据实验室检查结果做出明确诊断。在兽医临床上结膜炎是最常见的眼科疾病之一。物理性刺激、感染(细菌、病毒、衣原体、霉菌)、寄生虫(螨虫、线虫)、过敏和干眼症都会导致结膜炎发生。

(二)结膜炎诊治流程

1.结膜抹片

①用利多卡因点眼麻醉;②反转眼睛充分暴露睑结膜,用刮刀与结膜垂直,轻轻刮取结膜上皮组织,以出血为度;③将刮取物涂抹在玻片上;④在结膜囊上涂抹红霉素眼膏,单眼纱布覆盖;⑤对玻片革兰氏染色。通过玻片观察眼分泌物中的细胞形态区分结膜炎病因(表3-3)。

表 3-3 眼分泌物中的细胞形态区分结膜炎病因

细胞形态	结膜炎形式
中性粒细胞	细菌性或急性
淋巴细胞与单核细胞	病毒性、披衣菌性或慢性
杯状细胞	慢性
嗜碱性粒细胞或嗜酸性粒细胞	过敏性(这类细胞在宠物过敏性结膜炎中很少见)
角化上皮细胞	任一原因引起的慢性结膜炎或泪膜缺乏

2.结膜的活组织检查

局部使用2滴利多卡因麻醉剂,用细组织镊提起部分结膜,使用眼科剪剪去少量结膜组织,避免夹取过程损伤活组织而影响结果的判读。

3.结膜的染色

将商品化STT试纸条用1滴无菌生理盐水浸湿并轻轻接触背侧眼球结膜,患病宠物眨眼使得染色剂均匀分布在角膜表面,把过多的染色剂用生理盐水冲洗掉,然后用放大镜检查染色剂是否有残留于结膜表面。

4.STT试纸检测泪液量

正常犬的STT为15～25 mm/min,方法详见常用眼科检查器械及使用方法。

5.细菌培养

在使用了一段时间抗生素且效果不好后进行。用无菌生理盐水浸湿灭菌棉棒蘸取角膜及结膜表面,把采集到的物质直接放入培养基培养。

6.排除物理性原因

排除有异物、倒睫因素导致的结膜炎。

7.清洁眼睛

如果眼分泌物过多,先用3%硼酸或生理盐水彻底冲洗眼睛,在冲洗眼睛前确认已经完成所有需要提前进行的检查。

8.抗生素使用

局部使用抗生素眼药治疗原发的细菌性结膜炎和限制因其他治疗导致的正常菌群过度繁殖。药物的使用频率因病情而定,一般为3～4次/d,个别严重病例可以每小时使用1次。常用的抗生素眼药有:①新霉素、多黏菌素B、杆菌肽三联眼药是最有效的组合;②氯霉素;③庆

大霉素或妥布霉素;④氧氟沙星。

9. 抗炎糖皮质激素使用

经常与抗生素联合使用来降低炎性反应。由刺激或过敏导致的急性结膜炎,使用糖皮质激素治疗,每天局部滴眼 2～4 次。由于糖皮质激素抑制了愈合的进程,结膜炎会持续很长时间。不要在禁用糖皮质激素的病例(猫疱疹病毒、类菌质体)中使用。

10. 抗过敏药使用

根据病情的轻重,可局部或全身使用糖皮质激素。可用色甘酸钠、奥洛他定等局部肥大细胞稳定剂治疗过敏性或嗜酸性结膜炎。

情境三　角膜炎诊治技术

(一)基础知识

任何角膜上皮的缺失都可称为角膜溃疡。溃疡性角膜炎等同于角膜溃疡,在发生角膜溃疡的同时经常会发生继发性炎症。宠物眼睛出现泪液分泌不足、眼睑形态异常、异生睫毛刺激、角膜异物、猫的传染性疾病等,角膜上皮细胞的更新速率与角膜表面的机械性保护机制正常平衡被打破,导致发生角膜溃疡。

(二)角膜炎诊断流程

1. STT 试纸检测泪液量

正常犬的 STT 为 15～25 mm/min,方法详见常用眼科检查器械及使用方法。

2. 评估角膜和眼睑的反射

详见眼科基础知识技能。

3. 荧光素染色

详见眼科基础知识技能。

(三)不同角膜炎的治疗

1. 简单角膜溃疡的治疗

(1)抗生素治疗。使用三联抗生素(新霉素、多黏菌素 B、杆菌肽),不对角膜穿孔的病例使用眼膏。

(2)散瞳治疗。有严重葡萄膜炎时使用散瞳药,使用复方托吡卡胺眼药水。所有散瞳药物均禁用于患青光眼的宠物,而葡萄膜炎和角膜溃疡都可能继发青光眼。

(3)止疼药/抗炎药物的使用。禁止局部使用抗炎药物,非类固醇药物会延缓角膜溃疡的愈合,也禁用于猫的疱疹病毒感染和已知病毒感染造成的角膜溃疡。建议全身给予非类固醇药物,糖皮质激素可以用于严重的、持续性葡萄膜炎,无论有无角膜溃疡。

(4)防止自我伤害。佩戴伊丽莎白圈进行保护。自我抓蹭容易破坏不稳定上皮组织,延缓溃疡愈合。

(5)治疗复诊。一般需要 7 d 后来医院进行复诊。简单、浅表的角膜溃疡在复诊的时候应该已经愈合。如果 1 周后仍未愈合,考虑是复杂的角膜溃疡病例,区分是继发的感染还是原发病因,或者属于顽固性角膜溃疡。

2. 深层或后弹力层膨出角膜溃疡的治疗

(1)临床症状。角膜溶解、基质层严重受损或角膜有明显的细胞浸润,表明这是复杂且存在感染的角膜溃疡。

(2)给药治疗。给予广谱抗生素和促角膜生长药物,基质层角膜溃疡在最初的 1～2 d,每几小时就要给药 1 次。

(3)全结膜瓣(360°)遮盖术。

①用一钝圆的小肌腱剪将结膜与其下的组织钝性分离。结膜瓣的长短和宽窄要根据角膜溃疡的直径来确定,尽量不要连带过多的结膜下筋膜组织,否则术后局部会过厚,透明性会过差。

②结膜瓣不应过度松弛和紧张,应自然地覆盖在溃疡表面。

③缝合结膜前,在溃疡周围大约 1 mm 范围内都进行角膜清创术,便于结膜下组织和角膜基质很好地吻合。

④用 8-0 或 9-0 的可吸收缝合线采取 6 个点间断缝合的方式固定在角膜溃疡周围,结膜瓣直径略大于溃疡直径即可,然后再连续缝合 1 圈。

⑤一般在结膜瓣手术后 6～8 周需要将结膜瓣剪断,增加角膜的透明性,尽可能恢复宠物的视力。

⑥剪除结膜瓣后,局部会出现 3～5 d 的充血和轻微的炎症反应,局部使用常规的抗生素眼膏,并佩戴 1 周的伊丽莎白圈。

全结膜瓣遮盖术(360°)的优点在于无须进行角膜的缝合,将游离的结膜边缘水平褥式缝合在一起即可。但这种手术容易撕脱,一般在 2 周左右就会出现这种情况。

(4)第三眼睑遮盖术和暂时眼睑缝合术。第三眼睑遮盖角膜溃疡区域,同时也遮盖了角膜溃疡的发展过程,将外眦的上下眼睑用 3-0 或 4-0 的丝线或尼龙线做水平褥式缝合,将结打在上眼睑处避免被眼分泌物遮盖,上下眼睑的间距刚好能滴眼药和观察。

注意: 睑缘与睑缘要对齐,在睑缘处入针和出针,避免缝合线对角膜的刺激,同时缝线打结位置也要远离睑缘。

(5)蛋白酶抑制剂。大多数溶解性角膜溃疡都会伤及角膜基质层。胶原酶由细菌产生,特别是革兰氏阴性杆菌(假单胞菌属)。脱粒的中性粒细胞、受损的角膜基质和上皮细胞也会产生胶原酶。深层的角膜溃疡是由感染造成的。严重的溶解性角膜溃疡,不建议进行手术,蛋白酶抑制剂是抑制角膜溶解最好的药物。

(6)自体血清。自体血清因为含有多种抗胶原酶成分,被临床医生用于溶解性角膜溃疡的治疗。血液采自宠物本身,小型宠物每次采血 10 mL,静置 30 min 后离心,最后取血清,置于 5～10mL 的无菌眼药水瓶内,放置在冰箱保鲜层,每小时使用 1 次,在 72 h 内使用完毕。

3. 惰性角膜溃疡的治疗

(1)临床症状。临床表现为慢性、浅表、非感染性的轻度疼痛。最终在溃疡边缘可见疏松的上皮,并且很容易用棉签进行清创;溃疡周围可见新生血管在,但不能到达溃疡中心。荧光素染色,肉眼可见的角膜溃疡边界与实际被荧光剂着色的范围不一致。

(2)角膜清创。角膜局部滴表面麻醉药,用无菌的干燥棉签进行角膜清创,将角膜表面不稳定的角膜上皮清除，角膜溃疡边缘的角膜上皮非常容易被清除，但可导致角膜溃疡面积扩大，接着连续使用广谱抗生素眼药若干天。

(3)角膜格状切开。最后进行角膜格状切开或金刚砂车针治疗，单纯的角膜溃疡没有必要进行角膜清创。

情境四　青光眼诊治技术

(一)基础知识

青光眼是由房水产生和排出比例失衡所导致。临床上大部分房水是由睫状体的睫状突非色素上皮产生，充满后房和前房，主要成分是水，占总量的 98%以上来源血浆。犬猫继发青光眼的发病率几乎是原发青光眼发病率的 2 倍，是由其他眼病或全身疾病导致房水排出障碍。早期的症状不明显，甚至眼压都不一定会非常高，只是间断性地出现巩膜的充血(特别是在晚上)，要定期检查眼压的变化。如果眼压高于 60 mmHg，视网膜可能在几小时内丧失功能，从而导致失明。青光眼常表现以下症状。

(1)眼内压的升高。一般情况，宠物主人只有当宠物眼压升高到 40 mmHg 以上时才会注意到宠物眼睛的变化。频繁的眼压检查是青光眼宠物诊断和治疗重要环节。

(2)浅层巩膜和结膜的充血。当眼压突然升高时，浅层巩膜充血是非常典型的症状之一，最后表现为巩膜和整个结膜充血。

(3)瞳孔的改变。当眼压大于 50 mmHg 时，瞳孔会散大。当眼压在 30 mmHg 左右时，瞳孔光反射或许正常，如果同时继发了葡萄膜炎，也可能出现瞳孔缩小。

(4)角膜浑浊。眼压升高会破坏角膜内皮的屏障功能，使房水进入角膜基质，引起了严重的、广泛的角膜水肿，如果不及时治疗可能造成角膜穿孔。慢性青光眼病例的角膜最终都可能出现浅表或深层的新生血管、瘢痕和色素沉积的现象。

(5)牛眼。犬猫的青光眼病例非常常见，由于对巩膜的牵拉，眼球明显变大，当幼犬或幼猫出现青光眼时，牛眼发生得非常迅速。

(6)疼痛。当青光眼不严重时，疼痛表现不明显，宠物主人会通过眼压控制后宠物脾气的改善而认识到青光眼的疼痛。

(7)视网膜和视神经的改变。急性青光眼病例可能出现视神经盘水肿和眼底出血，大多数病例最终都会出现视神经乳头盂状凹陷、弥漫性视网膜萎缩、视网膜血管薄化、视盘萎缩等症状。

(8)视力的损伤。有的宠物会在 2～3 d 内突然发生永久的失明，有些慢性宠物青光眼病例眼压超过正常，但视力并没有显著丧失，这些差异主要依赖于眼压升高的程度和升高的速度。

(二)青光眼诊治流程

1. 诊断

(1)眼压计检测，当犬的眼压高于 25 mmHg、猫的眼压高于 27 mmHg 时，需考虑是否患有青光眼。

(2)直接或间接检眼镜都可以用来检查视神经乳头的盂状凹陷。

(3)房角镜帮助医生鉴别是开角型青光眼还是闭角型青光眼，评估房角闭塞的程度。

2. 紧急处理

用甘露醇和甘油两种高渗溶液治疗。甘露醇治疗时，使用输液泵按照 1～2 g/kg 的剂量在 0.5 h 内输完，2～4 h 内禁水。多数宠物内眼压会在输液后 1 h 出现明显下降，并且能够持续 6 h，个别宠物可以持续 2～3 d。如果眼压仍不能得到很好控制时，可以每 6～12 h 重复输液 1 次，但总次数不应超过 2～3 次，要密切监视宠物的水合作用。对于同时患有葡萄膜炎的青光眼病例，甘露醇的效果非常有限，使用意义不大。

3. 碳酸酐酶抑制剂

醋甲唑胺(2～5 mg/kg，2～3 次/d)可与甘露醇同时口服，长期使用碳酸酐酶抑制剂可能导致干眼症。

4. 紧急降眼压

使用缩瞳类和 β-受体阻断剂，用 0.005%的拉坦前列素治疗犬的急性青光眼，多数情况下眼压会在 15～30 min 内下降。拉坦前列素对猫无效，且会引发不良反应。

5. 神经保护性治疗

宠物眼科医生使用的最新的治疗方法。对患有高血压的犬使用氨氯地平(0.125 mg/d)阻断钙通道，从而控制高血压。

6. 维持用药治疗

多数宠物眼科医生使用拉坦前列素结合碳酸酐酶抑制剂联合用药，效果比较理想，但多数病例随着时间的推移，对药物产生耐受性。

7. 手术治疗

多数犬闭角型青光眼很难通过药物治疗，可通过增加房水排出或减少房水产生控制眼压，增加房水排出实施小梁切除术、虹膜周切术、滤过手术、引流阀植入，但最终都不能将眼压长期控制在正常范围内。睫状体冷凝术和睫状体光凝术是针对房水产生的。如果能将这两类手术联合进行，可能收到的效果会更好，眼压控制得会更理想。如果视力无法恢复，义眼植入术和眼球摘除术是最终的解决方案。

情境五 白内障诊治技术

(一)基础知识

白内障是晶状体透明性发生改变导致的一类疾病，无论是晶状体本身还是晶状体囊袋浑浊都能导致白内障发生。晶状体浑浊的大小、程度、形状、病因、位置和发展速度各有差异。白内障对视力影响的大小取决于白内障的位置和浑浊的程度。当瞳孔散大时，在视轴中央的小白内障对视力的影响小。很多病因都可能导致白内障，但是在临床上很难确定具体病因。

(二)白内障的诊治流程

1. 诊断

使用 1%复方托吡卡胺 2 次，间隔 5 min 左右，然后等 20 min 就可以将瞳孔散开。在暗室用聚焦的光源完成常规评估，裂隙灯观察晶状体，浑浊开始于赤道部、前后囊袋下，同时出现

“Y”字形缝合线。不同品种宠物的遗传性白内障在最初都有一定的发生部位和特征性，最终浑浊多数都会由未成熟发展到成熟性白内障。

2. 药物治疗

(1)在白内障的早期阶段或白内障只影响到视轴部分时，通过使用散瞳的药物可能改善视力。

(2)抗氧化药物(如谷胱甘肽)能阻止犬白内障发展。

(3)辅助营养类药物，如维生素 C、维生素 E、钙、镁等也都可能在一定程度上延缓白内障发展。

3. 超声乳化吸除

超声乳化吸除是用超声波能量将浑浊的晶状体核和皮质乳化后吸除，并保留晶状体后囊的手术方法。手术切口位于角巩膜缘的透明角膜，切开透明角膜 2～3 mm 后，在晶状体前囊上用撕囊镊撕开一个小孔，将特殊的超声波手柄伸入囊袋内，然后通过超声波的振动将晶状体打碎并同时完成注吸的过程。超声乳化吸除手术切口更小，手术时间更短，术后的并发症更轻，同时也能更好地将晶状体皮质清除干净，从而避免后发性白内障的发生。

三、学习效果评价

序号	评价内容	评价标准	评价结果(是/否)
1	眼科基础知识技能	是否会用 STT 滤纸条检测正常泪液的分泌量	
2		是否能正确使用眼压计测量眼压	
3		是否会用放大镜观察犬猫眼睛情况	
4		是否能按流程对犬猫进行眼科检查	
5	眼部疾病诊治	是否能协助诊断犬猫结膜炎并根据处方给药	
6		是否能处理简单犬猫角膜炎并协助治疗其他类型角膜炎	
7		是否能协助诊断犬猫青光眼并根据处方给药	
8		是否能诊断犬猫白内障并开具处方给药	
9	职业素养	是否能根据患病宠物症状正确分析其眼部疾病类型	
10		在治疗过程中是否关爱宠物，重视宠物福利	

模块四

常见产科疾病诊治及手术技术

任务一　犬剖腹产手术

一、学习目标

知识目标

- 能描述分娩征兆及犬剖腹产手术适用的场景。
- 能阐述犬剖腹产的手术流程。

技能目标

- 能正确准备犬剖腹产手术所需的器械。
- 能制订犬剖腹产手术计划并协助宠物医生完成手术。

育人目标

- 培养尊重生命，关爱宠物的理念。
- 培养科学严谨的工作态度。
- 培养手术过程无菌素养。
- 培养团队协作精神。

二、学习内容

犬剖腹产手术的目的是以最快的速度将所有胎儿从妊娠母体中取出。主要适应证是难产(如胎儿过大、胎位不正、骨盆狭窄和子宫迟缓)或死胎。常用于短头犬，其他品种的犬有难产史或骨盆骨折后接骨不正时也要采取剖腹产，斗牛犬、拉布拉多猎犬和金毛犬分娩时常常需要采取剖腹产手术。犬妊娠期通常为 63 d，但也可能为 57～72 d 不等。中心体温降至 37.8 ℃以下是即将分娩的可靠指标，一般发生在分娩前的 24 h 之内。血清孕酮水平也会在分娩前的 24 h 内降至小于 2 ng/mL。剖腹产的母犬死亡率为 1%，胎儿死亡率为 8%～20%。长时间的难产、短头品种或胎儿数量较多时死亡率较高。

(一)器械准备

手术剪，组织镊，持针器，10 号刀片，手术刀柄，不可吸收缝线，止血钳，纱布。(图 4-1)

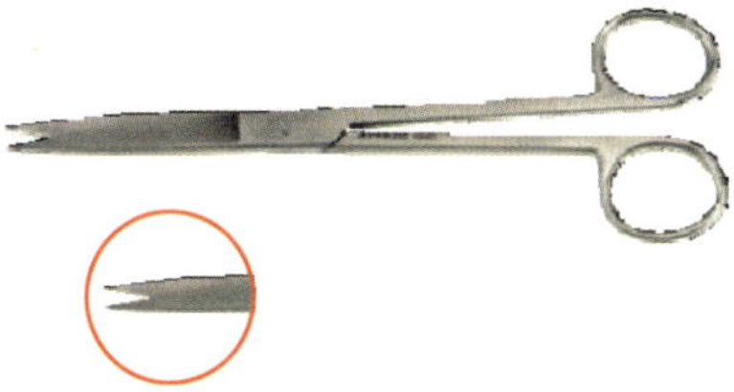

手术剪

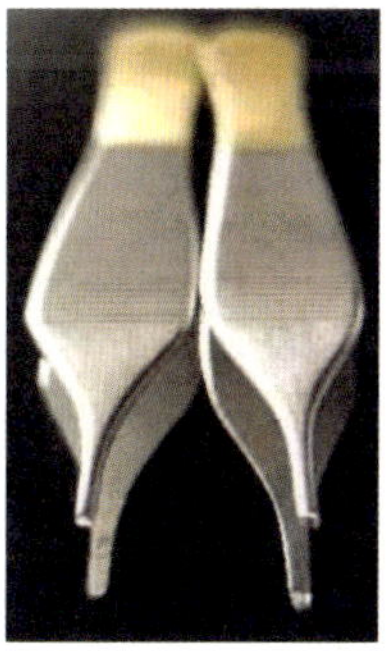

组织镊

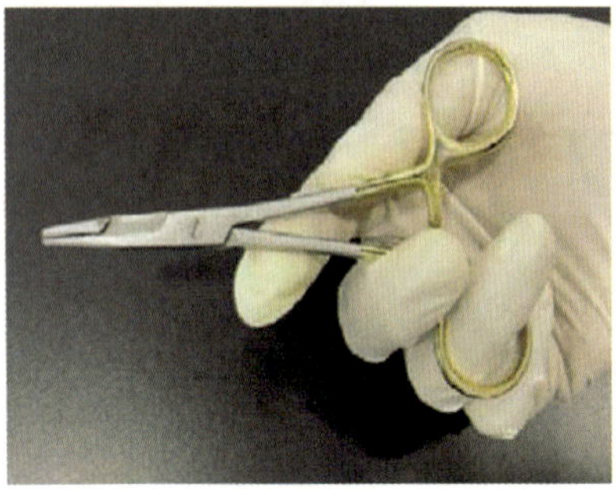

持针器

10 号刀片

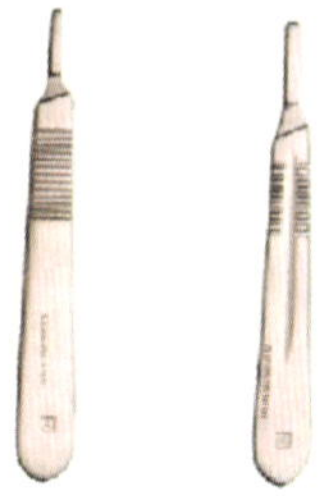

3号　4号

手术刀柄

可吸收缝线

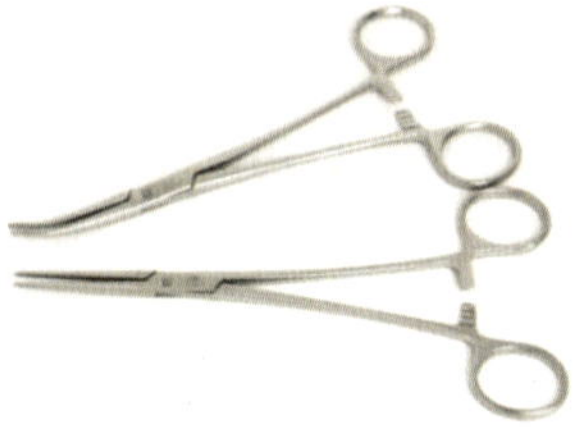

止血钳

纱布

图 4-1　剖腹产手术器械

(二)术前评估

对宠物进行病史调查,确定患病宠物有无潜在疾病;检查宠物整体状态包括身体情况和精神状态,测量宠物体温、呼吸和心率等生理指标;患病宠物的体格状态越差,出现麻醉和手术并发症的风险就越大。对将分娩犬进行 B 超检查,胎儿心率小于 150 次/min 提示胎儿窘迫。通过直肠指检或阴道检查确定胎儿是否进入产道。血液学检查评价是否出现低钙血症、低血糖和毒血症。

(三)宠物麻醉

诱导麻醉:6 mg/kg 丙泊酚(静脉注射)。

维持麻醉:异氟烷呼吸麻醉。

在诱导前和诱导过程中使用面罩给氧,以防止母体和胎儿缺氧。最好在胎儿取出后再给吸入麻醉剂。可以通过追加注射丙泊酚或者最低量的异氟烷来维持麻醉。

(四)宠物准备

术部切口周边 5 cm 范围内剃毛,仰卧保定,碘伏、酒精 3 遍消毒,保证 5 min 接触时间。对患病宠物采取保温措施,眼部涂布眼膏。

(五)术前用药及治疗

术前稳定宠物病情,补充液体及纠正酸碱和电解质异常。如果胎儿死亡或怀疑子宫感染,应给预防性抗生素。注射阿托品(0.02～0.04 mg/kg,SC 或 IM),抑制唾液腺分泌及保护心脏;注射布托啡诺(0.2～0.4 mg/kg,IM),镇痛。

(六)手术人员准备

佩戴手套、口罩,穿手术服。

(七)操作过程(犬)

二维码 4-1 犬剖腹产手术过程

1. 铺设创巾

在腹部预定切口铺设创巾,用创巾钳固定(图 4-2)。

2. 暴露腹腔

从脐部到耻骨做一腹中线旁切口,轻柔地将子宫从腹腔内牵拉出并用润湿的剖腹手术垫隔离(图 4-3)。

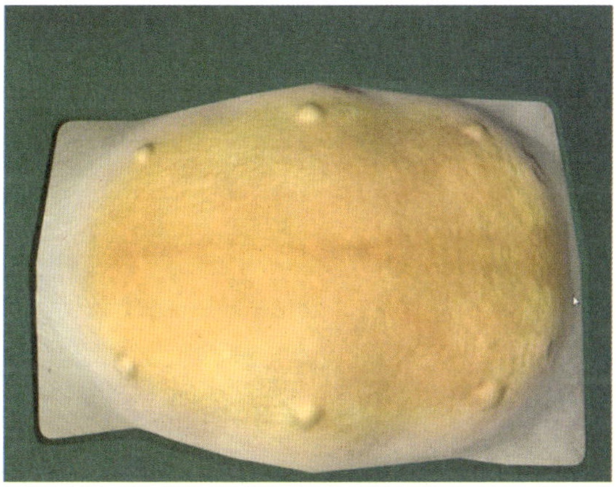

图 4-2 铺设创巾

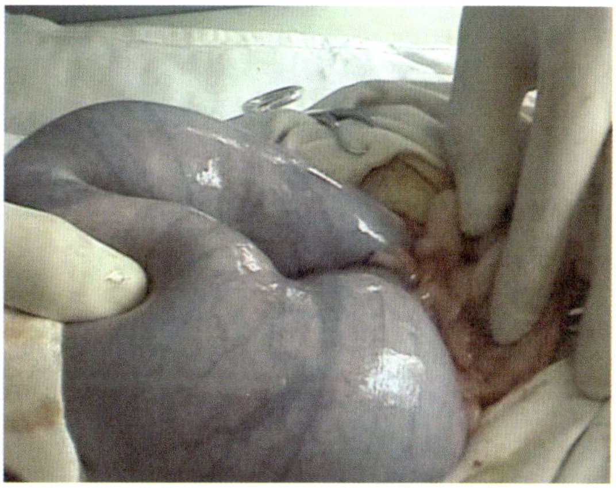

图 4-3 暴露腹腔

3. 取出胎儿

用镊子或拇指和其他手指绷紧子宫壁,沿子宫壁正中线局部切开子宫,用组织剪小心地扩开切口,以便轻松地取出胎儿(图 4-4)。

4. 撕破胎膜

从切口取出胎儿,用手指或剪刀将其口鼻部的羊膜撕破,并用止血钳在距离胎儿体壁至少 3 cm 处夹住脐带(图 4-5)。无菌地将每个胎儿递呈给辅助人员。

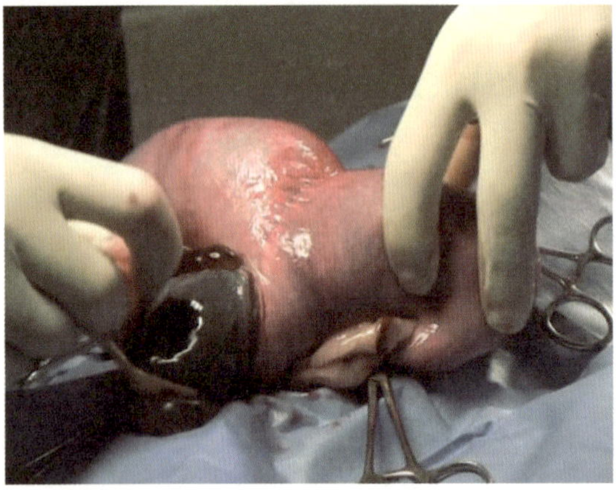

图 4-4　取出胎儿

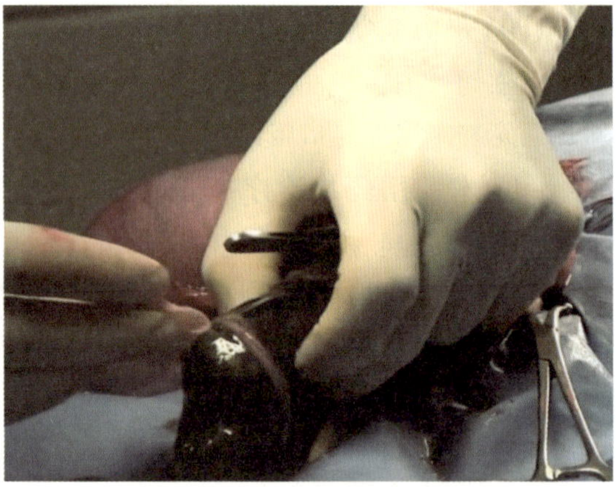

图 4-5　撕破胎膜

5. 移除胎盘

通过轻柔地牵拉，尽可能地移除胎盘(图 4-6)。如果胎盘不能很快很容易地从子宫壁上脱落，将其留在原位并继续牵拉下一个胎儿。

6. 移动胎儿

用手将胎儿从子宫角挤出，并从子宫切口牵拉出来，触摸子宫确定所有胎儿都已取出(图 4-7)。

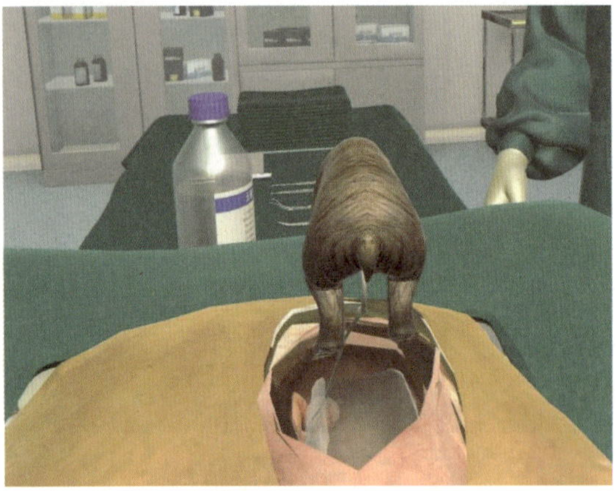

图 4-6　移除胎盘

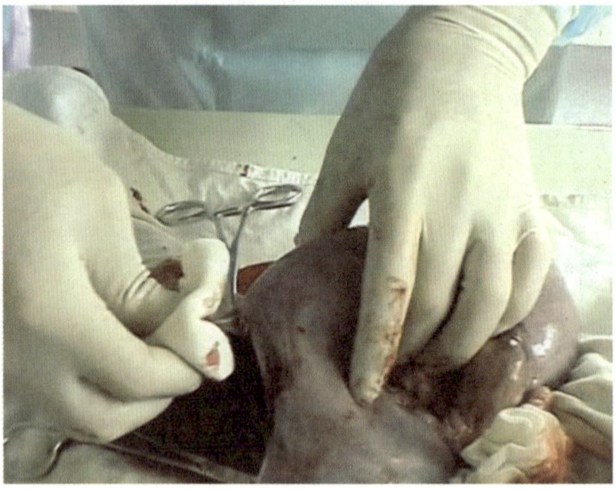

图 4-7　移动胎儿

7. 缝合子宫壁

如果子宫内膜出血很严重，使用缩宫素并压迫子宫壁。使用 3-0 合成单股快吸收缝线，通过一层或两层连续对接或内翻缝合闭合子宫切口，用网膜覆盖子宫切口(图 4-8)。

8. 缝合腹部肌肉及皮肤

缝合子宫后，冲洗腹腔清除污染物，用单股可吸收缝线连续缝合腹壁肌肉，用可吸收缝线做皮内缝合皮肤(图 4-9)。

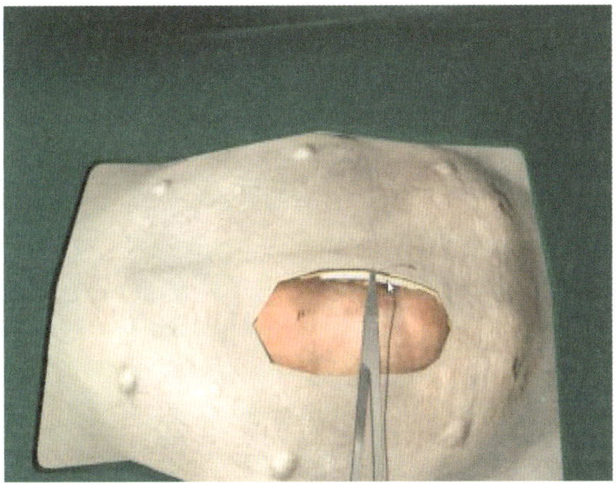

图 4-8 缝合子宫壁

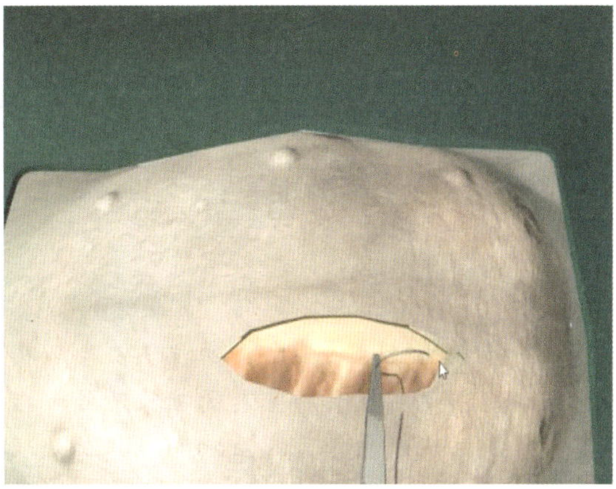

图 4-9 缝合腹部肌肉及皮肤

9. 术后护理

(1)宠物佩戴伊丽莎白圈并放置回笼子,观察宠物反应并等待苏醒。给宠物每天早晚用碘伏消毒切口皮肤 2 次,根据宠物恢复情况。

(2)清洁腹壁皮肤,去除消毒剂和皮屑后再将胎儿与母体放在一起。

(3)监测母犬是否出现体温过低、低血压、低血钙、排斥胎儿和乳泌缺乏的症状。

三、学习效果评价

序号	评价内容	评价标准	评价结果(是/否)
1	手术准备	手术流程是否清晰可操作,并有备用手术方案	
2		手术前器械、手术人员、手术宠物是否准备到位	
3		麻醉过程是否平稳,及时监护宠物体温、呼吸、脉搏	
4	手术过程	从子宫取出胎儿的操作是否足够小心	
5		剖腹产切口大小、位置是否准确	
6		对刚分娩仔犬处理措施是否正确	
7		子宫壁缝合是否紧密、美观	
8		对手术过程出血是否充分止血	
9	术后护理	是否采取正确措施对宠物进行术后护理直至恢复健康	
10		术后护理是否出现感染	
11	职业素养	是否遵循无菌素养	
12		在手术过程中是否计划周密、科学严谨对待手术	
13		手术团队成员是否紧密配合完成手术	
14		是否能从容正确应对术中突发情况	
15		是否小心操作,关爱患病宠物	

任务二　新生犬猫疾病诊治技术

一、学习目标

知识目标

- 能描述新生犬猫脐炎的症状及处理措施。
- 能描述新生犬猫窒息的症状及处理措施。
- 能描述新生仔犬溶血病的症状及处理措施。

能力目标

- 能正确诊断新生犬猫脐炎并治疗。
- 能正确诊断新生犬猫窒息并治疗。
- 能正确诊断新生仔犬溶血病并治疗。

育人目标

- 树立医者仁心，关爱宠物的职业道德观。
- 培养分析问题、解决问题能力。

二、学习内容

情境一　新生犬猫脐炎诊治技术

新生犬猫脐残端的细菌性感染，有急性和慢性两种。出生后结扎脐带时污染或在脐带脱落前后被粪、尿污染；分娩过程中羊膜早破，脐带被产道内细菌污染；脐带过长被咬伤、踩伤等，导致细菌感染而发炎均可导致脐炎的发生。脐炎常见病原菌为金黄色葡萄球菌、大肠杆菌，其次为溶血性链球菌，或者混合感染。以下是脐炎的诊断及处理方式。

（一）轻症脐炎

1. 诊断依据

（1）脐带脱落后伤口延迟不愈并有溢液，有时有脐轮红肿，脐凹内可见小的肉芽面或脐残端有少量黏液或脓性分泌物。

（2）血液白细胞检查正常或略有升高。

2. 处理方法

去除局部结痂，使用3%过氧化氢溶液和75%乙醇随时清洗，保持脐部干燥。

（二）严重脐炎

1. 诊断依据

（1）脐周围明显红肿变硬，脓性分泌物较多，轻压脐孔周边，有脓液自脐凹流出并伴有臭味。

(2)若伴有全身感染症状时白细胞总数及中性粒细胞均会升高。

2. 处理方法

(1)脓肿没有局限时，在脐周外敷金黄膏或做理疗，使感染局限促进脓肿形成并向外破溃。

(2)脓肿形成后应切开引流。

(3)处理全身感染：对于脓液较多或并发腹膜炎及败血症者，需根据细菌学检查结果选用有效的抗生素；补充水及电解质，适当给予血浆或白蛋白以提高机体免疫力。

(三)慢性脐炎

1. 诊断依据

急性脐炎长期不愈造成，脐部周围红肿，脐凹内湿润，有肉芽组织增生，樱桃红，凸起，流黏液，经久不愈。

2. 处理方法

小的肉芽创面用10%硝酸银局部烧灼，然后涂用抗生素油膏；大的肉芽创面进行手术切除或电灼去除肉芽组织，保持脐窝清洁、干燥。

情境二　新生犬猫窒息诊治技术

新生犬猫出生后表现呼吸微弱或停止呼吸，仅有微弱的心跳，称为窒息，也称假死。分娩时胎盘过早分离脱落，胎衣破裂过晚，胎盘水肿，子宫痉挛性收缩；胎儿产出缓慢，脐带受到挤压使胎盘血液循环减弱或停止；母犬、猫过度疲劳、贫血、大出血、心力衰竭、高热或全身性疾病引起自身缺氧等原因均可导致新生犬猫窒息。以下是新生犬猫窒息的诊断及处理方法。

(一)轻度窒息

1. 诊断依据

(1)新生犬猫全身软弱无力，呼吸微弱、不均匀，有时张口喘气，黏膜发绀，舌头脱出于口角，心跳快而弱。

(2)口鼻腔内充满黏液，肺部有啰音，喉、气管部啰音最明显。

二维码 4-2　新生犬猫护理技术

2. 处理方法

(1)清理呼吸道。迅速将仔犬倒提或高抬后躯，用纱布或毛巾擦净口鼻内的黏液，再用空注射器或橡皮吸管把鼻腔中的黏液吸出，使呼吸道畅通。

(2)人工呼吸。呼吸道畅通后立即做人工呼吸，有3种方法。

①有节律的按压新生犬猫腹部。

②从两侧捏住季肋部，交替地扩张和压迫胸壁，助手在扩张胸壁时将舌拉出口外；在压迫胸壁时将舌送回口内。

③握住两前肢，前后拉动，以交替扩张和压迫胸壁。

(二)严重窒息

1. 诊断依据

新生犬猫全身松软，呼吸停止，可视黏膜苍白，反射消失，卧地不动，仅有微弱心跳。

2. 处理方法

（1）刺激呼吸反射以诱发呼吸。

①倒提新生犬猫，抖动、甩动或拍击颈部及臀部。

②用冷水突然喷击新生犬猫头部。

③将头以下部位浸泡于 45 ℃左右温水中。

④用针刺人中、耳尖及尾根等穴位。

（2）药物治疗。选用尼可刹米、肾上腺素、咖啡因等药物经脐血管注射。

情境三　新生仔犬溶血病诊治技术

母犬与公犬的血型不同，胎儿具有某一特定血型的显性抗原，通过妊娠和分娩侵入机体，刺激母体产生抗体，当仔犬出生后，通过吸吮初乳获得抗体引起红细胞破坏，以贫血、黄疸或急性死亡为特征。发生本病的血型因子为 CEA-1 型。母犬是 CEA-1 型阴性血型，受 CEA-1 型阳性血型抗原的作用，在初乳中含有抗 CEA-1 型阳性红细胞抗体，使吸吮这种初乳的 CEA-1 型阳性仔犬发病。以下是新生仔犬溶血病的诊断及处理方式。

1. 诊断依据

（1）新生仔犬在吸吮初乳后，迅速精神沉郁、衰竭死亡或明显衰弱。

（2）做以下实验室检查。

①收集尿液或死亡仔犬的膀胱尿液，做尿液颜色和潜血试验。

②取新生仔犬血液 2～3 滴，加入 2 mL 生理盐水中，轻轻混合，立即变成红色透明，表明红细胞抵抗降低。血液涂片吉姆萨染色，有多量中央浓染的小型环状红细胞。

③血清免疫学检查见病犬红细胞直接抗球蛋白试验（Coomb's 试验）呈阳性，仔犬血清和父本犬血球有溶血反应和间接抗球蛋白试验（Coomb's 试验）呈阳性。

2. 处理方法

怀疑为本病的犬立即断离母乳，改为人工哺乳。

可用泼尼松龙 2 mg/kg 口服，以抑制网状内皮系统吞噬红细胞；饲喂 2%～3%的葡萄糖溶液，以稀释和迅速排泄进入体内的游离血红蛋白。

三、学习效果评价

序号	评价内容	评价标准	评价结果（是/否）
1	新生犬猫疾病诊断	是否会诊断新生犬猫脐炎	
2		是否会诊断新生犬猫窒息	
3		是否会诊断新生仔犬溶血病	
4	新生犬猫疾病处理	是否能正确治疗新生犬猫脐炎	
5		是否会正确治疗新生犬猫窒息	
6		是否会正确治疗新生仔犬溶血病	
7	职业素养	抢救看护弱仔，是否怀有仁爱之心	

任务三 产后疾病诊治技术

一、学习目标

知识目标

- 能描述胎衣不下、产后感染、产后瘫痪、产后出血、产后子宫复旧不全的症状及处理措施。

能力目标

- 能正确诊断并治疗胎衣不下、产后感染、产后瘫痪、产后出血、产后子宫复旧不全。

育人目标

- 树立医者仁心,关爱宠物的职业道德观。
- 培养分析问题、解决问题能力。

二、学习内容

情境一 胎衣不下诊治技术

犬猫分娩后胎衣在正常时间内(一般不超过 12 h)不能排出。产后子宫收缩无力,怀孕期间饲粮单一,缺乏矿物质、微量元素和维生素,特别是缺乏钙盐与维生素 A,妊娠犬、猫消瘦、过肥、运动不足等都可使子宫弛缓、收缩无力;胎儿过多、胎儿过大、胎水过多等使得子宫肌过度扩张,产后子宫收缩无力导致胎衣不下;流产、早产、难产、子宫捻转时,产出或取出胎儿后子宫收缩力往往很弱,因而发生胎衣不下。以下是胎衣不下的诊断及处理方法。

(一)诊断依据

(1)分娩时排出的胎衣少于胎儿个数,产后子宫排出物数量增多,颜色为暗绿色至黑色,持续 12 h 或更久。腹壁触诊子宫呈分节状膨大。

(2)2 d 以后,从阴道内排出恶臭污红色液体,内含腐败的胎衣碎片,患犬卧地时排出较多。

(3)患犬体温升高、精神不振、食欲减少、拱背努责,出现渐进性的败血症、子宫膨大和子宫炎。病犬可在 4~5 d 内死亡。

(4)B 超检查、X 线检查。

(二)处理方法

(1)手按住腹底壁,用挤奶样动作小心挤压子宫角或用产科钳通过产道取出滞留胎衣。在子宫颈开张的前提下,用催产素 1~5 IU,肌内注射,2~4 次/d,连用 3 d。

(2)若胎衣滞留时间长且感染严重时,向子宫内灌注 0.1%高锰酸钾溶液进行冲洗,然后再用橡皮管将其吸出,待灌注的高锰酸钾溶液和吸出的溶液颜色一致时,向子宫内投放青霉素粉。5%葡萄糖生理盐水 100~200 mL、10%葡萄糖酸钙溶液 2~20 mL 和氨苄西林或先锋霉

素 0.1 g/kg 混合，缓慢静脉注射，1 次/d，连用 5 d。

（3）中药治疗，可用益母草膏。

情境二　产后感染诊治技术

母犬或母猫分娩后，细菌侵入生殖道引起的局部炎症或子宫的局部炎症感染扩散而并发全身严重感染引起的全身性疾病。产后感染原因如下。

（1）致病菌感染：由于配种、分娩、助产不当或产道黏膜损伤，胎衣滞留、子宫复旧不全等造成病原菌感染。致病菌主要有溶血性链球菌、金黄色葡萄球菌、大肠杆菌、化脓棒状杆菌等，多为混合感染，由其他细菌引起的比较少见。

（2）营养因素：饲养管理不当，运动不足或缺乏，机体过劳，衰竭，防卫机能降低，维生素不足或缺乏均可诱发本病。

（3）传染病：某些传染病如犬传染性肝炎、结核病、布鲁氏菌病也是诱发产后感染的因素。

（4）继发于其他疾病：阴道炎、流产、死胎、胎儿浸溶、胎衣不下、布鲁氏菌病等均可引发产后感染。

以下是产后感染的诊断及处理方法。

（一）诊断依据

（1）犬猫产后不久呈高热稽留，达 40 ℃以上，精神不振，烦渴贪饮、厌食，有呕吐、腹泻，弓背努责，可见从阴门不断排出恶臭和污秽的黏液或浑浊絮状分泌物。

（2）后期四肢无力，间歇性发抖、呼吸急促、心跳快而弱、鼻镜干燥、食欲废绝、精神极度萎靡呈昏睡状态、结膜充血、牙龈发绀无血色，阴道黏膜干燥、肿胀或溃烂，虚脱死亡；触诊腹壁敏感、紧张，体质大多数消瘦，一般不发情，个别发情的犬也不能受孕。

（3）如果是子宫积液，触诊子宫可触及子宫角变硬、粗大，有波动感。外观可见腹围增大。临近死亡时，体温急剧下降，且常发生痉挛。

（二）处理方法

（1）局部处理。单纯由阴道、子宫损伤引起的炎症，可以对其进行冲洗，若子宫内积聚有腐败的胎衣或渗出物时，应慎重或禁止冲洗，以防止炎症蔓延。在子宫颈处于开张状态时，可给子宫收缩药，如缩宫素等，使子宫内的炎性分泌物充分排出。

（2）全身应用抗生素或磺胺类治疗。早期应用敏感的抗菌药物，如青霉素、氨苄西林、四环素、先锋霉素Ⅴ、罗红霉素、磺胺嘧啶钠等，连用 5～7 d，控制感染。

（3）全身维持疗法。静脉滴注葡萄糖盐水和 5%碳酸氢钠，纠正水、电解质代谢失调和酸碱平衡失调，抗休克，补充维生素 C 等。

（4）卵巢子宫切除术。对于治疗无效的病例，应实施卵巢子宫切除术。

（5）加强护理。充分给予饮水和易消化的日粮。卧地犬需加厚垫料，经常翻身，防止发生褥疮。

情境三　产后瘫痪诊治技术

以母犬产后因低血钙而引起肌肉强直性痉挛为特征的代谢性疾病。多发生于分娩后 7～

20 d 的产仔数多的中小型母犬。一般认为与钙吸收减少和排泄增多所致的钙代谢失衡有关。犬在怀孕期食物中的钙供给不足或钙、磷比例失调或维生素 D 不足均可导致钙吸收不足。天气变化、长途运输、受惊抓捕等应激因素也可以诱发该病。以下是产后瘫痪的诊断及处理方法。

(一)诊断依据

(1)产后 7～20 d 发病,母犬断奶后很少发病;产仔越多,越易发病;多见于小型犬,大型犬很少发生。

(2)患犬突然发病,发病后卧地不起,头颈及全身肌肉强直性痉挛或肌肉震颤,呼吸急促,心悸亢进。轻者神志清醒,宠物主人呼唤尚有反应,重者昏迷卧地,四肢乱蹬,状如游泳,如不及时诊治很快就会停止呼吸而死亡。

(3)口膜青紫,可视黏膜充血,眼球向上翻动,口角常附有白色泡沫。全身出汗,有脱水症状。若不及时治疗,多数会在 2 d 后死亡。

(4)补钙后症状很快减轻或消除。

(5)血液检测,血钙降低为 4～7 mg/dL,血磷也降低,血糖增高,嗜中性分叶核细胞增加,淋巴细胞和嗜酸性细胞减少,血清肌酸磷酸酶和血清谷丙转氨酶增高。

(二)处理方法

(1)对病犬及早补钙,镇静解痉,防止呼吸道阻塞。10%葡萄糖酸钙 5～20 mL 缓慢静脉注射 1 次/d,连用 1～2 d。对持续痉挛的犬,可用氯丙嗪或用 25%的硫酸镁 5 mL 肌内注射。

(2)禁止仔犬吃乳,仔犬采取人工哺乳,以改善母犬的营养状态。

(3)病情好转后,口服维生素 AD 胶囊 1 粒,3 次/d,连用 3 d;或用维丁胶性钙肌内注射,3 次/d,连用 3 d。

情境四 产后出血诊治技术

产后出血是分娩过程中遗留下来的一种组织创伤性疾病。产后出血原因如下。

(1)犬的产后出血可由分娩时造成的损伤或胎盘坏死引起。猫的产后出血大部分是由难产造成。

(2)助产不当或施行剖腹手术,引起子宫黏膜损伤或强行剥离胎盘可引发产后出血。

以下是产后出血的诊断及处理方法。

二维码 4-3 产后感染与瘫痪诊治技术

(一)诊断依据

(1)患病犬猫全身状况尚好,阴门外观正常。不定期排出血样恶露,有时出现血凝块。

(2)产道出血时,阴道黏膜上有创伤、肿胀。

(3)子宫出血时,阴道黏膜正常,阴道腔内积有血凝块及血清样的分泌物,腹部触诊可感觉出沿着子宫纵轴有许多互不相连的圆形肿块。

(二)处理方法

(1)犬产后出血可用孕酮 2 mg/kg,皮下注射。注射后 24 h 内出血减少,2 d 后恶露变为淡红色,第 3 天出血停止。

（2）猫产后出血用马来酸麦角新碱 0.1 mg，肌内注射，如 20 min 后仍不能制止出血，可再注射 1 次。也可用催产素 5～10 IU，肌内注射。

情境五　产后子宫复旧不全诊治技术

产后子宫复旧不全是指产后子宫不能恢复到原来正常大小、质地松弛、子宫内膜蜕变与再生过程延迟。主要见于产后子宫收缩无力。多为两侧子宫角不能恢复到原来状态，也可能只是一侧子宫角不能复旧或某部分复旧不全。

（一）诊断依据

（1）病犬不安或焦虑，体温正常，食欲良好，阴门排出的分泌物也正常。腹部触诊可触到质地柔软、较正常粗大且持续时间较长的未复旧子宫。

（2）子宫复旧不全时，子宫内潴留的渗出物、血液、胎盘及其残片等可迅速分解，其分解产物被吸收，经乳房排出，可引起哺乳仔犬患病，表现烦躁不安、不停叫喊和生活能力不强等。

（二）处理方法

治疗的原则是促进子宫内容物排出，提高子宫肌的紧张性和防止感染。

（1）治疗时，将仔犬同母犬临时隔离 24 h，用 0.1%雷佛奴耳溶液或 0.1%高锰酸钾溶液冲洗子宫，冲洗量以注入子宫前后消毒液颜色基本一致为度，冲洗后向子宫内注入抗生素。催产素 5～10 IU，肌内注射，以促进子宫收缩。

（2）有全身症状时，用氨苄西林 2～5 mg/kg，肌内注射，2 次/d，连用 3～5 d。

三、学习效果评价

序号	评价内容	评价标准	评价结果（是/否）
1	常见犬产后疾病的诊断	是否会诊断犬猫产后胎衣不下	
2		是否会诊断犬猫产后感染	
3		是否会诊断犬猫产后瘫痪	
4		是否会诊断犬猫产后出血	
5		是否会诊断犬产后子宫复旧不全	
6	犬产后疾病的治疗	是否会正确治疗犬猫产后胎衣不下	
7		是否会正确治疗犬猫产后感染	
8		是否会正确治疗犬产后瘫痪	
9		是否会正确治疗犬猫产后出血	
10		是否会正确治疗犬产后子宫复旧不全	
11	职业素养	在诊治过程中是否关爱宠物，重视宠物福利	

模块五

行业新技术

任务一 腹腔镜辅助母犬绝育手术

一、学习目标

知识目标

- 能说出腹腔镜部件组成及功能。
- 能描述腹腔镜辅助母犬绝育手术的流程。

能力目标

- 能正确准备腹腔镜辅助母犬绝育手术所需的器械。
- 能制订腹腔镜辅助母犬绝育手术计划并协助宠物医生完成手术。

育人目标

- 培养与时俱进，学习新知识、新技术意识。
- 培养勇于尝试新技术的精神。

二、学习内容

腹腔镜技术是一种微创技术，与传统的剖腹术相比腹腔镜操作具有术后恢复快，手术切口小，术后发病率低，术后感染率低，术后疼痛轻，缩短住院时间等优势。腹腔镜是内窥镜的一种，它通过小的中线切口进入腹腔，检查腹腔内容物，也可在腹壁（腹中线一侧）做辅助切口进入腹腔，这些特殊的器械被用于腹腔内执行活组织检查取样和特殊的手术操作（如卵巢切除、胃固定）。在许多病例中，腹腔镜能进行全腹部外科操作，能降低宠物术后并发症和快速复原。腹腔镜设备包括腹腔镜、穿刺针-穿刺套管、光纤和光源、气腹机、显示屏及抓取钳，具体如下。

1. 腹腔镜

小宠物应用的腹腔镜直径范围为 1.7～10 mm，犬猫最常用的腹腔镜直径是 5 mm（图 5-1）。腹腔镜设计成不同角度，0°视野允许外科医生观察到镜头前方区域。其他角度的镜头包括 30°和 45°，这些角度的腹腔镜能帮助操作者观察器官顶部和检查小的区域。

2. 穿刺针-穿刺套管（戳卡）

穿刺针-穿刺套管中的穿刺针用来穿刺腹壁，穿刺套管用来引入腹腔镜或腹腔镜器械，套管分光滑和带有螺纹两种（图 5-2）。带螺纹的套管要拧入腹壁，它能更好地固定在腹壁上使之不易滑脱。腹腔镜穿刺套管有一个备用阀可以防止气体漏出腹腔。

3. 光纤和光源

光纤将光从光源传播到腹腔镜（图 5-3），光从腹腔镜照亮腹腔以便术者能清晰地看到腹腔脏器。光纤有不同直径可选，通常推荐犬猫使用直径分 4～5.5 mm 的光纤。

图 5-1 腹腔镜

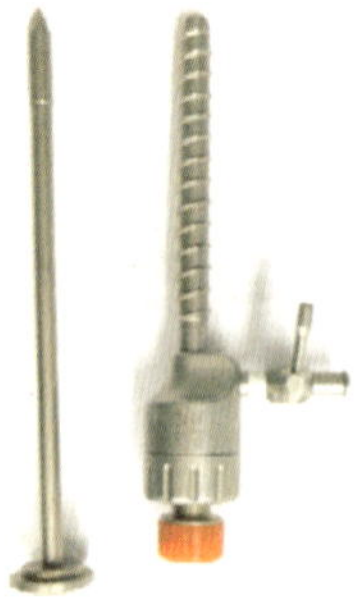

图 5-2 穿刺针-穿刺套管(戳卡)

图 5-3 光纤和光源

4. 气腹机

气腹机(图 5-4)是腹腔充气系统,用导管连接气腹机和气腹针,气腹机推动气体通过导管到气腹针,最终充入腹腔内。气腹使腹壁与腹腔内脏器分离,以便术者更清晰地看到腹腔内脏器,同时也可以进行活组织检查取样和手术。气腹的气体主要有二氧化碳(CO_2)、氧化亚氮和空气。由于 CO_2 能快速地吸收,所以是理想的气腹气体。操作者可以控制气腹机输送的气体量和调整腹腔内压力。腹内压过大可抑制静脉血回流到心脏和通气能力,也能干扰膈肌的运动,腹内压不应该超过 15 mmHg。

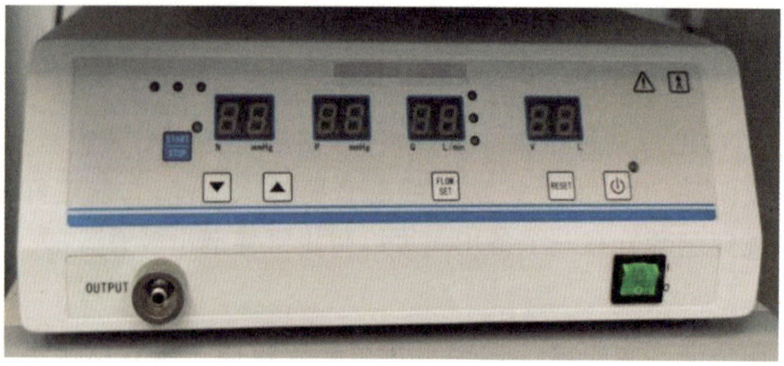

图 5-4 气腹机

5. 显示屏

视频系统和显示器的摄像头连接固定到腹腔镜目镜上,在手术过程中,该系统能使每个人都能在显示器上看到腹腔内部结构(图 5-5)。

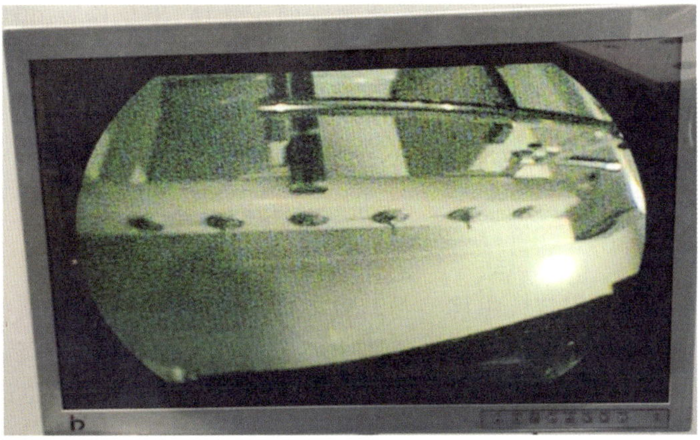

图 5-5　显示屏

6. 抓取钳

通过辅助套管进行活组织检查取样或执行手术操作（图 5-6）。

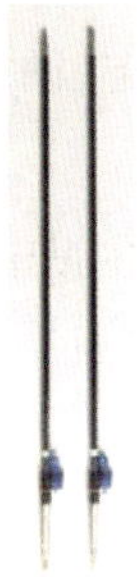

图 5-6　抓取钳

（一）器械准备

腹腔镜系统，超声刀，常规手术器械包（图 5-7）。

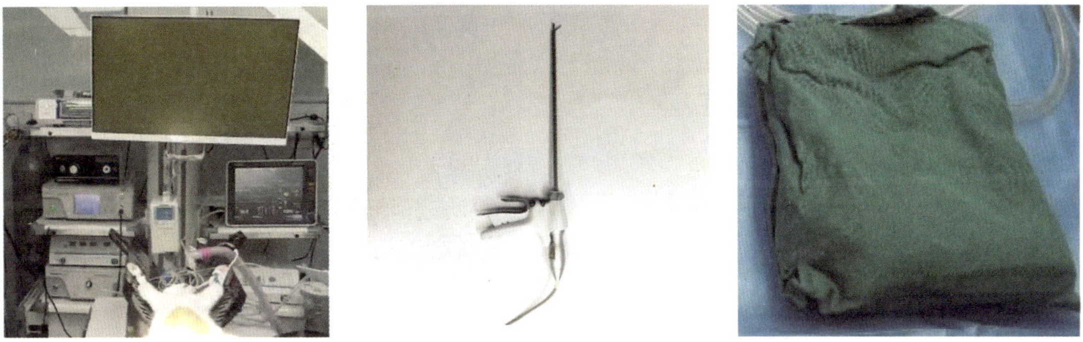

1. 腹腔镜系统　　2. 超声刀　　3. 常规手术器械包

图 5-7　腹腔镜辅助母犬绝育手术器械

（二）术前评估

麻醉前应进行临床基础检查，包括宠物的体温、体重和体况等，以及有无心脏杂音和腹部触诊有无异常等。同时建议宠物主人做一些基础的血常规、生化检查，用来评估宠物的麻醉风险。

（三）宠物麻醉

诱导麻醉：4 mg/kg 丙泊酚（静脉注射）。

维持麻醉：异氟烷呼吸麻醉。

（四）宠物准备

仰卧保定，支撑头部并固定。患病宠物禁食 12 h，在进入手术室之前排空膀胱。从剑突到耻骨的整个腹部剃毛。用碘伏由内向外回字形 3 次消毒剃毛区域。消毒后采用四块创巾的铺盖方法铺设创巾。

（五）手术人员准备

佩戴手套、口罩，穿手术服。

二维码 5-1 腹腔镜辅助母犬绝育手术过程

（六）手术过程

1. 铺设创巾

在腹部预定切口铺设创巾，用创巾钳固定（图 5-8）。

2. 放置戳卡

采用双孔法通路开展腹腔镜绝育手术，在腹中线切 2 个 5 mm 的切口，放置 2 个戳卡，分别置入腹腔内窥镜和器械。第一个戳卡位于腹中线脐孔处，先用手术刀切开脐孔处皮肤 5 mm，分离皮下组织显露腹白线，用带线圆针穿过显露的腹白线，然后牵拉缝线将腹壁提起，用手术刀在提起的腹白线处切 1 个略小于戳卡直径的孔，将戳卡旋入腹壁内（图 5-9）。

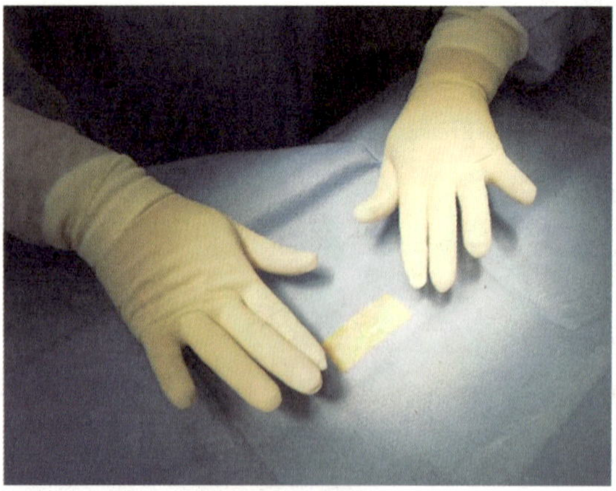

图 5-8 铺设创巾

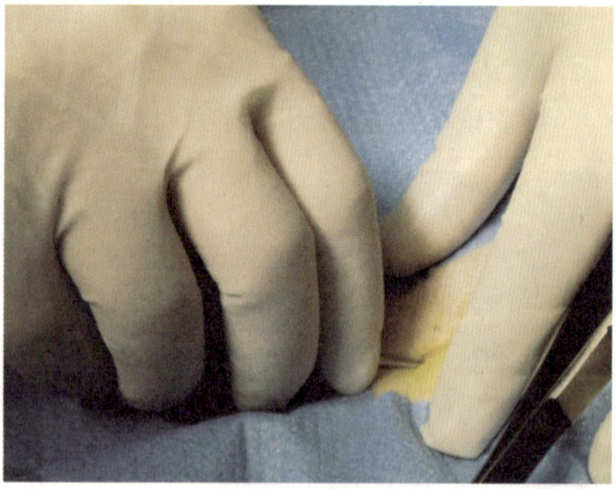

图 5-9 放置戳卡

3. 建立气腹

将戳卡连接气腹机，根据犬体型将 CO_2 气腹压力设为 6～8 mmHg，流速设定为 10 L/min，开始建立气腹（图 5-10）。

4. 放置第二戳卡

从该戳卡置入腹腔内窥镜，观察腹腔内脏器情况，准备放置第二个戳卡。在膀胱头侧位置用 10 号手术刀片在腹腔内窥镜观察引导下在腹壁上戳一小孔，然后直接用戳卡刺入腹壁，该过程要在腹腔内窥镜引导下进行，避免损伤内脏器官，从该戳卡置入分离钳(图 5-11)。

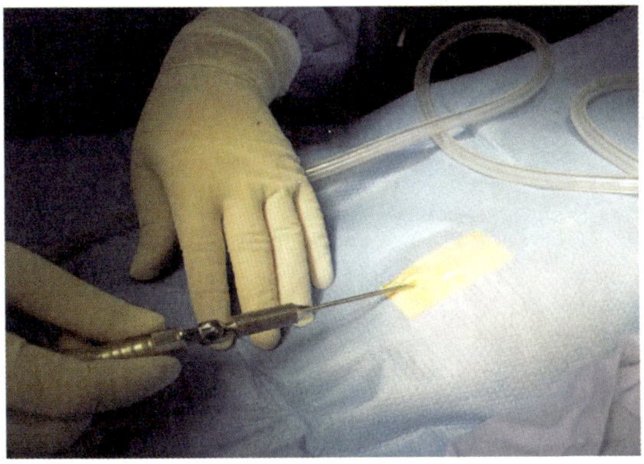

图 5-10　建立气腹

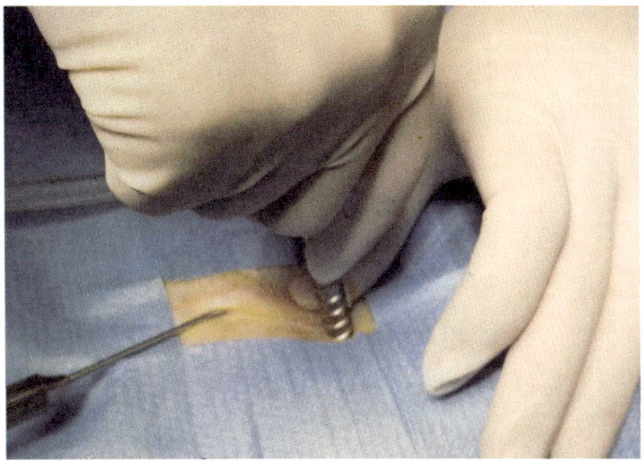

图 5-11　放置第二戳卡

5. 左侧卵巢结扎分离

犬右侧卧保定，将腹腔内窥镜从前戳卡进入，分离钳从后戳卡进入，在肾脏后方探查卵巢，找到卵巢后用分离钳夹住靠近卵巢侧的固有韧带并向上向腹壁侧提起，助手用弯圆针从腹壁刺入并勾住固定卵巢固有韧带，撤出分离钳，更换超声刀凝切卵巢动静脉及卵巢悬吊韧带，检查无出血后撤出弯圆针(图 5-12)。

6. 右侧卵巢结扎分离

然后将犬改成左侧卧保定，用同样的方法分离右侧卵巢及子宫角(图 5-13)。

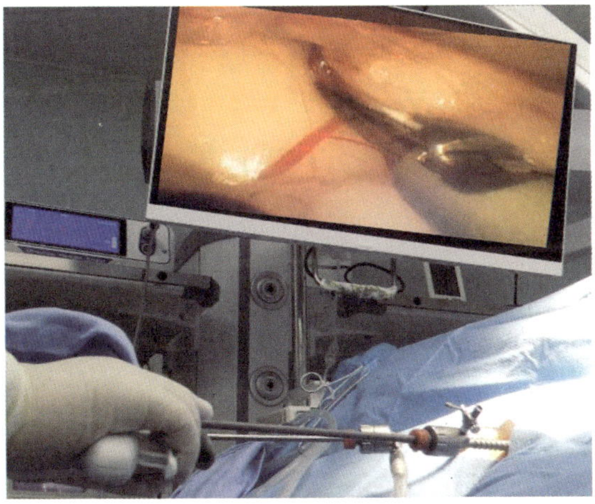

图 5-12　左侧卵巢结扎分离

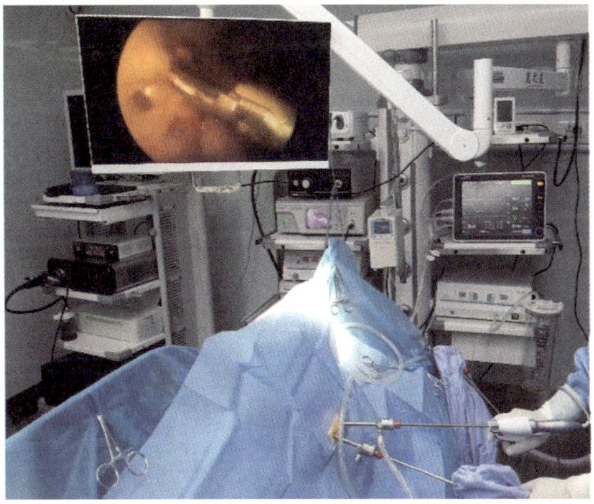

图 5-13　右侧卵巢结扎分离

7. 缝合腹壁切口

腹壁肌肉切口用连续缝合，腹壁皮肤切口用皮内缝合(图 5-14)。

8. 术后护理

宠物戴上伊丽莎白圈，并放置回笼子，观察宠物反应并等待苏醒。给宠物每天早晚用碘伏消毒切口皮肤 2 次，根据宠物恢复情况，在 10～12 d 后拆除缝线。

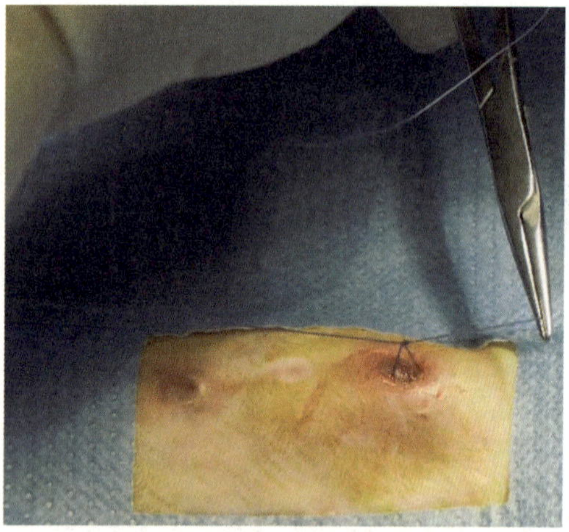

图 5-14 缝合腹壁切口

注意事项：

(1)如果过度注入气体会导致腹压过高，损害呼吸作用和心输出量，需要进行腹部快速放气。

(2)腹腔注入气体时，避免刺破隔膜引起气胸。

三、学习效果评价

序号	评价内容	评价标准	评价结果（是/否）
1	手术准备	手术计划是否清晰可操作	
2		手术前器械、手术人员、手术宠物是否准备到位	
3		麻醉过程是否平稳，及时监护宠物体温、呼吸、脉搏	
4	手术过程	放置戳卡的位置是否正确	
5		气腹压力设置是否正确	
6		是否将超声刀对卵巢动静脉及卵巢悬吊韧带凝切至无出血	
7		是否将卵巢完全摘除干净	
8	术后护理	是否采取正确措施对宠物进行术后护理直至恢复健康	
9		术后护理是否出现感染	
10	职业素养	是否遵循无菌素养	
11		在手术过程中是否计划周密、科学严谨对待手术	
12		手术团队成员是否紧密配合完成手术	
13		是否能从容正确应对术中突发情况	
14		是否小心操作，关爱患病宠物	

任务二　内窥镜辅助夹取胃内异物手术

一、学习目标

知识目标

- 能说出内窥镜部件组成及功能用法。
- 能描述内窥镜辅助夹取胃内异物手术过程。

能力目标

- 能正确准备内窥镜辅助夹取胃内异物手术所需的器械。
- 能协助宠物医生完成内窥镜辅助夹取胃内异物手术。

育人目标

- 培养与时俱进，学习新知识、新技术意识。
- 培养勇于尝试新技术的精神。

二、学习内容

内窥镜检查是一项应用特殊光学仪器检查内部身体结构的技术。在诊断和治疗方面，内窥镜检查因其高效、无创或微创而使宠物损伤极小。内窥镜通常通过鼻孔、口或肛门进入体内，这个过程可能无创或微创。如果宠物吞下异物(如硬币、坚果、螺钉)，相对于胃切开手术取出异物来说，内窥镜检查取出是一个较好的选择。临床医师可用内窥镜直接检查组织、获得活组织样本和进行治疗性操作或取出异物。内窥镜是除去体内异物的首选方法，相比传统手术具有取出速度快、应激较小、发病率降低和恢复时间短等优点。内窥镜分为软质内窥镜和硬质内窥镜。软质内窥镜较长、易弯曲，适用于需要弯曲的检查部位，如胃、十二指肠和结肠。硬质内窥镜能通过直线光观察物体，操作性强，常用于耳、鼻、膀胱、关节、腹腔和胸腔脏器检查。内窥镜由插入部、操作部、连接部三部分组成(图 5-15)。

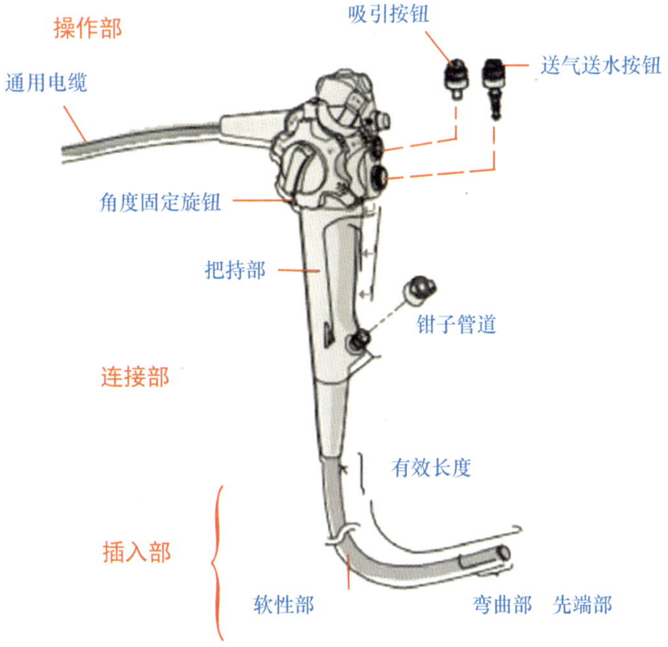

图 5-15　内窥镜模式图

(一)器械准备

内窥镜系统,活检钳。(图 5-16)

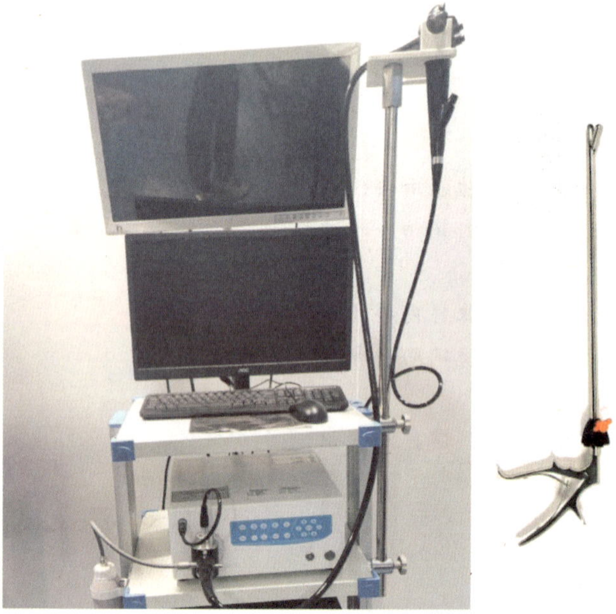

内窥镜系统　　活检钳

图 5-16　内窥镜夹取胃内异物手术器械

(二)术前评估

麻醉前对宠物临床基础检查,包括宠物的体温、体重和体况等,以及有无心脏杂音和腹部触诊有无异常等。同时建议宠物主人做一些基础的血常规、生化检查,用来评估宠物的麻醉风险。

(三)宠物麻醉

诱导麻醉:6 mg/kg 丙泊酚(静脉注射)。

(四)宠物准备

侧卧保定,支撑头部并固定。患病宠物禁食 24 h,且 36 h 以内不要饲喂干食物。

(五)手术人员准备

佩戴手套、口罩,穿手术服。

(六)手术过程

1. 口部安装开口器

在犬口部安装开口器。

2. 内窥镜插入食道

内窥镜经保护性的开口器插入喉部。边插入边检查内窥镜,并控制经食道进入胃内的空气吸入量。①食道的中心保持在内窥镜视野的中央;②当内窥镜的尖端通过环状咽括约肌到达食道时,吸入足够的空气以扩张食道(图 5-17);③内窥镜在括约肌开放时穿过,将内窥镜尖端对准裂缝,小心地向前推进。

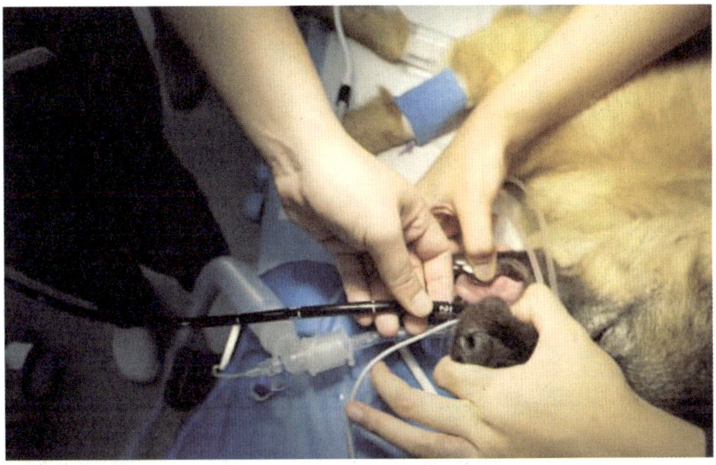

图 5-17　内窥镜插入食道

3.探查胃部异物

进入胃以后，注入适量空气扩张胃后，能够清晰地辨认胃黏膜开始寻找异物(图 5-18)，在检查贲门和胃底时，向前推进内窥镜，进入胃腔的一半，然后尽量朝后偏转其尖端。从宠物嘴部慢慢回拉内窥镜，然后移动内窥镜使其靠近贲门，在该区域检查后，伸直其尖端再直接朝向胃小弯。前推内窥镜，其尖端沿胃大弯滑动，直至可见幽门窦和胃小弯。推动内窥镜尖端使其到达胃内幽门前的位置，确定异物位置。

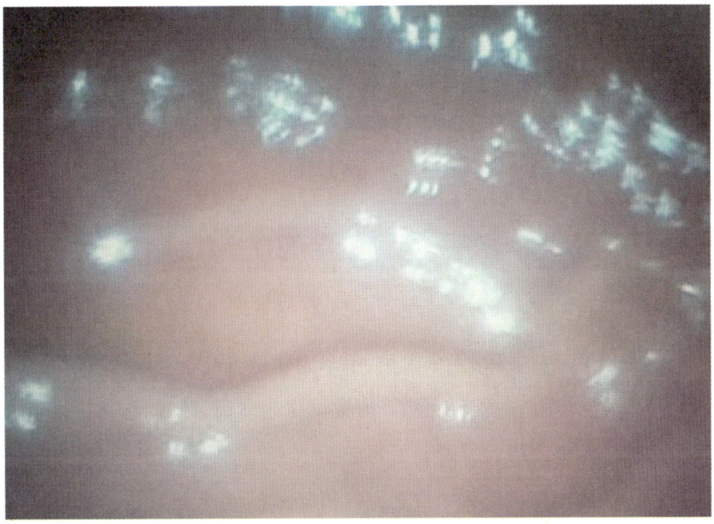

图 5-18　探查胃部异物

4.异物夹取

探查到异物位置后，用内窥镜尖端将其取出(图 5-19)。如果很难把异物拉回到食道里，可用软质的内窥镜穿过大号直径的内窥镜或橡胶管外套管抓住异物，再次把它拉到内窥镜尖端，小心地通过外套管弯曲部，直到软质内窥镜进入胃内。然后，小心地拉出软质内窥镜，使其尽可能地进入橡胶管内，这样异物就会上靠外套管的末端。同时，用直径更大的外套管进一步扩张食道下端括约肌，使异物更容易通过括约肌。

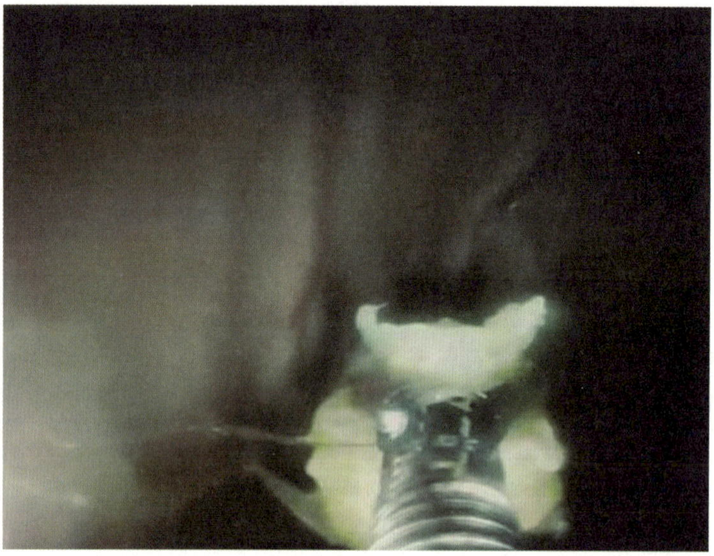

图 5-19 异物夹取

5. 术后护理

注射头孢氨苄(22 mg/kg，SC，2 次/d)；保护食道黏膜；口服硫糖铝混悬液，1 g/次，2 次/d，连用 3 d。

注意事项：

(1)操作内窥镜前进时，要能够完全了解将通过的路径。

(2)当视野模糊时，内窥镜后撤或少量充气后前进。

(3)始终保持镜头对准腔中心(除非)看病灶。

三、学习效果评价

序号	评价内容	评价标准	评价结果（是/否）
1	手术准备	手术前器械、手术人员、手术宠物是否准备到位	
2		麻醉过程是否平稳，及时监测宠物体温、呼吸、脉搏	
3	手术过程	内窥镜进入胃时是否顺畅	
4		是否按一定顺序检查胃内情况	
5		夹取异物时是否足够小心避免伤害食道	
6	职业素养	是否秉持科学严谨态度，认真查找胃内异物	
7		手术团队成员是否分工明确，配合紧密	

任务三 高频电刀与激光刀的认识

一、学习目标

知识目标

- 能描述高频电刀部件组成及工作优缺点。
- 能说出激光刀的优缺点及适用场景。

能力目标

- 能辨别高频电刀和激光刀。
- 能操作高频电刀对组织进行切开和止血。

育人目标

- 培养与时俱进,学习新知识、新技术意识。
- 培养勇于尝试新技术的精神。

二、学习内容

(一)高频电刀的认识

1.高频电刀原理简介

高频电刀是利用高频、高压的交流电通过组织时产生的热效应,使组织气化和凝结,以达到切割和凝血的目的。除了热效应,当电流流过组织时,还会产生引起肌肉组织化学灼伤的电离效应,以及引起神经刺激、肌肉刺激和疼痛感的法拉第效应。当电流的频率高于 300 kHz 时,神经系统和肌肉对电流的刺激不敏感,电离效应和法拉第效应也相应地减少或消失。高频电刀就是利用高于 300 kHz 的高频电流,通过恰当控制输出功率,有选择地破坏组织,实现切割和凝血。

2.高频电刀部件构成

高频电刀硬件方面主要由主机、手柄、负极板、双极镊子和脚踏开关组成。高频电刀的主机一般是由电源单元、振荡单元、功率放大单元、凝切选择单元等组成。电源单元主要负责将输入的 220 V/50 Hz 的电源转换成高压电源;振荡单元主要包括振荡线圈、电容和电子管等,负责产生高频电流;功率放大单元包括晶体管及输出控制电路负责将高频电流的功率进行放大;凝切选择单元负责选择合适的模式和输出功率传送至手柄,以进行切割和凝血的操作。

3.高频电刀的工作模式

(1)单极模式。在单极模式中,用一完整的电路来切割和凝固组织,该电路由高频电刀内的高频发生器、患病宠物极板、接连导线和电极组成。在大多数的应用中,电流通过有效导线和电极穿过患病宠物,再由患病宠物极板及其导线返回高频电刀的发生器。

(2)双极模式。双极模式是通过双极镊子的两个尖端向机体组织提供高频电能,使双极镊子两端之间的血管脱水而凝固,达到止血目的。它的作用范围仅限于镊子两端之间,对机体组织的损伤程度和影响范围远比单极模式小,适用于对小血管(直径<4 mm)和输卵管的封闭。双极模式的安全性正在逐渐被人们所认识,使用范围也在逐渐扩大。

4. 高频电刀优点

可对手术部位同时进行切割和凝血，止血效果好。

5. 高频电刀缺点

高频电刀使用不当可造成患病宠物灼伤。灼伤可分为两类：一类发生在极板处，称为极板灼伤；另一类不是发生在极板处，称为非极板损伤。高频电刀属于高频设备，电极放电时若接触到酒精等易燃液体可能造成火灾。

6. 高频电刀的使用

(1)开机自检程序(图 5-20)。查看高频电刀是否能正常工作。

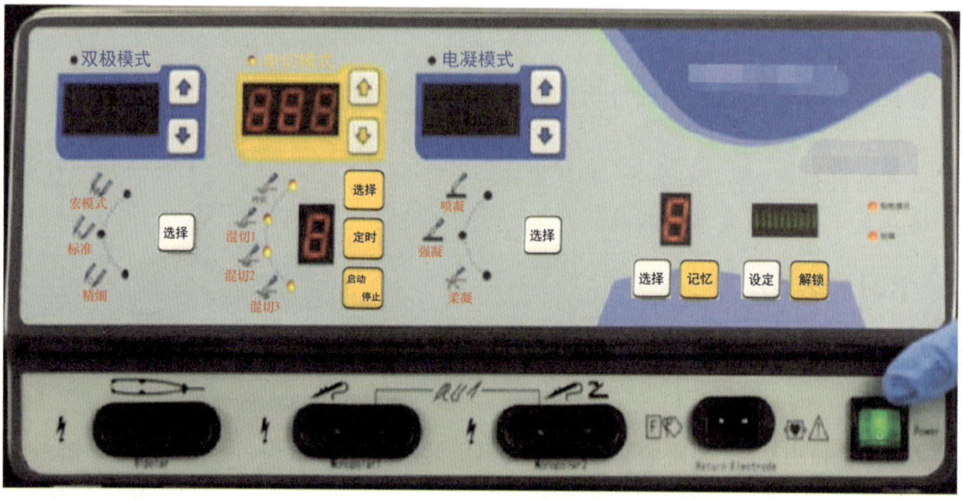

图 5-20　开机自检程序

(2)选择电极模式(图 5-21)。根据需求选择单极电切模式、单极电凝模式、双极模式。

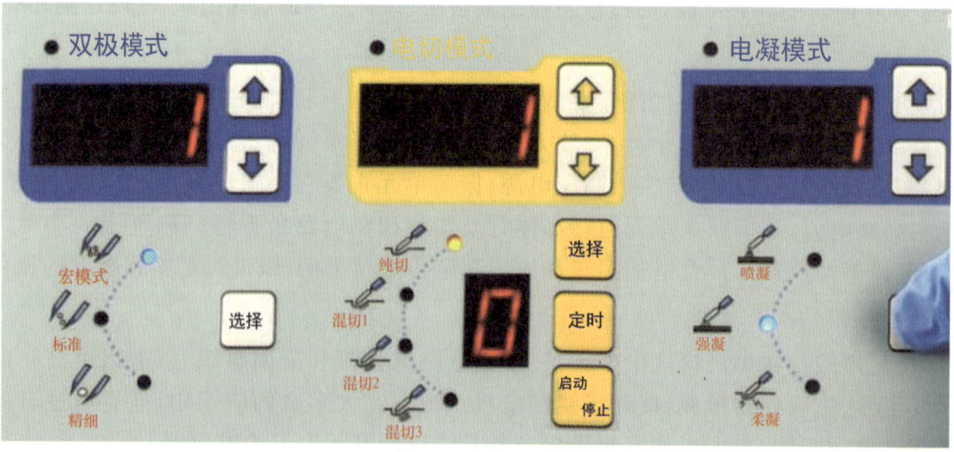

图 5-21　选择电极模式

①单极电切模式(图 5-22)。

纯切：对组织进行标准的精确切割。

混切 1：精确切割的同时对组织进行轻微程度凝血。

混切 2:切割时对组织进行进一步的凝血。

混切 3:切割时凝血效果更强。

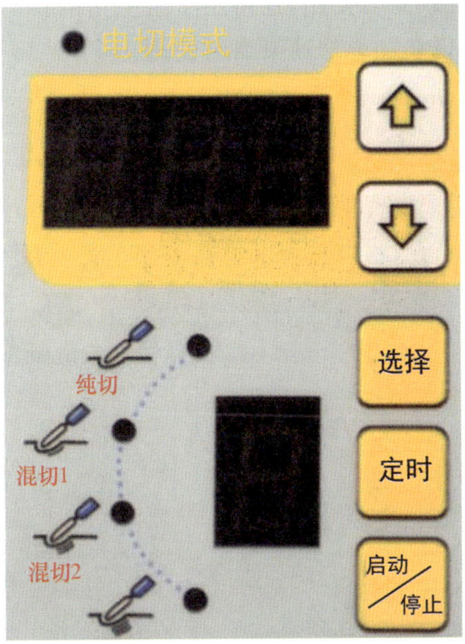

图 5-22　**单极电切模式**

②单极电凝模式(图 5-23)。

喷凝:在更广范围内提供损害较小的止血效果。

强凝:快速有效的标准凝固结痂牢固。

柔凝:温和凝固有效防止组织炭化。

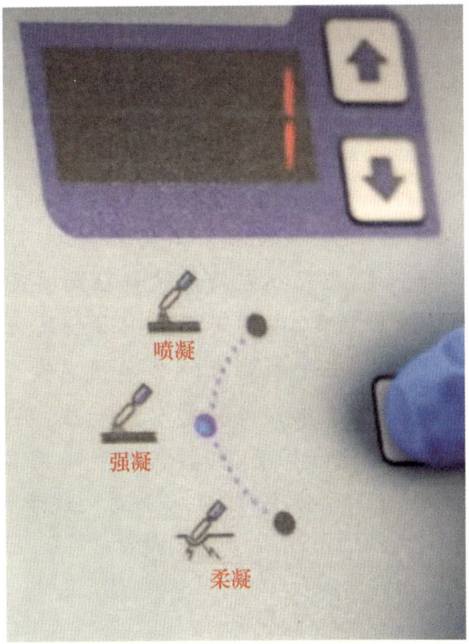

图 5-23　**单极电凝模式**

③双极模式(图 5-24)。

精细模式:高精度和精细控制,用于神经外科和显微外科。

标准模式:凝血组织阻抗较高时使用,还可用于组织切割。

宏模式:高输出,进行双极切割或快速凝血时使用。

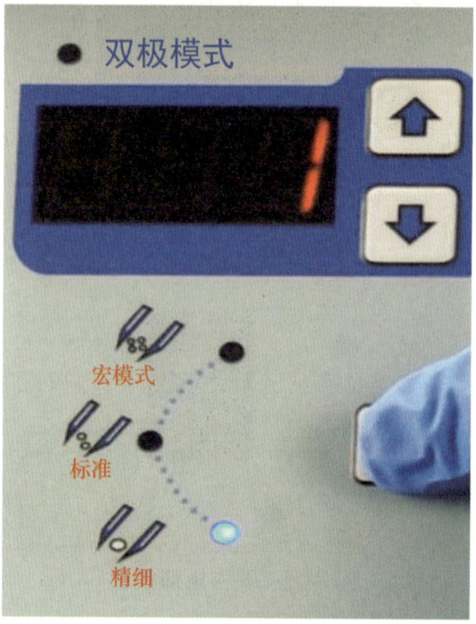

图 5-24 双极模式

(3)电刀使用。根据选择模式,使用电刀对组织进行切割和凝血。

(4)断开附件的连接。关掉电刀电源,从宠物身上拆除回路板。断开所有附件与前面板的连接,如果附件只能做一次性使用,则根据使用说明处置使用后的附件。如果附件可重复使用,根据生产商说明对附件进行清洗、消毒,存放使用过的脚踏开关。

注意事项:

(1)手术室中不得有易燃易爆的气体、液体或其他物质,因为高频电刀手术中会产生火花、弧光,易燃易爆物遇火花、弧光会发生燃烧或爆炸。

(2)极板必须正确连接和安放,与患病宠物皮肤接触面要足够大。

(3)切忌盲目增大电刀的输出功率,以刚好保证手术效果为限。因为高频电刀手术中任何危险均随功率的增大而增加。当手术要求的功率明显大于正常值时(一般电极电刀手术使用的功率在 20～80 W,特殊手术如截肢要求大一些,单极不超过 200 W),应检查极板安放情况、极板及刀头电缆的完好程度、机器状态和患病宠物悬浮程度,不得随意增大输出功率设定值。在不能预知正常功率时,应从小到大逐步试验到刚好用为止。

(二)激光刀的认识

1.激光刀工作原理简介

大多数 CO_2 激光应用非接触模式,10 600 nm 波长的 CO_2 激光最适合产生切割和汽化效

应。激光能量在近表面处被吸收，激光对组织的效应由激光波长、目标组织、光斑大小、能量和照射时间决定。光斑大小指的是头部孔径大小，头部和组织的距离决定在组织上确切的光斑大小，头部远离组织光斑大小增大，反之则缩小，头部的大小也决定光斑在组织上的大小。能量设置为瓦特（W），根据具体的手术，外科医生选择合适大小的瓦特，功率密度取决于设置的能量大小、光斑大小和头部与组织之间的距离。照射时间指的是激光束的持续时间或组织暴露在激光束下的时间。

2. 激光刀技术优势

激光刀相比手术刀，组织的愈合时间短；在切开过程中，灼烧血管，杀灭细菌；减少对健康组织损伤（特别是 CO_2 激光）；减少术后不舒服或疼痛、肿胀和手术时间。

3. 激光刀技术劣势

激光刀设备较贵及存在安全问题，当激光束直射或散射到皮肤上时，可发生皮肤损伤；激光使用不当可引起火灾，包括手术创巾、麻醉药、氧气、宠物皮毛、手术准备时用的酒精制剂和肠胃胀气产生的甲烷起火。激光灼烧组织释放的烟雾含有毒素、致癌物质和细菌、病毒微粒等。

4. 激光刀技术应用场景

激光刀技术应用的范围从微小的选择性外科（如猫去爪术、肿块摘除术）到更广泛的手术操作（如剖腹术、开胸术等）。其他激光手术操作包括犬猫的绝育术、截肢术、膀胱切开术、软腭切除术、肿瘤手术和眼科手术。

5. 激光刀防护

在使用激光技术时，手术人员最好戴手套并穿防护服；激光设备应该带有排烟系统，也可用激光手术面罩；用 CO_2 激光时，可用湿的海绵纱布放置到手术区域来保护创巾；手术区域暴露的皮毛可用灭菌水弄湿；在激光技术操作时，应该采用非酒精消毒的术前准备；麻醉师应该确保气管内插管套囊适度膨胀，减少麻醉气体或氧气漏出；在使用 CO_2 激光进行肛周手术操作时，可用湿的海绵纱布将肛门堵住，防止甲烷漏出。手术室内应该备有灭火器，防止发生意外起火。

三、学习效果评价

序号	评价内容	评价标准	评价结果（是/否）
1	认识高频电刀和激光刀	是否能说出高频电刀的功能模式	
2		是否能说出高频电刀的优缺点及适用场景	
3		是否能说出激光刀的优缺点及适用场景	
4	高频电刀的使用	是否能正确操作高频电刀对组织进行切开	
5	职业素养	在尝试新技术时是否及时总结使用经验	

参考文献

[1] Gwendolyn L Carroll. 小动物麻醉与镇痛[M]. 施振声，张海泉，主译. 北京：中国农业出版社，2013.

[2] Theresa Welch Fossum，Cheryl S Hedlund，Donald A Hulse，等. 小动物外科学[M]. 2 版. 张海彬，夏兆飞，林德贵，主译. 北京：中国农业大学出版社，2008.

[3] Thomas David. 图解小动物外科技术：软组织外科、整形外科及齿科[M]. 2 版. 任晓明，主译. 北京：中国农业大学出版社，2009.

[4] 董轶. 小动物眼科学[M]. 北京：中国农业出版社，2013.

[5] Cedric Tutt. 小动物牙科技术图谱[M]. 刘朗，主译. 北京：中国农业出版社，2012.

[6] Alan J Lipowitz，Dennis D Caywood，Charles D Newton，等. 小动物骨科手术图谱[M]. 董海聚，彭广能，主译. 沈阳：辽宁科学技术出版社，2011.

[7] Karen M Tobias. 小动物软组织手术[M]. 袁占奎，主译. 北京：中国农业出版社，2014.

[8] Fred Anthony Mann，Gheorghe M Constantinescu，Hun-Young Yoon. 小动物外科基础训练[M]. 黄坚，林德贵，主译. 北京：中国农业出版社，2013.

[9] Sara J Busch. 小动物外科手术护理技术与概念[M]. 李林，赵玉军，主译. 沈阳：辽宁科学技术出版社，2010.

[10] Horst Erich Konig，Hans-Georg Liebich. 家畜兽医解剖学教程与彩色图谱[M]. 3 版. 陈耀星，刘为民，主译. 北京：中国农业大学出版社，2009.

[11] 羊建平，王宝杰. 宠物外科与产科[M]. 北京：中国农业出版社，2016.

[12] 林德贵. 兽医外科手术学[M]. 5 版. 北京：中国农业出版社，2012.

[13] 张晓远. 宠物外科手术[M]. 北京：中国农业大学出版社，2023.

[14] 鲁兆宁. 宠物外科与产科 [M]. 北京：中国农业大学出版社，2020.